papego

Kostenlos mobil weiterlesen! So einfach geht's:

1. Kostenlose App installieren

2. Zuletzt gelesene Buchseite scannen

3. Ein Viertel des Buchs ab gescannter Seite mobil weiterlesen

4. Bequem zurück zum Buch durch Druck-Seitenzahlen in der App

Hier geht's zur kostenlosen App:
www.papego.de
Erhältlich für Apple iOS und Android.
Papego ist ein Angebot der Briends GmbH, Hamburg
www.papego.de

Agile Karrieregestaltung

Gesa Weinand

Agile Karrieregestaltung

Ein Workbook für die Karriere 4.0

1. Auflage

Haufe Group
Freiburg · München · Stuttgart

Bibliografische Information der Deutschen Nationalbibliothek

Die Deutsche Nationalbibliothek verzeichnet diese Publikation in der Deutschen Nationalbibliografie; detaillierte bibliografische Daten sind im Internet über http://dnb.dnb.de abrufbar.

Print:	ISBN 978-3-648-11464-3	Bestell-Nr. 10279-0001
ePub:	ISBN 978-3-648-11465-0	Bestell-Nr. 10279-0100
ePDF:	ISBN 978-3-648-11466-7	Bestell-Nr. 10279-0150

Gesa Weinand
Agile Karrieregestaltung
1. Auflage, April 2019

© 2019 Haufe-Lexware GmbH & Co. KG, Freiburg
www.haufe.de
info@haufe.de

Produktmanagement: Christiane Haas
Lektorat: Doreen Ludwig, decorum Fachlektorat
Satz: Konvertus BV, Haarlem

Inhaltsverzeichnis

Vorwort

Wenn Sie sich für dieses Buch entschieden haben, sind Sie vielleicht am Anfang Ihrer Karriere und möchten diese erfolgreich gestalten? Vielleicht haben Sie auch schon einige erfolgreiche Berufsjahre hinter sich und möchten jetzt den nächsten Karriereschritt machen? Wichtig ist Ihnen dabei, auch weiterhin Spaß und Erfolg in Ihrem Job zu haben? Vielleicht wollen Sie auch etwas an Ihrer jetzigen Arbeitssituation verändern und wissen noch nicht, in welche Richtung es gehen soll? Möglicherweise ist Ihnen auch bewusst, dass sich angesichts der ungewissen Zukunft, sich verändernder Märkte und Unternehmen Karriere im herkömmlichen Sinne nicht mehr planen lässt und Sie wollen trotzdem weiterhin im Driver Seat sitzen?

In diesem Buch finden Sie nicht nur einen Ausblick, wie sich die Arbeitswelt von morgen verändern wird und welche Auswirkungen dies auf die Beschäftigten und den Umgang mit Karriere haben wird. Nein, Sie finden auch einen Einblick in die neue Arbeitswelt durch Praxisinterviews mit Unternehmer*innen und Berater*innen und, als Unterstützung für Sie, ganz konkrete Methoden und Tools, um Ihre eigene berufliche Entwicklung zu gestalten und auf die Veränderungen von morgen vorbereitet zu sein. Damit Sie am Ende des Buches mit einem gefüllten Optionen-Koffer in Ihre agile Karriere starten können.

Da Karriere individuell und persönlich ist, habe ich die Ich-Form im Buch gewählt. Ich möchte Ihnen neue Perspektiven eröffnen, Sie sollen sich im Buch wiederfinden und Neues entdecken.

Zusammen mit meinen Mit-Autor*innen habe ich in diesem Buch den Versuch unternommen, alle Geschlechter gleichermaßen zu berücksichtigen, in dem wir einerseits, wo immer möglich, einen geschlechtsneutralen Begriff verwendet haben (wie z. B. Beschäftigte oder Mitarbeiter*innen anstatt Mitarbeiter und Mitarbeiterinnen) und ansonsten die weibliche und männliche Form abwechselnd genutzt haben. Bitte fühlen Sie sich in jeglicher Form angesprochen.

Am Ende des Buches finden Sie ein Glossar, welches Ihnen das Verständnis der vielen, z. T. neuen Begrifflichkeiten in dem Themenkomplex Arbeit und Karriere 4.0 erleichtern soll. Blättern Sie beim Lesen hin und verschaffen Sie sich so den Blick über den Tellerrand.

In diesem Sinne: Herzlich willkommen, liebe Leserinnen und Leser, zu Ihrem persönlichen Ein- und Ausblick.

Gesa Weinand

1 Worum geht es in diesem Buch?

Arbeit 4.0, New Work, agiles Arbeiten: Was ist daran denn nun wirklich neu? Viele Konzepte, die gerade sehr modern sind und gehypt werden, gibt es schon seit einiger Zeit. Ihnen voraus gingen vereinzelte, mutige Unternehmer*innen, die Dinge anders gemacht haben, anders gesehen haben als der Mainstream. Dieser Impuls, die Dinge anders zu tun, ging dabei meist von den visionären Unternehmensgründer*innen, wie *Dietmar Hopp* (SAP), *Anita Roddick* (Body Shop) oder *Ricardo Semler* (Semco), aus.

Das Neue oder auch vielleicht nur das Andere, was den Unterschied zum Thema 4.0 ausmacht, sind die vielen inneren und äußeren Faktoren, wie Globalisierung, demografischer Wandel, Digitalisierung. Diese Faktoren, die den (Unternehmens-)Alltag verändern, zwingen Unternehmer*innen dazu, Arbeit und ihre Rahmenbedingungen zu überdenken, zu hinterfragen und ggf. neu oder anders auszugestalten.

In dieser neuen Ausgestaltung ist vor allem dem Paradigma der Vielfalt zu folgen. Es wird zukünftig nicht den EINEN richtigen Weg mehr geben. Es wird zukünftig auch nicht die EINE richtige Antwort auf all Ihre Fragen zum Thema Karriere geben. Es wird zukünftig ein Sowohl-als-auch geben. Was Sie jetzt verwirren mag, möchte ich Ihnen im Rahmen dieses Buch erklären. Sind Sie bereit?

1.1 Was ändert sich für Unternehmen?

Unternehmer*innen und Unternehmen müssen sich gleichzeitig mit ihrem bisherigen Kerngeschäft beschäftigen und mit einer grundsätzlichen Veränderung ihres Unternehmens, die alles bisher Dagewesene infrage stellt. Und dies geht nur bei gleichzeitiger Würdigung dessen, was bisher erfolgreich war.

Und sie müssen sich auf die Vielfältigkeit der Lebensentwürfe, der Lebensvorstellungen und der Wünsche und Bedürfnisse der Beschäftigten einlassen, um das Potenzial, die Kraft, die Ressourcen, die Menschen im Unternehmen zu haben, die diese gravierenden Veränderungen möglich machen.

1.2 Was bedeutet dies für die Karriere?

Arbeit 4.0, VUCA-Welt, New Work und vieles mehr ... So, wie sich die Arbeitswelt im Zuge der Industrialisierung 4.0 verändern wird, werden sich auch Karriere sowie der Karrierebegriff verändern. Karrierelaufbahnen wie »einmal Siemens – immer Siemens« gehören der Vergangenheit an.

Neben der Definition von Karriere werden sich Arbeitsmarkt, Unternehmen und Berufsbilder in ungeahnter Geschwindigkeit verändern. Anforderungen an Beschäftigte aller Hierarchiestufen werden sich kontinuierlich wandeln und die prognostizierten fünf bis acht Ausbildungen, die jeder Mensch zukünftig im Laufe seines Berufslebens machen wird, decken nur einen Teil davon ab.

Um in dieser unsicheren Zukunft Karriere »planen« zu können, braucht es eine innere Haltung, wie sie in Ansätzen der Entrepreneurship-Forschung (Effectuation) oder dem agilen Projekt-Management zu finden ist. Zukünftig wird ein Wissen um sich selbst, um die eigenen Stärken, Fähigkeiten und Kompetenzen sowie um die großen Ziele im Leben Voraussetzung für die Entwicklung einer Vielzahl von individuellen Optionen sein.

Dieses Buch wird zum einen die Veränderungen im Hinblick auf Arbeit 4.0 und ihre Auswirkungen auf Karriere/Karriereplanung beschreiben, zum anderen konkret auf Methoden des Umgangs mit unsicherer Zukunft eingehen.

Es teilt sich daher in zwei Teile. Einen eher theoretischen Teil mit Informationen und Erkenntnissen aus Wissenschaft und Forschung sowie Management-Literatur. Mein Anspruch hierbei war es, diese Erkenntnisse einfach, verständlich und nachvollziehbar darzustellen. Zur Vertiefung in dieses Thema verweise ich darüber hinaus auf weitere Literaturquellen.

Zusätzlich kommen hier weitere Praktiker*innen, wie *Fabian Kienbaum*, *Melanie Vogel*, *Marc Wagner*, *Stephan Grabmeier*, *Marc Stoffel* und *Philipp Schindera* als Expert* innen zu Wort und beschreiben ihre ganz persönlichen Erkenntnisse zu den Themen Arbeit & Karriere 4.0.

Um nicht nur Fachleute zu Wort kommen zu lassen, finden Sie auch Interviews mit Vertreter*innen verschiedener Generationen, um deren individuelle Karrierevorstellungen kennenzulernen und sich ein Bild von den Herausforderungen für Unternehmen zu machen.

Der zweite Teil des Buches ist die praktische Anwendung mit dem Ziel, den eigenen »Optionenkoffer« zu füllen. So können Sie mithilfe von konkreten Übungen Klarheit über Ihre Stärken und Kompetenzen gewinnen, Ihr berufliches Profil schärfen und auf dieser Basis verschiedene berufliche Optionen entwickeln, um ihre zukünftige Karriere agil zu gestalten. Die Vorlagen für diesen Workbook-Teil können Sie sich auch zur besseren Bearbeitung auf meiner Homepage www.agile-karriere.de mit dem Code **Karriere 4.0** herunterladen.

1.3   Warum schreibe ich dieses Buch?

Zunächst ein paar Worte zu meiner eigenen »agilen« Karriere. Seit meinem zehnten Lebensjahr wollte ich Tiermedizin studieren und habe darauf meine schulischen Entscheidungen ausgerichtet. Nachdem ich den nötigen Notendurchschnitt erreicht, den anspruchsvollen Test absolviert und einen Studienplatz für Tiermedizin in der Tasche hatte, wurde mir bewusst, dass das verschulte Studienfach nicht zu meinem frisch erwachten Freiheitsgefühl und meiner damaligen Lebenssituation passte. Ich musste mir das Studium durch Taxifahren selbst finanzieren und hätte, da dies nachts stattfand, nicht morgens um 9:00 Uhr in der Uni erscheinen können. Daher bin ich kurzentschlossen auf mein zweitliebstes Thema, die Psychologie von Menschen, umgeschwenkt und habe angefangen, Soziologie und Psychologie zu studieren.

Nach dem Abschluss in Psychologie habe ich durch die Vermittlung einer Freundin den Einstieg in eine mittelständische Unternehmensberatung und das Themenfeld Personal- und Organisationsentwicklung gefunden, das mich bis heute nicht losgelassen hat. Menschen in Veränderungsprozessen zu begleiten und sie zu unterstützen, ihr Potenzial zu leben, ist mir seitdem ein Herzensanliegen.

Nachdem ich in den gut acht Jahren sehr viel über Führung, Kommunikation, lernende Organisation und vieles mehr gelernt habe, war es mir wichtig, die Perspektive zu wechseln und von der externen Beraterin zur internen Mitarbeiterin eines großen Unternehmens zu werden. In den folgenden fast zwölf Jahren habe ich in der Deutschen Telekom AG in verschiedenen Organisationseinheiten und Themen gewirkt, zuletzt als Leiterin der Abteilung Human Resources Development (HRD) zweier Tochterunternehmen. In dieser Position waren meine Schwerpunkte Führungskräfteentwicklung und berufliche Neuorientierung, neudeutsch New Placement. Am Ende dieser Zeit hatte ich den Wunsch, mehr Arbeitszeit mit meiner Leidenschaft, dem 1:1-Coaching von Führungskräften, zu verbringen und habe mich auf die Suche nach einem anderen Job gemacht.

Durch mein Netzwerk bekam ich jedoch anstelle von Festanstellungen mehrere interessante Kooperationsangebote und habe mich dann, ganz entgegen meiner ursprünglichen Planung, mit den Schwerpunkten Führungskräfteentwicklung und Karriereberatung selbstständig gemacht. Seit 2014 führe ich mein eigenes Unternehmen und habe es noch keinen Tag bereut.

Auch wenn meine Karriere an vielen Stellen ungeplant verlaufen ist, hatte ich immer eine Vorstellung davon, was mir Spaß machen könnte und habe die sich mir bietenden Gelegenheiten genutzt, um es auszuprobieren. Dabei habe ich die Erfahrung gemacht, dass der Weg manchmal wirklich erst beim Gehen entsteht und sich mit entsprechender Offenheit auch mehr als eine Option bietet. Agilität bzw. Effectuation bedeuten für mich daher vor allem die Offenheit für unterschiedliche Optionen sowie den Mut, sich in die Unsicherheit zu wagen und dabei auf sich selbst zu vertrauen.

Auf den Gedanken, ein Buch zu schreiben, wäre ich trotzdem noch vor drei Jahren nicht gekommen. Ich erlebe jedoch sowohl in der Karriereberatung als auch in den verschiedenen Unternehmen, für die ich als Beraterin und Coach tätig bin, Veränderungen, die ich spannend und anregend finde, die gleichwohl jedoch bei vielen Menschen auch Verunsicherung auslösen. Mich hat es daher neugierig gemacht, was sich dort am Horizont der zukünftigen Arbeitswelt abzeichnet und wie sich das auf unser Karriereverständnis auswirken wird. So habe ich mich entschlossen, dieses Buch zu schreiben und dazu beizutragen, mehr Verständnis für die Veränderungen zu entwickeln und die eigene Handlungsfähigkeit zu stärken. Auf dem Weg habe ich einige Mitstreiter*innen, wie *Nadine Nierentz* und *Torsten Bittlingmaier*, gefunden, die sich auch schon zu diesen Themen Gedanken gemacht haben und auf Basis ihrer Erfahrungen ebenfalls spannende Ansätze für die agile Karrieregestaltung einbringen können.

1.4   Wo finde ich was in diesem Buch?

Im folgenden, im zweiten Kapitel werden die Veränderungen in der Arbeitswelt der Zukunft beschrieben, mit ihren entsprechenden Auswirkungen auf alle Beschäftigten – sowohl Führungskräfte als auch Fachexpert*innen. Neben aktuellen Erkenntnissen aus Forschung und Wissenschaft finden Sie auch Interviews mit Expert*innen aus den Bereichen New Work und demokratischer Unternehmensgestaltung.

Im dritten Kapitel bringe ich Ihnen den Karrierebegriff näher und wie er sich unter den Bedingungen verändern wird: Nach der Lektüre dieses Kapitels wissen Sie, ob und in welcher Form sich Karriere zukünftig gestalten lassen wird.

In Kapitel vier wird *Nadine Nierentz* die Methode Effectuation beschreiben, mit deren Hilfe sich Karriere gestalten lässt. Nadine Nierentz, Diplom-Psychologin, ist Geschäftsführerin des Beratungsunternehmens Syspo excellence und Senior Coach mit langjähriger Erfahrung in unterschiedlichen Kontexten. Sie hat sich mit ihrem Team auf die Begleitung von beruflichen Übergangsprozessen spezialisiert und entwickelt Beratungskonzepte für Unternehmen, die Mitarbeiter*innen auf eine faire und ressourcenorientierte Art in ihrer Veränderung begleiten. Basis ihrer Arbeit bilden psychologische Grundlagen sowie systemische und hypnosystemische Erkenntnisse. Zudem bildet sie auch Coaches aus und führt regelmäßig Supervisionen für Berater*innen durch.

Im fünften Kapitel zeigt Ihnen *Torsten Bittlingmaier* die Option auf, sich mithilfe des Talent Managers bei der Karrieregestaltung unterstützen zu lassen. Torsten Bittlingmaier ist ein erfahrener Personal-Manager mit umfangreichem Know-how in sämtlichen Feldern der operativen und strategischen, auch internationalen Personalarbeit, u. a. bei der Linde AG, MAN, der Software AG und der Deutschen Telekom AG. Er hat fundierte Beratungserfahrung als Geschäftsführer der Haufe Akademie mit den Schwerpunkten HR-Management, Talent Management, Projekt-, Prozess- und Change Management sowie Leadership.

Wenn Sie spontan Lust darauf haben, sich sofort ganz praktisch und agil mit ihrer Karriere zu beschäftigen, können Sie direkt zum Kapitel 6 weitergehen und in dem Workbook herausfinden, mit welchen Optionen Sie Ihren Koffer füllen und sich für die Reise in die Zukunft vorbereiten können. Hierfür werden die aus der Karriereberatung bekannten Fragestellungen »Wer bin ich?«, »Was kann ich?« und »Was will ich?« bzw. »Was ist mir wichtig?« mit Übungen und Ansätzen aus dem agilen Umfeld bzw. der Effectuation-Methode angereichert.

2 Arbeitswelt 4.0 – Was verändert sich für Menschen und Berufswege?

Die Arbeit der Zukunft, auch New Work oder Arbeit 4.0 genannt, beschreibt die Veränderungen der Arbeitswelt, die sowohl durch den technologischen Wandel, insbesondere die 4. industrielle Revolution, die Globalisierung, die demografische Entwicklung als auch von den Veränderungen auf gesellschaftlicher Ebene beeinflusst sind.

Klingt für Sie nach trockener Definition, oder?

Einfacher und für Sie auf den Punkt gebracht, steht *Fabian Kienbaum* im Interview zu New Work Rede und Antwort. Er ist dafür prädestiniert, schließlich zählt Kienbaum zu den Familienunternehmen, die selbst den Wandel zu einem New-Work-Unternehmen und damit zugleich den erfolgreichen Übergang in die dritte Generation geschafft haben. Kienbaum hat die Vision, Menschen und Organisationen Zukunft zu geben.

Selbst-Interview: Fabian Kienbaum, CEO, Kienbaum Consultants International GmbH

Fabian Kienbaum ist Chief Empowerment Officer der Kienbaum Consultants International GmbH – einer familien- und partnergeführten Beratungsgesellschaft. Vor seinem Wechsel zu Kienbaum arbeitete er In einer amerikanischen Unternehmensberatung in London.

»New Work« – was genau verstehst Du eigentlich darunter?

Die Gestaltung der Arbeitswelt der Zukunft. Die gesellschaftlichen Megathemen verändern die Arbeitswelt zunehmend: Digitalisierung, Globalisierung, Individualisierung, der Wandel, verbunden mit dem War for Talents, Konnektivität, Gender Shift etc. Diese Entwicklungen führen zwangsläufig dazu, dass wir Arbeit per se sowie unsere Arbeitswelt neu denken müssen. Damit geht ein Wandel der Unternehmenskultur einher. Denn: Was bringt z. B. die Homeoffice-Möglichkeit, wenn sich keiner traut, sie zu nutzen, weil Präsenzkultur das eigentliche Gebot ist und man im Unternehmen nur etwas werden kann, wenn man ständig da ist? Es geht am Ende um ein intelligentes Work-Life-Blending mit klaren Spielregeln bei maximaler Flexibilität.

Was können Unternehmen denn tun, um New Work wirklich ernst zu nehmen und umzusetzen?

Es steht und fällt mit der Glaubwürdigkeit des Top-Managements, sprich: Eine Umsetzung ist ausschließlich mit einem überzeugten und überzeugenden Führungszirkel möglich. Nur wenn sich über authentisches Auftreten und Handeln der Führungskräfte ein Gefühl des Veränderungswillens ausbreitet, entsteht Momentum und Raum für New Work, weil dann der Glaube reift, dass es ernst gemeint ist. Zu viele Change-Projekte sind an Appellen und Einforderungen gescheitert bei gleichzeitiger, demonstrativer Nicht-Veränderungsbereitschaft des Top-Managements. Doch gerade dieser Kreis muss symbolische Opfer bringen und häufig wieder eine neue Beziehungsebene zu den eigenen Mitarbeiten finden. Kurzum: practice what you preach.

Okay. Was genau muss der moderne Chef aufgeben?

Es gibt keine goldenen Regeln, weil es von Unternehmen zu Unternehmen variiert. So mögen in manchen Unternehmen sichtbare »Opfer«, wie die Aufgabe vom Einzelbüro oder des Parkplatzes, Effekte erzeugen, in anderen Unternehmen ist es schon gut, wenn sich Chefs schlichtweg häufiger zeigten, Fehler zugeben lernen (ohne dies als Schwäche zu verstehen) oder Austauschformate schafften, in denen cross-divisionale, hierarchieübergreifende Dialoge stattfinden. Bei Google gibt es noch heute wöchentliche, globale all-hands calls, an denen alle Mitarbeiter teilnehmen können, um Antworten auf Fragen zu finden. Einfach nur den Schlips auszuziehen, reicht jedenfalls nicht! Es geht um eine andere Nähe, Anfassbar- und Erlebbarkeit, im Übrigen auch gerne in den neuen Medien.

Sich so umzustellen, schaffen ältere Chefs doch gar nicht!

Es ist keine Altersfrage. Vielleicht tun sich junge Führungskräfte leichter mit gewissen Themen, weil sie anders sozialisiert sind. Aber egal, in welchem Alter: Es immer eine Frage der richtigen Haltung. Die kann man in jedem Alter annehmen. John Legere von T-Mobile US ist 59 Jahre alt und schafft das. Der hat übrigens auch mehr als 4 Millionen Follower auf Twitter. Auch das ist keine Altersfrage. Mit seiner persönlichen Veränderung, wir nennen dies primary innovation, verkörpert er New Work und ist damit Inspiration für viele, junge Talente, die sich dadurch angezogen fühlen.

Gutes Stichwort. Der Arbeitskräftemarkt hat sich massiv verändert hin zu einem Arbeitnehmermarkt, in dem Arbeitnehmer viel häufiger und rascher wechseln. Damit erscheint die lineare Karriere nicht mehr zeitgemäß. Was bedeutet das, nicht zuletzt auch in Bezug auf New Work?

Die Rahmenbedingungen heute verändern sich derart rasant, dass lineare Karrieren häufig keine adäquaten Antworten mehr auf die Anforderungen darstellen, die uns in einer VUCA-Welt begegnen. Denn wenn sich so viel so schnell verändert, muss auch ein Unternehmen viel häufiger überprüfen, wer in welcher Rolle am besten glänzen kann. Und weil eben genau die Zugehörigkeitsdauer in Organisationen abnimmt, muss sich Führung verändern. Wir dürfen Menschen nicht als Ressourcen und Kapazitäten sehen, sondern müssen ihre Vielfalt und Individualität würdigen. Gelingt das nicht, bietet der Arbeitsmarkt genug Möglichkeiten. Dann nimmt die Retention ab, im Unternehmen entstehen extrem hohe Opportunitäts- und indirekte Kosten. Die Frage der nach der Sinnhaftigkeit ist für die heutigen Führungskräfte teilweise schwierig zu beantworten, weil viele derjenigen, die heute in Führungspositionen sind, ganz anders sozialisiert sind. Deshalb ist es wichtig, für sich zu beantworten: Wie können wir inspirieren, wie können wir motivieren, wie werden wir erlebbar? Gerade im Recruitment werden inzwischen viele Logiken aus dem Marketing in die HR-Welt übertragen, z. B., indem man mit Personae arbeitet. Die Stellenanzeige rückt in den Hintergrund. Entscheidend wird der coole Mensch, der die potenziellen Bewerber anspricht und begeistert.

Das lässt sich auch auf Führung übertragen. Lebe ich das, was ich predige, tatsächlich? Das wird heute zunehmend gechallenged, Portale wie Kununu schaffen Transparenz. Wir brauchen mehr Begleitung und Sensibilisierung für diese Themen in der Führungskräfteentwicklung. Wer glaubt, New Work sei nur ein Trend, irrt gewaltig. Das Thema hat eine bedeutende gesellschaftspolitische Dimension und erfordert tiefe Auseinandersetzung. Die Menschen in den Unternehmen spielen die entscheidende Rolle, für sie brauchen wir eine Servant Leadership.

Welche zentralen Skills muss eine Führungskraft denn für diese rasanten Zeiten mitbringen? Brauchen Unternehmen in Zukunft vor allem Generalisten mit einem möglichst breiten Skill-Set, um erfolgreich zu sein oder mehr Spezialisten? Und was bedeutet das für Mitarbeiter?

Wir brauchen beides: Generalisten und Spezialisten. Und beide Gruppen sind aufeinander angewiesen, denn nur im Schulterschluss werden sie erfolgreich sein. Wir brauchen Generalisten, die in verschiedenen Disziplinen stark sind, und die vor allem als Führungskräfte durch Empathie und Kundenorientierung glänzen, insbesondere auch für die Anliegen der Spezialisten. Spezialisten, die in ihrem Fachgebiet absolute Experten sind und das Handwerk verstehen, sind unabdingbar. Bei Themen, wie z. B. Künstliche Intelligenz oder Robotik benötigen wir echte Kompetenzträger, die über tiefes Know-how verfügen.

Grundsätzlich wird in Zukunft die persönliche Weiterbildung eine höhere Priorität im Arbeitsleben einnehmen müssen. Einerseits sind Unternehmen aufgefordert, ihre Angebote zu erhöhen, andererseits liegt es in der Selbstverantwortung eines jeden Einzelnen, durch Eigeninitiative auf der Höhe der Zeit zu bleiben. Es bedarf also einer extrem hohen persönlichen Leistungsmotivation, Kommunikations- sowie Kooperationsbereitschaft, denn die Arbeitswelt der Zukunft ist vernetzt, digital und transparent. Wenn wir uns in ihr erfolgreich bewegen wollen, müssen wir die neuen Gegebenheiten verinnerlichen und uns entsprechend anders aufstellen.

Zum Abschluss: Du verstehst Dich als Chief Empowerment Officer. Was ist damit genau gemeint?

Das Thema Empowerment ist entstanden, weil wir gespürt haben, dass wir mit der alten Führungslogik, die häufig in der Beratung hierarchiegeprägt ist, nicht mehr weiterkommen. Wir wollen bewusst eine Kultur schaffen, die wir Potenzialentfaltungsgemeinschaft getauft haben. Damit wollen wir die individuellen Stärken der Menschen, die bei uns sind, treiben, befördern, inspirieren, ermutigen und einladen. Wir wollen von einer Objekt- zu einer Subjektkultur. Wir haben hier mit unterschiedlichen Disziplinen gearbeitet und ganz neue Zugänge gefunden, z. B. mit dem Hirnforscher Gerald Hüther [siehe https://www.gerald-huether.de] dem Magier Thimon v. Berlepsch [siehe https://www.thimonvonberlepsch.de] und dem Violinist Miha Pogacnik [siehe http://mihavision.com]. Aus diesen Erfahrungen haben wir gelernt, dass das Thema Empowerment keine Plattitüde, sondern wirklich als Ausdruck der Grundüberzeugung der wesentliche Erfolgsschlüssel dafür ist, dass wir diese Organisation auf ein nächstes Level hieven können. Gerade ich als Repräsentant der Familie kann diese Rolle am besten ausleben. Ich muss das richtige Umfeld schaffen und idealerweise schaffe ich mich dabei ab. Das muss der Anspruch von Führung sein.

In dieser Abbildung sehen Sie die verschiedenen Einflussfaktoren auf die zukünftige Arbeitswelt, die in den folgenden Kapiteln näher erläutert werden.

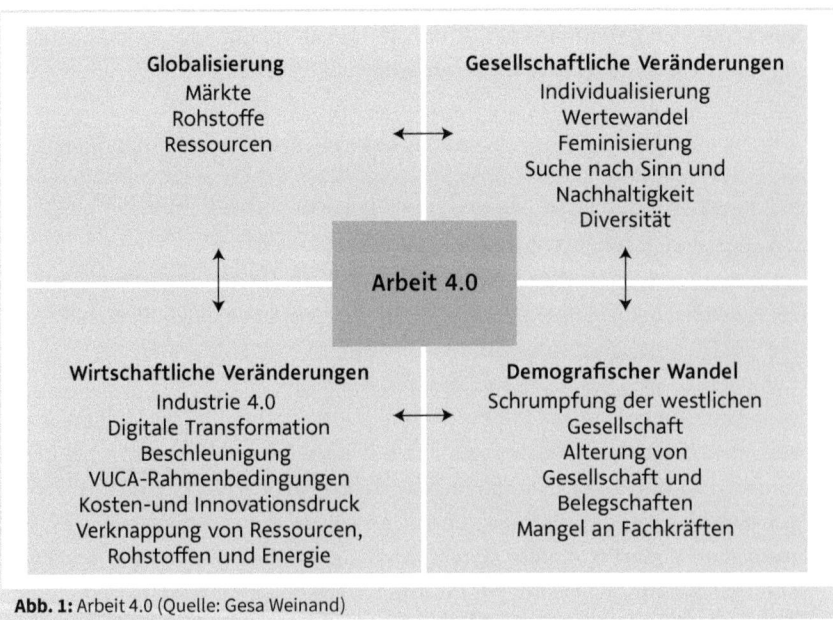

Abb. 1: Arbeit 4.0 (Quelle: Gesa Weinand)

2.1 Globalisierung

Im Zuge der Globalisierung, unter der hier die globale Integration und zunehmende grenzüberschreitende Verflechtung von Wirtschaft, Politik, Kultur, Umwelt und Kommunikation auf internationaler Ebene verstanden wird, und zwar zwischen Individuen, Gesellschaften, Institutionen und Staaten, ändert sich die Arbeitswelt in vielerlei Hinsicht.

Treiber der Globalisierung sind:
- der technische Fortschritt, insbesondere in Asien und verschiedenen Schwellenländern,
- die Entwicklungen im Bereich der Kommunikations- und Transporttechnologie, also Internet, digitale Transformation, Individual- und Güterverkehr,
- die Liberalisierung des Welthandels sowie
- das Bevölkerungswachstum in vielen Ländern.

Der Einfluss auf die Arbeitswelt ist zum einen durch permanente Erreichbarkeit rund um den Globus sowie durch die Arbeit über verschiedene Zeitzonen hinweg geprägt, einhergehend mit einer immer unschärfer werdenden Trennung zwischen Arbeit und Privatleben. Durch die Veränderung beim Transport und Verkehr werden sowohl Menschen als auch Güter mobiler, d. h., einerseits können Arbeitskräfte schnell an den Ort gelangen, wo sie gebraucht werden. Andererseits müssen aufgrund der Digitalisierung Arbeitskräfte nicht zwingend immer vor Ort sein, sondern können virtuell von jedem Ort der Welt ihre Ressourcen zu Verfügung stellen.

Die Digitalisierung löst hierdurch räumliche Grenzen auf. Gleichzeitig entstehen durch sie auch neue Mobilitätsanforderungen, um der steigenden Geschwindigkeit gerecht zu werden. Flexibilität, Job- und Ortswechsel und damit verbundene Neuausrichtungen werden einfach zur Normalität.

Über die Transparenz der vorhandenen Rohstoffe und Ressourcen wird der globale Handel zum zentralen Wirtschaftsfaktor eines Landes, einer Nation. Je nach Wirtschaftskraft können dabei die Defizite in den eigenen Ressourcen(-bereichen) ausgeglichen werden.

2.2   Wirtschaftliche Veränderungen

2.2.1   Industrie 4.0

		1. industrielle Revolution	2. industrielle Revolution	3. industrielle Revolution	4. industrielle Revolution
Arbeits-kraft	1:1	1:10	1:100	1:X	1:X^X
Formen der Arbeit	• Adel • Kirche • Feudalherrschaft • Frondienst • Militärdienst	• Dampfmaschine • Mechanische Produktion • Lohnarbeit • Proletariat	• Massenproduktion • Unternehmer (Geld/Intelligenz) • Lohnarbeit	• Computerisierung • Dienstleistung • Produktion • Kunst	• Automatisierte Produktion • Cyber-physische Systeme • Smart Factory • Smart Data • Smart Services
Karriere	Durch Herkunft bestimmt	Durch Herkunft sowie Fähigkeiten und Erfahrungen bestimmt	Durch Kapital und Intelligenz bestimmt	Durch Wissen bestimmt	Durch digitale Hard- und Soft Skills bestimmt
	Bis Ende 17. Jhd.	Mitte bis Ende 18. Jhd.	1780 bis 1850	1970er Jahre	Ende des 20. Jhd. bis heute

Abb. 2: Arbeit im Wandel der Zeit (Quelle: Gesa Weinand)

Bis zur 1. industriellen Revolution waren Wirtschaft und Arbeitswelt von der Arbeits-kraft von Menschen bzw. Tieren geprägt. Mithilfe von technischen Hilfsmitteln konnte die Muskelkraft zwar verstärkt werden, z.B. durch Hebel, Rollen oder Ähnliches. Gleichzeitig fand sie darin aber auch ihre Begrenzung. Körperliche Arbeit war ein Merkmal unterer sozialer Schichten und in der Regel sehr negativ besetzt. Legt man jedoch eine breitere Definition zugrunde, die Arbeit als zielgerichtete, soziale, plan-mäßige und bewusste, körperliche und geistige Tätigkeit beschreibt, dann waren diese Formen auch beim Adel oder in der Kirche durchaus zu finden. Welche Art von Tätigkeit ein Mensch ausüben konnte, war in dieser Zeit stark durch seine Herkunft bestimmt.

Dies veränderte sich im Zuge der 1. industriellen Revolution in der zweiten Hälfte des 18. Jahrhunderts, in der durch Erfindungen, wie der Dampfmaschine oder der Spin-ning Jenny, einer Spinnmaschine, und damit dem Ersatz von Muskelkraft durch Ma-schinen, die Leistungsfähigkeit, Produktivität und Effizienz der damaligen Produktions- und Transportsysteme erheblich verbessert wurden. Die Arbeitskraft von Menschen konnte vervielfacht werden. Es entstanden durch die mechanische Produktion neue Unternehmen und damit auch neue gesellschaftliche Schichten. Lohnarbeit und Hierarchiestrukturen nahmen in dieser Zeit ihren Anfang. Welche Position ein Mensch im Produktionssystem innehatte, war nur noch teilweise von seiner Herkunft bestimmt, weitere Fähigkeiten und Erfahrungen konnten zum Aufstieg beitragen.

Die 2. industrielle Revolution, ungefähr um das Jahr 1780, fand vor allem auf der Organisationsebene statt. Es wurde die Massenfertigung mit dem Prinzip des Taylorismus eingeführt und durch die Erfindung der elektrischen Antriebe sowie die Entdeckung des Erdöls wurde die wirtschaftliche Entwicklung weiter vorangetrieben. Produkte waren vor allem einheitlich und variantenarm, die Prozesse starr und unflexibel. Unternehmer*innen konnten mit entsprechendem Kapital und Intelligenz große Vermögen erwirtschaften, aber auch für die Arbeitskräfte in den Fabriken wuchs der Wohlstand. Kapital und Intelligenz waren auch die Treiber für Karrieren innerhalb des Systems, so war z. B. ein Aufstieg vom Arbeiter zum Vorarbeiter und höher möglich.

Die 3. industrielle Revolution startete um 1970 mit der Automatisierung der Produktionsprozesse und dem Einsatz von neuen Informations- und Kommunikationstechnologien, wie beispielsweise dem Personal Computer (PC) oder dem Mobilfunk. Nicht nur in der Produktion veränderten sich die Tätigkeiten, sondern auch in den angrenzenden Dienstleistungs- und Verwaltungsbereichen. Im Fokus standen Produktivität und Effizienzsteigerungen bei gleichzeitigem Individualisieren von Produkten und Produktionsprozessen für immer anspruchsvollere Kundenanforderungen. In dieser Zeit entstand auch die Klasse der Wissensarbeiter*innen. Fachkarrieren bildeten sich heraus und zogen teilweise mit Führungskarrieren gleich.

Die 4. industrielle Revolution steht häufig synonym für Industrie 4.0 und beschreibt den Umschwung und Transformationsprozess innerhalb der industriellen Wertschöpfung und der darin tätigen Unternehmen und Beschäftigten. Kern ist die technische Integration von cyber-physischen Systemen in die Produktion und Logistik sowie die Anbindung des Internets der Dinge. Aus ihr erwachsen Anforderungen, wie der Wandel in Organisationen und die Steuerung der gesamten Wertschöpfungskette über den Lebenszyklus von Produkten hinweg. Denn der Umgang mit immer weiter steigender Produkt- und Prozesskomplexität in Verbindung mit volatilen Märkten fordert eine Vernetzung des Informationsflusses zwischen Herstellern, Lieferanten und Kunden sowie den eigentlichen Produkten und Ressourcen über alle betrieblichen Planungsebenen hinweg. Ein wesentlicher Treiber der 4. industriellen Revolution ist daher die Digitalisierung. Die individuelle Arbeitskraft wird durch diese vernetzten Systeme in höchster Potenz vervielfältigt. Zudem wird der zukünftige Wert des Individuums durch seine digitalen Hard- und Soft Skills (siehe hierzu Kapitel 3.4) bestimmt.

2.2.2   Digitale Transformation

Die Digitalisierung hat mittlerweile Einzug in fast jeden Lebensbereich gehalten und verändert damit nicht nur die Wirtschaft, sondern unsere Gesellschaft. In Bezug auf die Arbeitswelt verändert die Digitalisierung zum einen die Unternehmen, d. h., Produkte, Prozesse und Dienstleistungen werden immer stärker digitalisiert und ersetzen dadurch nach und nach einfache Tätigkeiten, Routinearbeiten oder auch körperlich schwere Arbeit. Der Vorteil der Digitalisierung ist u. a. die Abmilderung des Fachkräftemangels, der ohne diese Effekte fast doppelt so hoch ausfallen würde. Gleichzeitig wird durch die Digitalisierung die Arbeit von Hochqualifizierten produktiver, d. h. vor allem Länder, in denen kritisches Denken, Kreativität und komplexe Problemlösefähigkeiten stark ausgeprägt sind, werden von der Digitalisierung profitieren.

Zu den frühen Wegbegleitern der Digitalisierung in Deutschland gehört *Stephan Grabmeier*.

Im Interview: Stephan Grabmeier, Chief Innovation Officer, Kienbaum Consultants International GmbH

Stephan Grabmeier ist Chief Innovation Officer von Kienbaum Consultants International GmbH. In dieser Position verantwortet er einerseits die Innovationsentwicklungen nach innen, u. a. den Auf- und Ausbau neuer Geschäftsfelder, Beteiligungen an HR Tech Start-ups oder Kooperationen. Andererseits begleitet Grabmeier Vorstände und Unternehmen bei deren digitalen Transformationen und unterstützt sie dabei, schneller zu innovieren.
Vor seiner Tätigkeit war Grabmeier Chief Innovation Evangelist bei der Haufe umantis AG, einem der digitalen Champions in Deutschland.

Gesa Weinand: Welche Herausforderungen stellen sich aus Deiner Sicht durch die beschriebenen Veränderungen für Unternehmen und Beschäftigte?

Stephan Grabmeier: Die Überlebensfähigkeit aus Unternehmenssicht ist eine enorme Herausforderung, weil du keine Garantie mehr hast. Vor zehn Jahren war da noch eine andere Grundhaltung, z. B. bei der Telekom: »Wir haben doch 250.000 Leute, wir liefern notwendige Infrastruktur, also wieso soll es uns in 100 Jahren nicht mehr geben?« Aber die Zeiten sind vorbei und auch diese Arroganz ist allmählich gewichen. Das merkst du dann, wenn du neue kleine Wettbewerber hast, die echt ernsthaft gefährdend sind. Die Messenger-Systeme vs. SMS sind in der Telko-Industrie das beste Beispiel. Am Anfang arrogant belächelt, bis heute bitter bereut. So etwas hält zukünftig wach und frisch.
Zur kontinuierlichen Entwicklung eines Geschäftsmodells muss sich jeder CEO fragen:
* Was machen die Märkte?
* Was machen Wettbewerber?
* Was macht Technologie?
* Wie kommen wir in die nächste Generation unseres Unternehmens?
* Was macht das mit meiner Organisation?

- Was brauchst du für Typen und Skills da drin?
- Wie finanzierst und investierst Du die Entwicklungen?

Diese Ambidextrie, diese Vielfalt, ist die allergrößte Herausforderung, die momentan zu managen ist.

2.2.3 Beschleunigung

Die Menge an wissenschaftlichen Erkenntnissen verdoppelt sich etwa alle fünf bis zehn Jahre. Die Rechnergeschwindigkeit hat sich seit den 1970er Jahren um ein Vielfaches erhöht. IT-Wissen hat im Moment nur noch eine Halbwertszeit von weniger als zwei Jahren. Die Erwartungen von Mitarbeiter*innen oder Kunden in Bezug auf Kommunikationsgeschwindigkeit liegt bei sofortiger Response im 24/7-Zyklus. Das heißt, Geschwindigkeit oder Beschleunigung, auch getrieben durch die Digitalisierung, ist ein wesentliches Merkmal unserer heutigen Zeit und wird sich auch in der weiteren Zukunft in erheblichem Maße auf die Arbeitswelt und alle anderen Lebensbereiche auswirken.

2.2.4 VUCA-Rahmenbedingungen

Die vielseitigen Rahmenbedingungen, unter denen sich die Welt verändert und die die Führung von Unternehmen erschweren, werden seit den 1990er Jahren mit dem Begriff VUCA umschrieben. Ursprünglich im militärischen Bereich entstanden, war damit die multilaterale, also vielseitige Welt nach dem Ende des Kalten Krieges gemeint, als sich das klare Freund-/Feind-Weltbild nach der Auflösung der UdSSR in die undurchsichtige, unberechenbare weltpolitische Gemengelage entwickelte, die wir bis heute erleben.

Volatility *(Volatilität/Flüchtigkeit)* meint die Dynamik des Wandels, der permanenten Veränderung. Die Welt verändert sich ständig, wird immer instabiler und sowohl kleine als auch große Veränderungen werden immer unvorhersehbarer. Die Geschwindigkeit der Veränderung erhöht sich drastisch und das Ausmaß wird immer schwerer einschätzbar.

Beispiele !

- der Börsenhandel,
- die Geschwindigkeit von Marktein- und -austritten (WhatsApp, Facebook, Twitter etc.) oder
- die Eroberung neuer Geschäftsfelder und Kundensegmente durch »Branchenfremde« (Buchhändler betreiben Rechenzentren, Internetgiganten bauen Autos etc.).

Uncertainty *(Ungewissheit/Unsicherheit)* versteht sich als Mangel an Berechenbarkeit. Die Veränderungen sind nicht nur immer schwerer zu prognostizieren oder zu berechnen, nein, die Zukunft ist auch immer weniger planbar. Bisherige Erfahrungen nutzen wenig für künftige Entscheidungen.

> **!** **Beispiel**
>
> Bei dem Messenger-System WhatsApp, dessen Erfolg, ebenso wie bei SMS, am Anfang überhaupt nicht einkalkuliert war und der diese dann verdrängte, wird dies deutlich.

Complexity *(Komplexität)* beschreibt die Dynamik der Systeme, die sich multipliziert. Die Welt ist komplexer denn je. Dadurch ist nicht mehr eindeutig zu erkennen, was Ursache und was Wirkung ist. Die Anzahl der einflussnehmenden Variablen steigt immer mehr an, sodass es nahezu unmöglich wird, alle Informationen vor einer Entscheidungsfindung zusammenzutragen. Die Zusammenhänge werden gleichzeitig immer schwerer zu durchschauen, Probleme und deren Auswirkungen immer vielschichtiger, sodass eine Entscheidung für den »richtigen« Weg eine kaum zu lösende Aufgabe wird.

Ambiguity *(Ambiguität/Mehrdeutigkeit)* meint das Fehlen einfacher Ursache-Wirkungs-Zusammenhänge. Widersprüche sind allgegenwärtig. Eindeutige Zuordnungen, wie »entweder/oder«, »Schwarz oder Weiß«, gibt es nicht mehr. Stattdessen tritt ein »Sowohl-als-auch« oder viele Schattierungen von Grau in den Fokus. In dieser Mehrdeutigkeit oder Widersprüchlichkeit können Entscheidungen nur auf kurze Sicht und nicht mit dem Anspruch auf Langlebigkeit getroffen werden sowie auf dem persönlichen Wertesystem basieren. Sie brauchen daher Reflexionsvermögen, Aufmerksamkeit und Bewusstheit.

Welchen Einfluss externe Faktoren auf Unternehmen haben, zeigt Ihnen *Melanie Vogel* auf.

Im Interview: Melanie Vogel, Veranstalterin der Karrieremesse women&work

Melanie Vogel, dreifach ausgezeichnete Innovatorin, ist seit 1998 passionierte Unternehmerin. Ihre erste Firma gründete sie aus dem Studium heraus und war doch kein Neuling in der Unternehmenswelt. In den Betrieben von Vater und Großvater schnupperte sie schon in jungen Jahren in die Welt von Business, Leadership und Innovation. Schon früh erkannte sie: Wer nicht innoviert, entwickelt sich nicht weiter. Wer sich nicht freiwillig von innen heraus verändert, wenn sich wirtschaftliche Rahmenbedingungen ändern, wird von außen in den Change getrieben.

Futability®, VUCA, Innovation und Leadership sind ihre Kernthemen, die sie nicht nur als Dozentin an der Universität zu Köln unterrichtet, sondern auch in Vorträgen,

Keynotes, Webinaren und Seminaren mit Unternehmern und Führungskräften teilt. Als ausgebildeter Innovation-Coach hat sie viel Erfahrung in der Entwicklung von neuen Geschäftsmodellen und begleitet bei innovativen Prozessen. Das von ihr entwickelte und preisgekrönte »Futability®-Konzept« ist ihre Antwort auf die VUCA-Welt – eine Welt dauerhafter und radikaler Veränderungen. Die mehrfache Buchautorin ist außerdem erfolgreiche Initiatorin der women&work (ausgezeichnet mit dem Innovationspreis »Land der Ideen« in der Kategorie Wirtschaft), der mit jährlich über 7.000 Besucherinnen zu Europas größtem Messe-Kongress für Frauen zählt. 2017 rief sie den women&work-Erfinderinnenpreis ins Leben, der in drei Kategorien auf der Internationalen Erfindermesse iENA verliehen wird.

Gesa Weinand: Du beschäftigst Dich ja auch stark mit dem Thema, wie sich die Arbeitswelt in der Zukunft verändert. Welche wesentlichen Veränderungen werden da auf uns zukommen?

Melanie Vogel: Ich glaube, die wesentlichste ist, dass wir es mit einigen sehr radikalen externen Faktoren zu tun haben. Das ist zum einen die große politische Unsicherheit weltweit, die natürlich Auswirkungen auf das Wirtschaftsleben hat. Wir haben das ganz große Thema der Klimaveränderung. Wir müssen uns zusätzlich mit dem Thema Digitalisierung auseinandersetzen, wobei die aus meiner Sicht viel größer gefasst werden muss, als es in Deutschland passiert. Denn bei der Digitalisierung geht es u. a. auch um künstliche Intelligenz, Bionik und 3D-Druck. Dazu kommt noch der demografische Wandel.
Außerdem haben wir uns in den letzten 70 Jahren in den hierarchisch-linearen Strukturen des Industriezeitalters gut eingerichtet, in denen die Arbeitskonzepte des Total Quality Managements und Lean Managements wunderbar funktionierten. Doch diese Strukturen brechen in der jetzigen Phase der Veränderung auf. Jetzt brauchen wir Menschen, die Lösungen finden, die kreativ und innovativ sind. Und in dieser Gemengelage reden wir über Arbeiten 4.0, von dem New Work ein Teilbereich ist, wo es aber eigentlich um viel mehr geht als um neue Arbeitskonzepte und neue Gestaltungsmöglichkeiten in den Unternehmen. Die große Frage ist doch, wie Führung überhaupt noch sinnvoll möglich sein wird und ob es in Zukunft noch große Konzernstrukturen geben wird. Durch die Digitalisierung fallen Arbeitsschritte weg, sodass bestimmte Menschen für bestimmte Themen überhaupt nicht mehr gebraucht werden. Eigentlich müsste die Gründungskultur zunehmen, weil wir viel mehr Unternehmen brauchen, die in kleinem Rahmen Arbeitsplätze schaffen. Die großen Konzerne, die viele Arbeitsplätze schaffen, wird es in Zukunft in dieser Form vermutlich gar nicht mehr geben. Und dadurch verändert sich natürlich die Sicherheitshaltung der Menschen, die einen Job suchen und ihre Berufsidentitäten. Wir haben unsere Identität bisher immer an den Beruf und an einen Arbeitgeber gekoppelt, aber das wird es in Zukunft so nicht mehr gehen. Wir müssen unsere Identitäten an Leidenschaften koppeln und an

uns selbst, an unsere Kompetenzen: Das ist der wirkliche Mindset Change, der Paradigmenwechsel.

Was müssen Unternehmen jetzt verändern? Warum müssen sie das verändern?

Ein Schlagwort ist Agilität, was bedeutet, dass sich Unternehmen in die Lage versetzen, in kleinen, stabilen, aber schlagkräftigen Einheiten zu arbeiten. Dazu muss in den Unternehmen das klassische Silodenken durchbrochen und wie im Innovations-Management abteilungsübergreifend und in Kooperationen gedacht werden. Gerade hierarchische Unternehmen sind darauf oft überhaupt nicht eingestellt, weil ihre Unternehmens-DNA für diese neue Form der Zusammenarbeit nie gedacht war.

Für diese Unternehmen sind die Veränderungen so massiv, dass sie an der Stelle tatsächlich Schwierigkeiten mit ihrer Stammbelegschaft bekommen, die vielleicht schon seit 20, 30 Jahren an Bord ist und natürlich von dieser Unternehmens-DNA assimiliert wurde und ihre Berufsidentität daran ausgerichtet hat. Wenn sich jetzt die Unternehmensidentität ändert, muss sich automatisch die Berufsidentität mit verändern. Und das ist elementar, weil das an ganz persönlichen Werte- und Persönlichkeitsvorstellungen kratzt.

Diese Veränderung kann ich den Leuten nicht aufzwingen, sondern ich muss sie einladen, diesen Wandel mitzugestalten. Die meisten Unternehmen sprechen eine solche Einladung jedoch nicht aus, sondern fangen an, Veränderungsprozesse zu befehligen. Dabei entsteht – logischerweise – bei vielen erst mal ein Gefühl von Angst und Unsicherheit. Und in dem Moment sind die Menschen ganz selten bereit, sich überhaupt zu verändern. Wenn allerdings die Bereitschaft zur Veränderung fehlt, ist auch Kreativität und Innovationskraft nur schwer abzurufen, denn (Veränderungs-)Stress tötet Kreativität. Das heißt also, da wird ein Negativkreislauf in Gang gesetzt, der es gerade großen etablierten Unternehmen unglaublich schwer macht, in diese neue agile Arbeitswelt zu kommen. Deshalb muss man tatsächlich anfangen, Unternehmertum, Führung und Veränderung neu zu denken, und zwar in einfachen, simplen Strukturen und Bildern, die für Menschen erträglich sind.

2.2.5   Kosten- und Innovationsdruck

Durch Globalisierung und Digitalisierung und damit dem transparenten weltweiten Zugang zu Ressourcen, Rohstoffen und Know-how stehen Unternehmen zunehmend unter extremem Kostendruck. Ein Grund ist, dass viele Produkte, Innovationen und Plagiate kostengünstig in Asien produziert werden können – somit die Konkurrenz wächst. Oder Technologien, wie der 3D-Drucker, die Produktionskosten erheblich senken und damit auch die Produktkosten gering werden lassen. Gleichzeitig ist eine

Marktführerschaft stets gefährdet und fordert von den Unternehmen eine hohe Innovationsfähigkeit ab. Um mit der Veränderungsgeschwindigkeit der Konkurrenz Schritt halten zu können, gerade in den Bereichen der disruptiven Technologien bzw. Entwicklungen, kann ein (heutiger) Marktführer, wie seinerzeit Kodak, sehr schnell zum Auslaufmodell werden, wenn er einen wichtigen Trend, wie die Digitalisierung, verpasst. Denn das Merkmal disruptiver Technologien ist, dass sie anfangs eher klein, unscheinbar und wenig bedrohlich wirken, sich dann jedoch mit großer Geschwindigkeit zur führenden Technologie entwickeln.

Beispiel

Beispiele sind die oben erwähnte Ablösung analoger Kameras durch Digitalkameras, Festplatten durch Flash-Speicher, Schallplatten durch CD, Röhrenfernseher durch Flachbildschirme oder auch Pferdekutschen durch das Automobil.
Auch klassische Branchen erleben diese Entwicklungen, z. B. die Gefährdung des Einzelhandels durch Handelsplattformen, wie Amazon oder der Briefversand durch E-Mails und Messenger-Dienste.

Marc Wagner geht in seinen Ausführungen auf den Zusammenhang der äußeren Faktoren und deren Auswirkungen auf die Zukunft der Arbeitswelt ein.

Im Interview: Marc Wagner, Managing Partner, Detecon International GmbH

Marc Wagner ist Mitglied des Global Management Teams der Detecon International GmbH. Er verantwortet die Practice *New Work &* Company Rebuilding und begleitet Unternehmen bei der digitalen Transformation rund um die Themen New Work, digitale Ökosysteme, Innovations-Management und zukunftsfähige Arbeitsorganisationen. Zudem ist er Mitautor des Buches »New Work – auf dem Weg zur neuen Arbeitswelt«

Gesa Weinand: Was sind aus Ihrer Sicht die wichtigsten Veränderungen im Hinblick auf die zukünftige Arbeitswelt, Arbeit 4.0, New Work?

Marc Wagner: Ich glaube, eine ganz wesentliche Entwicklung ist die unglaubliche Zunahme an Geschwindigkeit. Wir merken, dass klassische Zyklen, also Produktentwicklungszyklen, Marktreife von Produkten, Eintritt von neuen Markt-Playern etc., sich rasant verkürzen. Dadurch funktionieren natürlich bisherige Strukturen nicht mehr so richtig. Im Automobilbereich sieht man das sehr stark, z. B. hat Tesla im Vergleich mit klassischen Automobilkonzernen schon ganz andere Zyklen. Oder auch Technologie-Unternehmen, wie z. B. Tencent, Alibaba oder Google. Ein zweiter Punkt ist das Thema Komplexität und Vernetzungsdichte. Es gibt mittlerweile ganz viele kleine Player auf dem Markt, die de facto keine Markteintrittsbarriere mehr haben, weil die Technologien mehr oder weniger frei verfügbar sind und daher nicht mehr differenzieren. Dieses komplexe Geflecht müssen Sie irgendwie zusammenbringen.

Der dritte Punkt betrifft sowohl das Verhältnis Unternehmen-Kunde als auch massiv das Verhältnis Unternehmen-Mitarbeiter. Hier kehren sich die Machtverhältnisse ein bisschen um. Die Top-Talente werden immer wichtiger und sind dann der Differenzierungsfaktor.

Beispielsweise ist WhatsApp 2014 für 19 Milliarden US-Dollar an Facebook verkauft worden, mit weniger als 100 Mitarbeitern. Im Vergleich dazu haben viele Großunternehmen mehrere 100.000 Mitarbeiter, und schauen Sie sich da den Wertschöpfungsanteil an.

Früher war es so, dass Sie unter die Top-5-Player auf dem Markt kommen mussten. Heute geht es um rasante Skalierung von Geschäftsmodellen und Marktdominanz. Google, Facebook etc. sind Beispiele dafür, weil sie digitale Produkte haben, die sich in den Grenzkosten reduzieren lassen. Da geht es eigentlich nur darum, wer einen attraktiven Markt schnellstmöglich besetzt und maximal schnell skaliert. Und ein Kunde hat de facto gar keinen Bedarf mehr, ein Second-Best-Produkt zu kaufen, sondern er will nur noch das beste. Die Marktanteile dieser Player liegen bei über 90 %. In den USA ist das klassische Beispiel die Steuersoftware TurboTax. In Amerika gibt es keine privaten Steuerberater mehr, die sind durch die Software ersetzt. The winner takes it all economy!

Man merkt unglaubliche Effekte, die sich da ergeben. Und auch aus Sicht der Konsumenten scheinen sich die Machtverhältnisse umzukehren durch maximale Transparenz, Bewertungssysteme bei Amazon etc. Auf der anderen Seite beobachtet man, dass sie aufgrund der Fülle an Informationen mittlerweile völlig überfordert sind, was dazu führt, dass sich die Konsumentenanforderungen stark verändern. Es geht eigentlich nur noch um den Faktor Zeit, um die Frage, wie ich einem Menschen mit meinem Produkt entweder etwas total Cooles gebe, das ihn erfüllt, oder ihm mehr Zeit gebe.

Das sind ganz wesentliche Entwicklungen. Zusammengefasst muss man sagen, dass da die alten Strukturen einer klassischen Hierarchie einfach nicht mehr funktionieren, da sie für so große, komplexe Konstrukte nicht mehr passen.

In diesem Kontext ist natürlich das Thema New Work sehr hilfreich, das ursprünglich aus einer gesellschaftlichen Perspektive von Frithjof Bergmann kommt, der eher in die Richtung gesamtgesellschaftlicher Maßnahmen, wie z. B. bedingungsloses Grundeinkommen, vier Stunden am Tag arbeiten etc. dachte. Meine Beobachtung ist, dass der Begriff mehr und mehr verwässert und teilweise sogar benutzt wird, um Restrukturierungsprojekte schöner zu betiteln. Er ist fast schon zu einem globalen Schlagwort geworden, bei dem man sich ähnlich wie beim Thema Agilität und Digitalisierung fragen muss, ob man das überhaupt noch so besetzen will. Gut daran ist, generell zu diskutieren, wie zukünftig die Arbeit aussehen soll. Eine wichtige Frage dabei ist die nach unserer Positionierung in Bezug auf Technologie, weil ich persönlich glaube, dass die Haltung in Europa und in Deutschland hochgradig kritisch ist. Wir versuchen, technologische Entwicklungen grundsätzlich auszugrenzen oder zu stoppen, indem wir Tausende Regularien schaffen. Technologischen Fortschritt halten Sie nicht auf, den können sie nur bremsen. Die Frage ist, sind wir irgendwann abgehängt? Es sieht im Moment schon stark danach aus. Und das ist schade für ein Land, aus dem so viele Erfinder und Persönlichkeiten, wie Robert Bosch etc., hervorgegangen sind.

Haben Sie ein Beispiel für Unternehmen, die Ihrer Meinung nach auf einem guten Weg in Bezug auf New Work sind?

Mein Lieblingsbeispiel ist Haier, größter Anbieter von White Goods, also Kühlschränken etc., in China. Haier stand vor einiger Zeit vor der großen Herausforderung, sein Unternehmen zu transformieren und hat es dann quasi im laufenden Betrieb mit 60.000 Mitarbeitern in 2.000 Einzeleinheiten, Micro Enterprises, aufgeteilt. Diese kleinen, agilen Einheiten haben ein extrem hohes Maß an Eigenverantwortung und im Kundenfokus. Ihr größtes Problem waren Mitarbeiter, die zu viel mit sich selbst und der Organisation beschäftigt waren und zu wenig mit den Kunden. Jetzt haben sie einen Anteil von über 90 % der Mitarbeiter, die in irgendeiner Form etwas mit dem Endkunden zu tun haben, also dem, der richtig Geld reinbringt. Das ist ein ganz spannendes Beispiel dafür, wie man sich organisatorisch toll aufstellen kann, in sehr agilen Strukturen. Das setzt in diesem Fall ein sehr mächtiges Steuerungs- und Informationssystem voraus – denn Agilität geht nicht ohne klare Strukturen und eine konsequente Steuerung auf Grundlage von Zahlen, Daten und Fakten (auch das wird gerne fehlinterpretiert).

Goretex hat einen ähnlichen Ansatz. Immer, wenn die Einheiten eine gewisse Größe bekommen, 150 bis 200 Mitarbeiter, bilden sie eine neue, kleinere Einheit. Das ist etabliert und sehr erfolgreich. Dahinter steckt das Prinzip der Dunbar's Number, die besagt, dass man zu maximal 150 bis 200 Personen stabile soziale Beziehungen herstellen kann. Alles, was darüber hinausgeht, braucht Krücken, also Overhead, den Wechsel von Leadership zu Management usw.

Auch ein schönes Beispiel für eine ähnliche Art, ein Unternehmen zu agilisieren, ist Hypoport. Das ist ein Finanzdienstleister aus dem Kölner Raum, der schnell gewachsen ist und seine 1.000 Mitarbeiter in 14 autonome Einheiten unterteilt hat. Das Unternehmen hat außerdem in seiner Vision formuliert, dass für sie Talente und Lernen ganz klar im Mittelpunkt stehen und folgen dabei einem sehr stärkenbasierten Prinzip.

Ansonsten legt auch Airbnb in den USA sehr schön den Fokus auf die lernende Organisation, auf Mitarbeiter und Menschen. Die haben als Erste den Chief Employee Experience Officer eingeführt, also gesagt: Wir brauchen Leute, die sich – wie für die Kunden – überlegen, was die optimale Experience für unsere Mitarbeiter ist. Und wenn Sie jetzt weiterdenken und den Mitarbeiter auch als Nutzer eines Produkts begreifen, dann verschwimmen plötzlich auch diese zwei Welten, also Kunde und Mitarbeiter sind gar nicht mehr trennscharf. Dieses Prinzip des Chief Employee Experience Officers ist ein tolles Konzept, meines Erachtens auch ein Ausweg für die Frage, ob man zukünftig überhaupt noch eine HR-Funktion braucht.

Außerdem finde ich Netflix noch ganz cool, weil die einen sehr starken Fokus auf die Top-Performer legen und davon ausgehen, dass der Fokus von HR ganz klar auf Recruiting und Retention von Top-Talenten gelegt werden sollte. Und das merkt man sehr stark. Denen geht es darum, wie sie die Top-Leute kriegen, die sie dann auch top bezahlen und entsprechend so versorgen und coachen, dass sie lange im Unternehmen bleiben und ihre Fähigkeiten laufend weiterentwickeln können. Das ist ein Riesenthema, weil die Loyalität von Mitarbeitern ja massiv abgenommen hat.

Auch die Deutsche Telekom hat das Thema sehr gut erkannt. Es gibt im Personal-Ressort den Bereich HR Digital & Innovation von Reza Moussavian, den wir mit Reza zusammen aufbauen bzw. ihn dabei unterstützen durften. Er hat die kulturelle digitale Transformation extrem gut abgebildet, mit starkem Fokus auf Lernen in Form von MOOC, Massive Open Online Courses und vielen Enabling-Formaten. Das deckt also den ganzen Bereich Design Thinking und agiles Arbeiten ab, aber auch die Frage, wie ich das Thema Simplicity in den Konzern bringen kann.

Wenn man sich ein bisschen mit Apple beschäftigt oder auch mit guten Produktunternehmen, erkennt man: Die Prinzipien, die die auf Produkte anwenden, sind die gleichen, die sie auf Mitarbeiter anwenden müssen. Mitarbeiter möchten eine coole simple Lösung haben, und die wenigsten Unternehmen oder großen Konzerne bieten das.

2.2.6   Verknappung von Ressourcen, Rohstoffen & Energie

Auch wenn der Zugriff auf Ressourcen und Rohstoffe durch die Globalisierung erleichtert wurde, machen sich doch die Folgen des weltweiten Bevölkerungswachstums und der zum Teil verschwenderische Umgang mit Rohstoffen und Energien immer mehr bemerkbar.

Nicht ohne Grund müssen sich Industrie-Giganten, wie ThyssenKrupp und die indische Tata-Gruppe, zusammenschließen. Die Energiebranche ist im massiven Umbruch, weg von fossilen Brennstoffen hin zu Erneuerbaren Energien. All das macht die Produktion von Gebrauchsgegenständen, wie Autos, Kühlschranken, aber auch Smartphones im Hinblick auf die zugrunde liegenden Rohstoffe sehr kostenintensiv.

Auch wenn in diesen Bereichen viele Forschungsgelder genutzt werden, um Alternativen zu finden, ist doch ein Missverhältnis zwischen Ressourcenverbrauch und vorhandenen Ressourcen gut zu erkennen. So fiel in 2018 auf den 2. August der Earth

Overshoot Day (https://www.overshootday.org/newsroom/press-release-german). An diesem Tag waren **weltweit** alle Ressourcen für dieses Jahr aufgebraucht. Das heißt, wir leben nicht mal mehr auf Reserve, vielmehr wären aktuell 1,7 Erden für unseren Ressourcenbedarf nötig.

2.3 Gesellschaftliche Veränderungen

2.3.1 Individualisierung von Beschäftigten und Arbeitsbiografien

Seit Mitte des letzten Jahrhunderts lässt sich eine stete Individualisierung von Menschen in der Gesellschaft beobachten, was sich alleine an der steigenden Anzahl von Single-Haushalten oder Zwei-Personen-Familien festmachen lässt. Die Individualisierung zeigt sich auch in unterschiedlichen Wertvorstellungen und unterschiedlichen Lebensvorstellungen bzw. -entwürfen über alle Generationen hinweg und auch innerhalb der verschiedenen sozialen Milieus. Treiber der Individualisierung sind zum einen der stetig steigende Wohlstand, der quantitative Anstieg von Abiturient*innen und Studierenden und damit ein höheres Bildungsniveau sowie die Veränderung und deutliche Verkürzung der Arbeitszeit für Voll-Erwerbstätige.

Diese Vielfalt von Lebensentwürfen prägt auch die Erwartungen an Unternehmen im Hinblick auf die Gestaltung der Arbeitswelt. Gerade in Bezug auf die verschiedenen Generationen müssen Unternehmen die unterschiedlichen Vorstellungen und Erwartungen berücksichtigen und entsprechende Möglichkeiten zur Ausgestaltung der Arbeit bereitstellen.

2.3.2 Wertewandel

Laut einer Studie des Bundesministeriums für Arbeit und Soziales mit dem Titel »Wertewelten Arbeiten 4.0« (https://www.bmas.de/DE/Service/Medien/Publikationen/Forschungsberichte/Forschungsberichte-Arbeitsmarkt/fb-studie-wertewelten-a40.html) gibt es mittlerweile eine heterogene Wertelandschaft. Die identifizierten sieben Gruppen haben jeweils einen unterschiedlichen Fokus, auch wenn sich in Teilen ihrer jeweiligen Wertewelt Überschneidungen zu anderen finden lassen.

Die größte Gruppe der 1.200 befragten Personen gab an, dass es für sie das Wichtigste sei, **sorgenfrei von der Arbeit leben** zu können. Diesen insgesamt 30 % der Befragten ist es wichtig, mit einem sicheren Gefühl in die Zukunft blicken zu können und dabei frei von materiellen Sorgen und Leistungsdruck zu sein. Ebenfalls ist es ihnen wichtig, dass das private und familiäre Leben durch die Arbeit unterstützt wird.

Die zweitgrößte Gruppe mit 15 % der Befragten kann sich sehr wohl vorstellen, **für den Wohlstand hart zu arbeiten**, legt aber trotzdem Wert auf eine Balance zwischen Sorgenfreiheit, Wohlstand und Leistung.

Weiteren 14 % der Befragten ist es sehr wichtig, eine **Balance zwischen Arbeit, Familie und persönlicher Selbstverwirklichung** zu finden, d. h., sie wollen entspannt arbeiten, Wertschätzung und Anerkennung für ihre Leistung bekommen und sich in ihrer Persönlichkeit frei entfalten können. Materielle Werte hingegen sind für sie bei Weitem nicht so wichtig wie die inneren Werte.

Die nächste Gruppe mit 13 % sucht vor allem einen Sinn, sowohl in der Arbeit als auch in ihrem Leben und entscheidet sich im Zweifelsfall eher dafür, den **Sinn außerhalb der eigenen Arbeit** zu finden.

Für ungefähr 11 % der Befragten stehen vor allen Dingen Wohlstand und Leistung im Mittelpunkt. Sie wollen Verantwortung übernehmen und schätzen es, wenn sie **engagiert Höchstleistungen erbringen** können.

Für eine weitere Gruppe von ca. 10 % ist das Wichtigste, Gestaltungsräume und Entwicklungs- bzw. Weiterbildungsmöglichkeiten zu haben und sich somit **in ihrer Arbeit selbstverwirklichen zu können**.

Und für die kleinste Gruppe von 9 % der Befragten ist der wichtigste Wert Loyalität und Zusammenhalt. Für sie stehen das soziale Miteinander und das Gemeinwohl im Mittelpunkt. Sie wünschen sich Diversität und **in einer starken Solidargemeinschaft zu arbeiten**. Daher muss Arbeit auch einen gesellschaftlichen Mehrwert stiften.

2.3.3 Feminisierung

Zu einem der von Zukunftsforschern wie *Matthias Horx* beschriebenen Megatrends gehört der Gender oder auch Female Shift. Hiermit sind die vielfältigen Veränderungen gemeint, die sich im Hinblick auf Rolle, Rollenbild und gesellschaftliche Teilhabe von Frauen beziehen.

So wird im Global Gender Gap Report seit 2006 die weltweite Geschlechtergleichstellung untersucht:

> *»Faktoren, an denen die Verringerung des Gender Gaps festgemacht wird,*
> *sind der Zugang zu Gesundheitsversorgung, der Zugang zu Bildung,*
> *die politische Beteiligung und wirtschaftliche Gleichstellung.*

Selbst in Entwicklungsländern genießen Frauen heute genauso wie Männer
eine höhere Schulbildung und sind berufstätig.«
Zukunftsinstitut, aus »Die Zukunft ist weiblich: Megatrend Female Shift

Die Feminisierung der Gesellschaft wird dem Zukunftsinstitut zufolge durch ökonomische Veränderungen und Neuorientierungen vorangetrieben. Doch auch wenn der Zugang zu Gesundheitsversorgung, Bildung und politischer Beteiligung in der Zwischenzeit weltweit fast gleichberechtigt ist, findet sich der Gender Gap nach wie vor bei Führungspositionen, Verdienstmöglichkeiten und Karriere-Level wieder.

Im Bereich Bildung beobachtet die UNESCO weltweit einen Anstieg derer, die eine weiterführende Schule besuchen. Dabei zeigt sich, dass gerade junge Frauen, die Grund- und weiterführende Schulen erfolgreich absolviert haben, dann nicht mehr zu bremsen sind. 54 % der Hochschulabsolventen sind weiblich.

»Der ‚UNESCO World Atlas of Gender Equality in Education' zeigt klare Vorteile
für Frauen im tertiären Bildungsbereich, nicht mehr nur in Nordamerika und
Westeuropa, sondern auch in Ostasien und dem Pazifikgebiet sowie in Latein-
amerika und der Karibik. Frauen sind weltweit klar die Bildungsgewinner.«
Fiske, in: UNESCO World Atlas of Gender Equality in Education

Dies zeigt sich auch in den einst männerdominierten Berufsfeldern, in denen Ärztinnen, Rechtsanwältinnen oder Wirtschaftswissenschaftlerinnen das Spielfeld erobern. Der Studiengang Humanmedizin wird von gut 61 % Studentinnen besucht, vor 20 Jahren waren es noch knapp 45 %. Auch der Anteil der Frauen, die danach als Ärztinnen praktizieren, ist in diesem Zeitraum um ca. 10 % auf 43 % angestiegen.

Mit dem gesteigerten Selbstbewusstsein von Frauen verändern sich ihre Einfluss- und Wahlmöglichkeiten in vielen gesellschaftlichen Bereichen, sei es als Konsumentin, Produzentin, Politikerin oder im privaten Bereich. Dies wirkt sich auch auf die Partnerwahl bzw. die Art und Weise, wie Beziehungen geführt werden, aus. Der Wertewandel und die Veränderung von Rollenbildern, die damit einhergehen, führen zu Verschiebungen im Spannungsfeld von Liebe, Sex und Partnerschaft.

Dieses gilt auch für den familiären Bereich, da es viele Möglichkeiten für Frauen gibt, Kind und Karriere unter einen Hut zu bringen. Allerdings setzt es Partner voraus, die ebenfalls ihre veränderte Rolle annehmen. Hoffnung machen hier Untersuchungen, die ergaben, dass ein immer größer werdender Teil der Männer die Karrierepläne nach der Geburt ihres Kindes überdenkt und bereit ist, beruflich zurückzustecken, um ein guter Vater zu sein, dem Kind Liebe und emotionale Unterstützung zu geben, am Leben des Kindes aktiv teilzuhaben und ein Lehrer, Coach und Vorbild zu sein.

Und nicht zuletzt wird die Wirtschaft immer weiblicher – Stichwort Womanomics:

> *»Immer mehr Frauen streben zudem Positionen in den Führungsebenen*
> *von Unternehmen an. 30 Prozent der vier Millionen Personen in Führungs-*
> *positionen der Privatwirtschaft in Deutschland sind weiblich.*
> *Das entspricht einem Anstieg von acht Prozent seit 2001. Im öffentlichen Dienst*
> *liegt der Frauenanteil bei 53 Prozent, insgesamt sind 37 Prozent*
> *der Führungskräfte in Deutschland weiblich.«*
> Zukunftsinstitut, aus »Die Zukunft ist weiblich: Megatrend Female Shift

Diese vom Zukunftsinstitut beschriebenen Veränderungen zeigen deutlichen Handlungs- und Veränderungsbedarf im männlichen Rollenverständnis und in männlich geprägten Organisationen auf, um gemeinsam alle Potenziale für die Herausforderungen der VUCA-Welt zu nutzen.

2.3.4   Suche nach Sinn und Nachhaltigkeit

Mit dem Generationen- und Wertewandel hat sich in vielen gesellschaftlichen Bereichen die Suche nach einem Sinn für das eigene Leben und auch dem Sinn in der Arbeit sowie dem Wunsch, nachhaltig zu leben und zu wirtschaften, entwickelt. Die New-Work-Experten *Benedikt Hackl, Marc Wagner et al.* (New Work: Auf dem Weg zur neuen Arbeitswelt) sehen diese Suche nach Sinn und Nachhaltigkeit in Bezug auf die Arbeit 4.0 in vier Dimensionen: Die erste Dimension beschreibt den Wunsch, in der Arbeit den Raum für die eigene **Selbstverwirklichung** zu finden, d. h., Tätigkeiten sollen Spiegel der eigenen Persönlichkeit sein. Der Arbeitsplatz wird zum Ort der Wunsch- und Traumverwirklichung gemacht und je nach Generation mit unterschiedlichen Attributen belegt. Gerade die Generation Y (siehe Kapitel 3) erwartet von ihrem Job, dass er ihnen Freude macht, sie dort Spaß haben können und eine ausgewogene Balance zwischen Arbeit und Freizeit vorfinden. Sie wollen die Möglichkeit haben, Dinge zu gestalten und damit nachhaltig wirken.

Nach wie vor gibt es die zweite Dimension, mit dem Wunsch, am Arbeitsplatz eine **Sicherheit** für die eigene Existenz und Zukunftsgestaltung zu finden. In vielen Untersuchungen findet sich auch ein starker Zusammenhang zwischen der Zufriedenheit am Arbeitsplatz und dem empfundenen Sicherheitsgrad der Beschäftigten. Und entsprechend einer Befragung im Auftrag des Bundesministeriums für Arbeit und Soziales (Forschungsbericht »Gewünschte und erlebte Arbeitsqualität«, 2015) ist die Sicherheit des Arbeitsplatzes für viele deutsche Arbeitnehmer*innen wichtiger als Gehalt oder ein angenehmes Arbeitsklima.

Neben der Sicherheit ist aber auch das **Sozialleben** am Arbeitsplatz enorm wichtig. Menschen sind soziale Wesen und brauchen die Möglichkeit, in Beziehung zu gehen und z. B. soziale Resonanz über Feedback, Anerkennung und Belohnung für die eigene Arbeitsleistung zu bekommen. Ebenfalls zeigen viele Studien, dass das Empfinden von Erfolg und Glück größer ist, wenn man es mit mehreren Menschen teilt.

Und nicht zuletzt soll Arbeit für viele Menschen einem höheren gesellschaftlichen Zweck dienen, also einen **Sinn** stiften. Gerade die Generation Y sucht eine Arbeit, die etwas bewegt. Die womöglich sogar die Welt verändert, und diese Form von Sinnstiftung ist wichtiger als Status und auch wichtiger als Geld.

Den Wertewandel beschreibt auch *Stephan Grabmeier*:

Im Interview: Stephan Grabmeier

Gesa Weinand: Du beschäftigst Dich sehr viel damit, wie die Zukunft von Arbeit aussehen kann und was das für die unterschiedlichen Systeme und die Menschen darin bedeutet. Was sind denn aus Deiner Sicht die wichtigsten Veränderungen?

Stephan Grabmeier: Da gibt es sehr viele. Wir erleben eine Veränderung von den gesellschaftlichen Wertekonstrukten. Das ist grundsätzlich nicht neu, weil jede nächste Generation eine andere Vorstellung vom Leben und Arbeiten hat. Die 68er waren auch großrevolutionäre Generationen, das haben wir jetzt mit der Gen Y oder Gen Z genauso. Eine Seite ist, mit welchen Wertvorstellungen junge Menschen in die Unternehmen kommen und wie sich das auswirkt. Wie will man geführt werden? Wie sehen die Arbeitszeiten und Work-Life-Blending aus? Ist der Arbeitgeber ein Begleiter über viele Jahrzehnte hinweg oder ist er nur eine wichtige, aber kürzere Station?
Ein zweites Megathema ist, was Technologie und Digitalisierung mit Geschäftsmodellen macht, also wie schnell Unternehmen innovieren müssen? Durch die Globalisierung ist in den letzten Jahrzehnten schon viel passiert, die Netzwerke sind dichter geworden, die Abhängigkeiten in den Märkten auch, und jetzt hat dieser technologische Teil nochmal völlig neue Wettbewerber aufkommen und neue Geschäftsmodelle denken lassen.
Das heißt auf der anderen Seite, dass es um die Überlebensfähigkeit von Unternehmen geht. Wie verändern sich dadurch die Arbeitsweisen? Warum sind junge, frisch gegründete Technologieunternehmen schneller? Wieso denken die von Anfang an global und können skalieren? Das ist einerseits eine Frage der Technologie, aber auch, welche Typologien dahinterstecken: Das sind schlicht und ergreifend Jungs und Mädels, die die Welt aus den Angeln heben wollen. Da ist Speed ein wichtiges Thema. Die bauen einfach Dinge, die wahnsinnig schnell funktionieren und die sie global skalieren können. Und das verändert massiv unsere Welt. Daran hängen na-

türlich auch Arbeitsmethoden, denn wenn du schnell sein und flexibel global agieren willst, brauchst du andere Methoden. Die greifen nicht in einen Werkzeugkasten der letzten Jahrzehnte oder Jahrhunderte. In diesen Unternehmen sind viele wichtige agile und humanzentrierte Dinge neu entstanden.

2.3.5   Diversität

Diversität (englisch: *Diversity*) beschreibt die mannigfache Vielfalt von Menschen, die sich auf verschiedenen Ebenen darstellt.

> **!   Beispiele**
>
> - kultureller Hintergrund,
> - Alter,
> - Geschlecht,
> - sexuelle Identität,
> - körperliche Beeinträchtigungen,
> - Religion,
> - Weltanschauungen,
> - aber auch Aspekte, wie Arbeitsstil, Wahrnehmungsmuster, Familienstand u. a.

Wenn man sich diese verschiedenen Aspekte anschaut, dann war die Welt sicherlich schon immer vielfältig, aber häufig waren nur wenige Dimensionen in den jeweiligen Kulturkreisen ausgeprägt bzw. wahrnehmbar.

Im Zuge der Globalisierung und auch der Internationalisierung der Wirtschaftsunternehmen spielt Vielfalt in der Arbeitswelt jedoch eine viel größere Rolle. Diversity wird für Unternehmen häufig zu einem interessanten Wirtschaftsfaktor, da sich die Kundengruppen vielfältig gestalten. Je stärker ein Unternehmen darauf Rücksicht nimmt oder sich darauf einstellt, umso interessanter wird es für die Zielgruppe.

> **!   Beispiel**
>
> Ein gutes Beispiel hierfür sind die spanisch sprechenden Bankberater*innen in den Hispano-geprägten Teilen Amerikas.

Aber auch bei der Suche nach Fachkräften sind diejenigen Unternehmen im Vorteil, die eine gute Diversity-Kultur leben und somit auch für Menschen aus unterschiedlichen Kulturkreisen, unterschiedlichen Alters, unterschiedlichen Geschlechts usw. attraktiv sind.

In der Arbeitswelt 4.0 sind Diversity-Kompetenzen gefragt: Schließlich geht es darum, mit persönlichen Unterschieden, mit unterschiedlichen Wirklichkeiten und Wahrheiten umzugehen, unterschiedliche Sichtweisen zuzulassen, ohne diese abzuwerten und auch neugierig auf andere Sichtweisen zu sein. Es geht darum, empathisch miteinander zu kommunizieren, zuzuhören, nachzufragen, Feedback zu geben und die eigene Meinung konstruktiv zu vertreten.

Eine wichtige Voraussetzung dafür ist die Sicherheit im Umgang mit einem selbst, also ein Bewusstsein über die eigene Identität zu haben. Und auch eine Klarheit über die eigenen Stärken und Schwächen zu besitzen sowie die Bereitschaft, sich selbst zu hinterfragen, neue Erfahrungen zu machen, Neues zu lernen und alte Überzeugungen loszulassen.

Nicht zuletzt ist eine der wichtigsten Fähigkeiten Ambiguitätstoleranz, d. h., die Unterschiedlichkeit nicht nur aushalten zu können, sondern in schwierigen, komplexen Situationen offenzubleiben, Ungeklärtes auch mal stehen lassen zu können und Widersprüchlichkeit zu dulden. Mehrdeutigkeiten zu akzeptieren und Unterschiede fruchtbar zu nutzen, gehört zu den Kernkompetenzen für ungewisse Situationen und eine unsichere Zukunft.

Einige Voraussetzungen für gelebte Diversity beschreibt *Stephan Grabmeier*:

Im Interview: Stephan Grabmeier

Gesa Weinand: Was bedeutet das fürs Recruiting? Wie können Unternehmen diese Vielfalt abbilden?

Stephan Grabmeier: Das ist die wirklich große Herausforderung. Ich selbst bin ja einer dieser Gamechanger und Organisationsrebellen. Als ich zu Kienbaum kam, gab es die Rolle des Chief Innovation Officers noch nicht. Es war eine meiner Prämissen, zu sagen, dass sich der Fokus, wie wir Innovation verstehen und umsetzen, deutlich ändern muss. Das gesamte Unternehmen muss sich als Innovationssystem verstehen. Dafür bedarf es Menschen, die sich darum kümmern und den Fokus darauf haben. Innovation im Maschinenraum und nebenbei funktioniert in der heutigen Zeit nicht mehr. Also, wäre ich hier vor zwei Jahren rekrutiert worden? Nein. Hätte ich Lust gehabt dazu? Nein. Heute sind die Zeit und das Mindset reif dafür und das ist gut so.
Du brauchst in der Führung das Mindset, wie vielfältig ein Unternehmen werden muss und welche Typen man da drin braucht. Das ist kognitiv gar nicht so einfach, in dieser Ambidextrie alles zu schaffen. Zuerst ist das mal unangenehm. Du wirst immer infrage gestellt, du lieferst nicht sofort Return on Investment. Die Grundvoraussetzung ist, dass du überhaupt erst mal sagen kannst, was du an Neuem brauchst, dann ist es in der Rekrutierung »einfach«. Aber es ist natürlich leicht gesagt, sich mal ein paar agile Typen oder Design Thinker aus der Start-up-

Welt zu holen. Du kannst die schon ansprechen, aber wenn das Unternehmen nicht bereit ist, kannst du dir die Übung sparen. Denn solltest Du sie gewinnen können, sind sie so schnell auch wieder weg, wenn die Unternehmenskultur und die Rahmenbedingungen nicht passen.

Was muss denn neben der klaren Haltung des Managements, dafür auch einen Raum und Budget zur Verfügung zu stellen, also ein Investment zu machen, noch dazukommen?

Ich glaube, wir müssten viel mehr in Aufgaben und Rollen denken. Wenn wir die Bereitschaft haben, Menschen mit Potenzial in bestimmte Aufgaben zu bringen, ist das wesentlich entscheidender. Du brauchst natürlich Kernkompetenzen, aber das starre Abgleichen geht nicht mehr. Kürzlich habe ich einen Design Thinker für unser Innovations-Team gesucht. Die sind schwer zu kriegen im Markt und vor allen Dingen: Haben die Bock, hier reinzukommen? Es gibt ja bei uns sehr ausgeklügelte diagnostische Verfahren, wenn du neue Menschen einstellst. Das sind stark kognitive Messverfahren. Dann hatten wir einen Bewerber, echt ein guter Typ, der wurde mit den klassischen Verfahren aus unserem Recruiting konfrontiert und gleichzeitig haben wir ihm gesagt, wir wollen maximale Kreativität haben. Der hat das Gespräch sofort abgebrochen. Das ist mir dann erst bewusst geworden, dass das der geölte Maschinenraum war und nicht der kreative Innovationsspace. Die Frage ist doch, wenn du die Erkenntnis hast, dass du Vielfalt brauchst, wie setzt du es dann in den Prozessen um? Dann ist die nächste Herausforderung, wie findest du, wie sprichst du an, wie machst du es interessant? Was für eine Marke hast du? Was verbinden Menschen mit der Marke und Identität?

2.4 Demografischer Wandel

Der demografische Wandel mit der Alterung der Gesellschaft zum einen und dem Rückgang der Erwerbsbevölkerung zum anderen hat für Unternehmen weitreichende Folgen. Zum einen ist die Menge der geeigneten Bewerber*innen rückläufig, gleichzeitig steigen jedoch der Bedarf an qualifizierten Arbeitskräften und damit auch die Nachfrage. Doch der demografische Wandel bringt nicht nur ein Ungleichgewicht zwischen Angebot und Nachfrage von Arbeitskraft, sondern auch andere Ansprüche und Wertvorstellungen der nächsten Arbeitnehmer-Generationen mit sich.

Ein wesentliches Merkmal des demografischen Wandels ist die **Schrumpfung der westlichen Gesellschaft**. Der Anteil der 15- bis 64-Jährigen an der Bevölkerung geht fast überall zurück. In Deutschland finden wir beispielsweise einen kontinuierlichen Rückgang der Geburtenrate, da sich sehr häufig gerade die höchstqualifizierten Bevölkerungsgruppen stärker auf Ausbildung und Karriere fokussieren und weniger auf

Familie und Kinder. Gleichzeitig erhöht sich durch steigenden Wohlstand und der Verbesserung der Gesundheitsversorgung die durchschnittliche Lebenserwartung.

Doch auch in allen anderen westlichen Industrieländern ist dieses Problem virulent, sodass es auch eine starke Konkurrenz um gut qualifizierte Fachkräfte über die nationalen Grenzen hinweg gibt. Viele Länder des anglo-amerikanischen Raums haben ihre Migrationspolitik aktiv darauf ausgerichtet und rekrutieren qualifizierte Arbeitskräfte aus anderen Ländern, vor allem aus Ost-Europa. Doch auch in Russland oder Schwellenländern, wie China, gehen die demografisch günstigen Zeiten allmählich zu Ende, sodass dieses Problem sich weltweit in allen Nicht-Entwicklungsländern ausbreitet.

Eine weitere Folge des Bevölkerungsrückgangs ist die **Alterung von Gesellschaft und Belegschaften.** Hierbei wandelt sich die sogenannte Alterspyramide zu einer Form, die häufig als Zwiebel oder Döner bezeichnet wird. Die Abbildung zeigt die prognostizierte Altersverteilung für Deutschland im Jahr 2050.

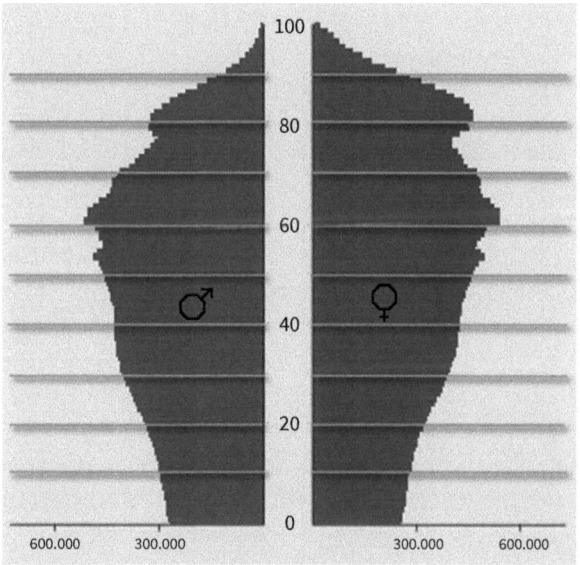

Abb. 3: Alterspyramide (Quelle: C. Breßler: Wikipedia: https://de.wikipedia.org/wiki/Alterung_der_Bev%C3%B6lkerung)

Und auch wenn der Anteil der Erwerbstätigen an der Gesamtbevölkerung in den letzten Jahrzehnten kontinuierlich gestiegen ist und insbesondere die Beschäftigungsquote von Frauen sich erhöht hat, wird im Hinblick auf die oben genannten Aspekte ein Mangel an qualifizierten Nachwuchskräften in den Unternehmen deutlich spürbar.

Der Fachkräftemangel ist allerdings kein Breiten-Phänomen, sondern bezieht sich auf bestimmte Berufsbereiche bzw. Qualifikationen. Die zurzeit stark nachgefragten Betätigungsfelder der MINT-Studiengänge (Mathematik, Informatik, Naturwissenschaften und Technik) beispielsweise könnten in Zukunft noch stärker ins Ausland verlagert werden. In anderen Bereichen, wie z. B. den Gesundheits- und Pflegeberufen, die ihre Dienstleistungen vor Ort, also nicht digital oder virtuell erbringen (können), zeigt sich hingegen ein deutlicher Mangel an qualifizierten Fachkräften.

Um entsprechend gut qualifizierte Menschen für ein Unternehmen zu gewinnen, gilt es, die HR-Aktivitäten viel stärker zielgruppenspezifisch aufzusetzen und die entsprechenden Angebote auf die Vielzahl von Lebensentwürfen und beruflichen Biografien hin abzustellen. Alle Personalprozesse, wie Recruiting, Talent bzw. Retention Management, Personalentwicklung und auch Führungskräfte-Entwicklung müssen sich stärker an den Individuen und ihrem Entwicklungspotenzial als an ihrer Funktion ausrichten und damit die verschiedenen Karrieremöglichkeiten individualisieren.

In den folgenden Interviews finden Sie einige Beispiele für die gelungene Umsetzung:

Im Interview: Stephan Grabmeier

Gesa Weinand: Hast Du denn aus Deiner Erfahrung bei Haufe-umantis ein paar gute Beispiele, wo das Talent Management gut gelungen ist?

Stephan Grabmeier: Haufe-umantis ist in vielen Bereichen schon sehr weit und mutig gedacht. Erstens haben wir dort potenzialorientiert rekrutiert und waren stark im Team-Recruiting. Unsere Philosophie war, alle wichtigen Entscheidungen immer im Team gemeinsam zu treffen. Eine Einstellungsentscheidung war immer eine Team-Entscheidung. War ich Vorgesetzter, hatte ich ein Stimmgewicht und das Team ebenso. Ich konnte nie allein entscheiden, ob jemand ins Team kommt, aber das Team konnte es auch nicht. Und wenn es nicht funktioniert hat, war es eben auch ein Team-Entscheid. Das haben wir gut gelernt und es ist kulturell enorm wichtig. Das finde ich sehr potenzialbezogen.
Dann hatten wir dort eine wahnsinnig starke Feedback-Kultur. Nicht nur im Einstellungsprozess haben viele Menschen die Entscheidungen getroffen und sich gegenseitig Feedback eingeholt, sondern wir haben z. B. Führungskräfte gewählt und wichtige Entscheidungen gemeinsam getroffen. Ich habe noch nie so eine intensive Feedback-Phase erlebt wie dort. Das macht was mit dir und deiner Wirkung aufs Unternehmen. Wir hatten ein Peer-to-Peer-Feedback und waren sehr nach den Objective and Key Results (OKR) ausgerichtet, nach den Aufgaben und dem eigenen Beitrag für die Gesamt-Company. Unser Public Good war die Unternehmensstrategie, die wir gemeinsam erarbeitet haben und worauf wir immer alle gemeinsam eingezahlt haben.

Mit dieser Kultur kann ich dich immer daran beurteilen, ob du mit dem, was du tust, zu unserem gemeinsamen Ziel beiträgst und du kannst es bei mir machen. Feedback heißt immer, welche Wirkung hast du auf unser gemeinsames Ziel, und das in einer Regelmäßigkeit und auch mit einer Offenheit. Das musste ich auch lernen, das ist eine der härtesten Fähigkeiten, es wirklich gut zu machen und auch zu akzeptieren. Es ist ein wahnsinnig guter Hebel, wenn es gelingt. Unsere Prämisse dort war, wenn wir uns für jemanden entschieden haben oder sich jemand für uns entschieden hat, dann waren wir überzeugt davon, dass der Mensch das Richtige tut. Und wenn der nicht performt in seiner Aufgabe, dann haben wir ihm die falsche Aufgabe gegeben. Ein Feedback war immer: Wenn du die Wirkungen in der Form oder in dem Team oder mit der Aufgabe nicht erzeugst, welche andere Aufgabe müssen wir dir geben? Das schafft natürlich Raum, neue Dinge zu tun.

Hast Du vielleicht noch ein Beispiel für ein größeres Unternehmen, das da auch auf einem guten Weg ist?

Das ist typenabhängig und gelingt wahrscheinlich eher in kleineren Unternehmen, auch inhabergeführten Unternehmen. Einige sind schon auf dem richtigen Weg, z. B., wie Daimler das Performance-Management verändert und die Feedback-Kultur einführt, das sind alles super Ansätze. Ob es gelingt, weiß ich nicht. In Teilen ja, da hat sich schon viel verändert. In der New Work-Szene hast du meistens die kleineren Unternehmen, die bei 50 bis 300 Mitarbeitern und vielleicht auch noch eher in den Wachstumsphasen sind. Da rekrutiert man genau aus dem Grund viele Menschen neu, und das ist immer einfacher, als ein bestehendes, gut funktionierendes System zu verändern und neue Haltungen reinzubringen.

Im Interview: Melanie Vogel

Gesa Weinand: Vielleicht hast Du ein Beispiel, welches Unternehmen aus Deiner Wahrnehmung schon ganz gut unterwegs ist?

Melanie Vogel: Ich habe momentan zwei Kunden, die ich sehr faszinierend finde in der Art und Weise, wie sie mit Veränderungen umgehen. Beide sind große Konzerne aus der Finanzbranche. Beim ersten findet unheimlich viel Transformation innerhalb der Personalabteilung statt, die für sich die Vision entwickelt hat, dass sie die Veränderungstreiber im Unternehmen werden wollen. Und sie haben gesagt, damit sie das tun können, müssen sie selber Veränderungen begreifen und durchleben, um dann als Vorbild fungieren zu können.
Mit den 70 Personen aus dem Personalbereich habe ich einen Kick-off-Workshop gemacht, in dem alle den Grundvirus bekamen, nämlich das »Big Picture«. Schon während dieses Tages haben sie erarbeitet, dass sie Arbeitsgruppen brauchen und sie

haben gemeinsam festgelegt, mit welchen Themen sie sich auseinandersetzen müssen. Die Ursprungsinitiative ging zwar vom Manager-Team aus, doch sie haben im Prozess und danach immer wieder ganz bewusst nur noch die Anreize gesetzt und dafür gesorgt, dass das gesamte Team eine Richtung beibehält. Die gesamte Veränderungsdynamik jedoch haben sie aus der Abteilung heraus entstehen lassen. So haben sie sichergestellt, dass so gut wie jedes Team-Mitglied mit an Bord war, in die Prozesse eingebunden ist und sich neue Rollen suchen konnte, die zu der jeweiligen Person passten. Sie haben so in wirklich kurzer Zeit Berge versetzt.

In der gesamten Abteilung ist eine unglaublich hohe Motivation und selbst die, die eher veränderungszögernd sind, werden von der Begeisterung der anderen jetzt mitgenommen, sodass sie gar nicht mehr in ihrem ängstlichen Modus bleiben, weil sie merken: Es passiert mir ja gar nichts. Im Gegenteil: Es bewegt sich was, und ich bin Teil des Ganzen. Ich darf mitmachen. Aber ich finde es großartig, das zu sehen, weil es zeigt, dass es funktionieren kann. Es wäre toll, wenn mehr Unternehmen erkennen würden, dass die Personalabteilung als periphere Abteilung eigentlich die optimale Abteilung ist, die so etwas gestalten und lenken und führen kann.

Das andere Unternehmen ist auch ganz spannend. Die haben sich auf die Fahne geschrieben, dass sie in dem Maße, wie alles komplexer wird, genau die Gegenrichtung einschlagen und versuchen wollen, Dinge zu vereinfachen. Das dauert natürlich auch, bis die Menschen das verstehen und bis sie dann auch den Mut haben, einfach zu denken und nicht immer nur komplex und in Problemen. Aber auch dieser Ansatz ist unglaublich clever und sehr wirkungsvoll, weil er ermutigt, Ballast loszulassen, der in der neuen Welt nicht mehr gebraucht wird.

Das sind zwei ganz unterschiedliche Ansätze, die aber beide funktionieren. Und das ist übrigens ein weiterer Paradigmenwechsel: In Benchmark und Best Practice zu denken, geht heute nicht mehr. Das, was für das eine Unternehmen super funktioniert, kann eben auch nur da funktionieren, weil es an die Unternehmenskultur angedockt ist. Und die Unternehmenskultur ist der einzige Wirtschaftsfaktor, den man nicht kopieren kann. Man kann vielleicht bestimmte Strukturen und Techniken übernehmen, aber ein Best-Practice-Beispiel aus einem Unternehmen 1:1 in ein anderes zu übertragen, geht nicht mehr. Auch gerade im Bereich Digitalisierung funktioniert das nicht, weil Digitalisierung an Geschäftsmodelle geknüpft sein muss. Darüber diskutieren wir in Deutschland leider viel zu selten.

2.5 Herausforderungen für Unternehmen

Die in den vorherigen Kapiteln beschriebenen Entwicklungen stellen entsprechende Herausforderungen an Unternehmen und ihre Beschäftigten. Unternehmen werden damit konfrontiert, dass es immer mehr Projektarbeit gibt, die sich sinnvollerweise weniger in starren hierarchischen Organisationsstrukturen abbilden lässt, sondern vielmehr in liquiden Organisationen, Netzwerkstrukturen und natürlich in der Cloud, d. h., Arbeiten 4.0 wird sehr viel vernetzter, digitaler und flexibler sein.

Alles, was im Bereich der Routinearbeiten oder körperlich schwerer Tätigkeiten liegt, wird mehr und mehr automatisiert. Kreative und andere wertschöpfende Aufgaben werden zunehmen. Dies stellt auch Anforderungen an die Arbeitsorte, die entsprechend kommunikations- und kreativitätsfördernd sein sollten: sowohl hinsichtlich der äußeren Umgebung, z. B. Creative Workspaces, aber auch der flexible Wechsel von Arbeitsorten und Homeoffice-Möglichkeiten, auf der Basis von Kollaborationsplattformen, sollte möglich sein.

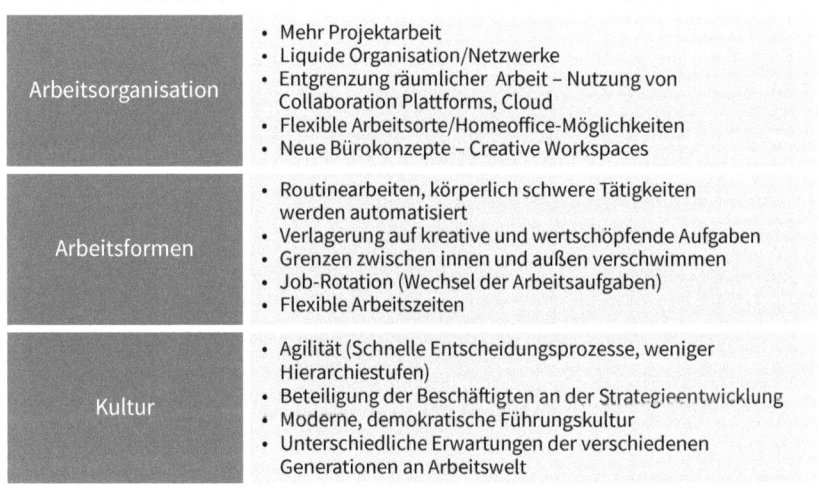

Arbeitsorganisation	• Mehr Projektarbeit • Liquide Organisation/Netzwerke • Entgrenzung räumlicher Arbeit – Nutzung von Collaboration Plattforms, Cloud • Flexible Arbeitsorte/Homeoffice-Möglichkeiten • Neue Bürokonzepte – Creative Workspaces
Arbeitsformen	• Routinearbeiten, körperlich schwere Tätigkeiten werden automatisiert • Verlagerung auf kreative und wertschöpfende Aufgaben • Grenzen zwischen innen und außen verschwimmen • Job-Rotation (Wechsel der Arbeitsaufgaben) • Flexible Arbeitszeiten
Kultur	• Agilität (Schnelle Entscheidungsprozesse, weniger Hierarchiestufen) • Beteiligung der Beschäftigten an der Strategieentwicklung • Moderne, demokratische Führungskultur • Unterschiedliche Erwartungen der verschiedenen Generationen an Arbeitswelt

Abb. 4: Arbeit 4.0 – Herausforderungen für Unternehmen (Quelle: Gesa Weinand)

Die Menschen in den Unternehmen werden sich daran gewöhnen müssen, mehr und schneller miteinander zu kommunizieren und dabei diese Kommunikation stärker auf Augenhöhe und selbstverantwortlich zu führen.

Organisationen werden viel durchlässiger, die Grenzen zwischen innen und außen verschwimmen immer mehr durch die Einbeziehung von Geschäftspartnern, Dienstleistern oder auch Kunden in den Wertschöpfungsprozess.

Die Beschäftigten erwarten Beteiligung an der Strategieentwicklung, eine größere Selbstbestimmung, schnellere Entscheidungsprozesse und weniger Hierarchiestufen.

Neben flexiblen Arbeitszeiten wächst auch der Wunsch nach kontinuierlichem Wechsel von Arbeitsaufgaben. Gerade die unterschiedlichen Erwartungen der verschiedenen Generationen an die Unternehmen wird die Arbeitswelt in den nächsten Jahren stetig verändern.

Hierzu *Marc Stoffel*, von seinen Mitarbeitern demokratisch gewählter Geschäftsführer der Haufe-umantis AG, einem Unternehmen, dass bereits eine Vielzahl der oben beschriebenen Anforderungen im Unternehmen umsetzt:

Im Interview: Marc Stoffel

Marc Stoffel, Jahrgang 1982, hat die Position zum 1. Juni 2013 übernommen und leitet den Anbieter für Talentmanagement-Lösungen durch die nächste Wachstumsphase.

Ab 2009 trug Stoffel die operative Gesamtverantwortung für Vertrieb und Partnerschaften. Als Leiter von Vertrieb und Marketing setzte er strategisch wichtige Impulse zur Positionierung des Unternehmens. Er gewann wichtige neue Kunden und integrierte Vertrieb und Marketing erfolgreich in die Haufe-Gruppe. Unter seiner Leitung stieg die Kundenanzahl von Haufe-umantis von 300 auf 1.000, wodurch das Unternehmen zu einem der weltweit führenden Anbieter für Talent Management Software wurde (Gartner Magic Quadrant for Talent Management Suites, 2013).

Gesa Weinand: Wie ist denn bei der Veränderung der Rollen und der Organisationsstruktur eigentlich das Entlohnungssystem, das Performance und Talent Management gedacht? Welche Ideen und Modelle halten Sie da für zukunftsfähig?

Marc Stoffel: Das ist eine total interessante Frage: Dies wird meiner Meinung nach auch unterschätzt oder falsch beleuchtet. Wir haben bei Haufe sehr viele Kunden aus dem HR-Bereich, und diese Funktion beschäftigt sich sehr oft mit der Suche nach der richtigen Rolle. Sie sind einerseits nicht unbedingt die beliebtesten Funktionen in Unternehmen und werden oft kritisiert, dass sie nur Dinge machen, die die Welt nicht braucht. Auf der anderen Seite wollen die HR-ler zu gerne an den Tisch der Geschäftsführung kommen.

Natürlich kann man sagen, HR, Performance und Talent Management braucht es nicht. Ich muss gestehen, wir haben das bei Haufe-umantis auch gesagt: Bei unserer agilen Organisation und völlig neuen Karrieremodellen brauchen wir das alles nicht mehr und haben alle diese Instrumente abgeschafft.

Wir haben bei Haufe ein Bild entwickelt, mit einem Quadrat und zwei Dimensionen. Die eine Dimension ist Business Power und die zweite ist People Power. CEO arbeiten gerne nur auf der Achse Business Power, also neue Geschäftsmodelle, Technologien, Chancen etc. und wundern sich dann, warum trotz toller Strategie nichts passiert. Und die HR-ler arbeiten nur auf der Achse People Power mit New Work und Agilitätsinitiativen und wundern sich, dass das Business einen Knick macht. Und wenn man diese zwei Dinge kombiniert, gibt es in der Mitte den

Time-X-Korridor. Also wenn wir es schaffen, diese zwei Dimensionen gemeinsam zu gestalten, können wir in einzelnen Themen zehnmal besser, schneller und innovativer werden.

Das mussten wir aber auch erst erkennen, da wir zuerst diese HR-Dimension verteufelt haben und dann gemerkt haben, wenn wir nur neue Organisationsformen einführen und die Leute nicht mitnehmen, funktioniert es nicht. Aber wenn wir nur mitarbeiterzentriert sind, muss man sich fragen, ob wir noch arbeiten oder nur experimentieren. Das ist dieser Korridor, den Unternehmen lernen müssen, zu nutzen.

Da bekommt HR einen ganz anderen Stellenwert, weil diese Themen sehr wichtig sind. Das haben wir gelernt, indem wir sie bei Haufe-umantis abgeschafft haben. Wir haben sämtliche Disziplinarfunktionen rausgenommen und dann gemerkt, dass für viele Themen plötzlich der Ansprechpartner fehlte. Also z. B. die Frage, an wen ich mich wenden kann, wenn ich über meine Entlohnung sprechen oder meine persönliche Karriere im Unternehmen finden möchte. Da haben wir gemerkt, dass wir ein Riesenproblem haben, wenn niemand diese Rolle übernimmt. Product Owner und Scrum Master haben ganz andere Rollen und wir brauchten ein Substitut dafür. Wir haben z. B. für jeden Mitarbeiter People Coaches eingeführt, die die Karrierediskussion führen. Oder beim Thema Performance Management fanden wir Ziele, Beurteilungen, Boni u. Ä. für Monate Unsinn und machten nur noch Gewinnverteilung aufs Unternehmensergebnis. Aber dann stellte sich die Frage, wie der Einzelne darauf einzahlen kann, und wir haben daraufhin angefangen, OKR oder individuelle Beiträge stärker zu machen.

Auf dieser Lernreise haben wir festgestellt, dass wir ganz anders auf die HR-Funktion gucken müssen, weil sie die einzige Funktion im Unternehmen ist, die Prozesse und Instrumente bedient, die jeden Mitarbeiter emotional hochgradig betreffen. Das heißt, die HR-Funktion hat eigentlich eine Wahnsinns-Gestaltungskompetenz, die Touchpoints zum Mitarbeiter, die verbunden sind mit dem Herzen, mit Emotionen und der Frage, ob der Mitarbeiter geht, bleibt oder kommt. Dies zu gestalten und in Einklang zu bringen mit der Business-Strategie, wird total unterschätzt. Was aber auch klar ist, dass die Instrumente, die HR heute hat, teilweise völlig verquer sind und Transformation nicht nur unterstützen, sondern oft verhindern.

Zum Beispiel haben wir bei einem unserer größten Kunden, einem Automobilhersteller, 144 Mitarbeiter gefragt, die alle weder dem Bereich HR noch der Geschäftsführung angehörten: Wenn der CEO das Unternehmen drehen will, an welche neuralgischen Punkte müssen wir dann ran, um das zu ermöglichen? Und von den acht Gamechangers, die dabei herauskamen, waren sechs People- und HR-Themen. Das heißt, man hat eine riesige Wirkung in der Neugestaltung dieser Instrumente: Karriere, Gehalt, Macht, Besetzungspolitik, Performance-Management. Man muss es aber kombiniert aus der People- und der Business-Perspektive denken.

2.6   Herausforderungen für Beschäftigte

Eine wesentliche Anforderung, die Arbeit 4.0 sowohl an Unternehmen als auch die Beschäftigten stellt, ist die permanente Bereitschaft zur Veränderung: Nichts wird auf Dauer sein, alles wird sich kontinuierlich verändern.

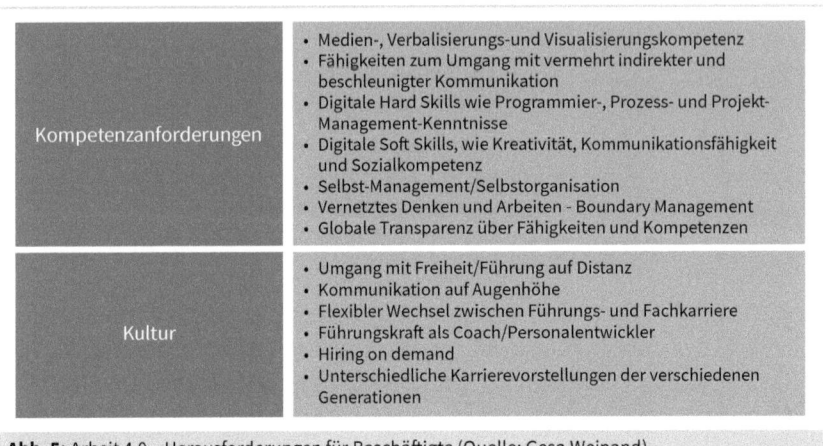

Kompetenzanforderungen	• Medien-, Verbalisierungs-und Visualisierungskompetenz • Fähigkeiten zum Umgang mit vermehrt indirekter und beschleunigter Kommunikation • Digitale Hard Skills wie Programmier-, Prozess- und Projekt-Management-Kenntnisse • Digitale Soft Skills, wie Kreativität, Kommunikationsfähigkeit und Sozialkompetenz • Selbst-Management/Selbstorganisation • Vernetztes Denken und Arbeiten - Boundary Management • Globale Transparenz über Fähigkeiten und Kompetenzen
Kultur	• Umgang mit Freiheit/Führung auf Distanz • Kommunikation auf Augenhöhe • Flexibler Wechsel zwischen Führungs- und Fachkarriere • Führungskraft als Coach/Personalentwickler • Hiring on demand • Unterschiedliche Karrierevorstellungen der verschiedenen Generationen

Abb. 5: Arbeit 4.0 – Herausforderungen für Beschäftigte (Quelle: Gesa Weinand)

Neben den veränderten Kompetenzanforderungen im digitalen Bereich, wie z. B. Programmier-, Prozess- und Projekt-Management-Kenntnisse oder auch Medien-, Verbalisierungs- und Visualisierungskompetenzen, sind es vor allen Dingen die Kompetenzen im zwischenmenschlichen Bereich, die zukünftig gefragt sein werden. Es gilt zukünftig vermehrt, indirekt und beschleunigt zu kommunizieren, dabei aber in einem Team aufmerksam für die Kooperation zu sein und damit Sozialkompetenz, aber auch Selbst-Management und Selbstorganisation zu leben.

Den Umgang mit Freiheit, d.h., die aufgrund der Führung auf Distanz häufig stark in die Eigenverantwortung verlagerte Aufgabenerledigung, gilt es zu bewältigen. Sowohl im Team als auch mit Führungskräften auf Augenhöhe zu kommunizieren und die Vielfältigkeit in Teams und Organisationen zu schätzen und zu nutzen, ist Anspruch und Aufgabe zugleich.

Für Führungskräfte ist gerade die Führung von virtuellen Teams eine große Herausforderung, die andere, zusätzliche Führungskompetenzen erfordert, insbesondere im Bereich Vertrauen, Aufgabenorganisation und natürlich Kommunikation.

Zu Selbstorganisation und Selbst-Management bei Beschäftigten und Führungskräften gehört es auch, damit umzugehen, dass Denken und Arbeiten immer vernetzter wird und die Grenzen von einem selbst gesetzt werden müssen. Führungskräfte werden weniger als Kontrolleure, sondern viel mehr als Coach, Personalentwickler*in oder auch Unternehmer*in tätig sein müssen, um die strategische Entwicklung der Organisationen voranzubringen.

Für Beschäftigte werden die Arbeitsverhältnisse unterschiedliche Formen annehmen: Festanstellungen wechseln sich mit Freiberuflichkeit ab, Vollzeit- mit Teilzeitbeschäftigungen und Freiberuflichkeit kann auch ergänzend zur Teilzeitbeschäftigung erfolgen. Durch die globale Transparenz über Fähigkeiten und Kompetenzen ist der Fokus für Unternehmen, die richtigen Fähigkeiten zur richtigen Zeit und für die benötigte Dauer zu binden, also »hiring on demand«.

Hierzu noch einmal New-Work-Experte *Marc Wagner*:

Im Interview: Marc Wagner

Gesa Weinand: Wo und wie werden sich diese neuen Arbeitsstrukturen denn ganz konkret auswirken, vor allem auf die Beschäftigten?

Marc Wagner: Das ist ein extrem komplexes Thema, auf das es keine eindeutig klare Antwort gibt, weil hier mehrere Sachen mitschwingen.
Der erste Punkt ist, dass in Zukunft Kreativität, emotionale Intelligenz, kommunikative Fähigkeiten und digitale Kompetenz den Unterschied machen und bestimmte fachliche Fähigkeiten in den Hintergrund treten werden. Aber unser Bildungssystem oder die Art, wie wir Menschen sozialisieren, gerade in großen Strukturen, ist dazu genau kontraproduktiv. Und wenn wir dann morgen sagen, so, jetzt kommt die New-Work-Initiative, seid doch mal alle eigenverantwortlich und Unternehmer im Unternehmen, funktioniert das nicht, weil man die Leute komplett abhängt. Und es gibt viele Leute, die das auch gar nicht wollen. Das muss man respektieren und nicht versuchen, diese Leute krampfhaft mit den neuen Themen zu konfrontieren. Es ist völlig okay, dass einige Leute nicht mitgenommen werden. Die Konsequenz ist dann am Ende, dass sie entweder in den Ruhestand gehen oder sich etwas Neues suchen müssen. Das hört sich total hart an, aber man versucht oft zu sehr, diese Initiativen auf die Widerständler zuzuschneiden. Die sollte man nicht links liegen lassen, aber nicht so sehr in den Fokus nehmen, weil sonst die Diskussionen falsch geführt werden.
Der zweite extrem wichtige Punkt ist, die Mitarbeiter beim Change Management und den radikalen kulturellen Veränderungen an die Hand zu nehmen und auch Zeit zu investieren. Gerade das Thema Eigenverantwortung, also das veränderte Verhältnis zwischen Führungskraft und Mitarbeiter, bei dem die Führungskraft mehr der Coach ist und der Mitarbeiter eigenständig entscheidet, wie er zum Ziel kommt, das muss man erst mal antrainieren. Diese Fähigkeiten sind keinem komplett fremd, weil auch ein Kind so funktioniert: Es probiert etwas aus, und wenn

das nicht geht, dann passt es an. All die Sachen, wie Fehlertoleranz etc., sind also schon ausgeprägt. Das »entlernen« wir in gewisser Weise, und deswegen muss ich mir die Zeit nehmen, das den Menschen wieder beizubringen. Damit geht einher, dass man auch den Führungskräften dieses neue Führungsverständnis beibringen muss, z. B. dass Hierarchie oder die Privilegien, die man hat, nicht mehr so wichtig sind, sondern vielmehr Mitarbeitern einen Ort zum Experimentieren, Lernen & »Mutig-sein-dürfen« bieten.

Das ist ein Prozess, für den man an vielen Ecken Berater und im Zweifelsfall eine unheimlich gute Vorstands- oder Geschäftsleitung braucht. Ohne Top-down-Unterstützung und Vorleben im Sinne von Role Model funktioniert das einfach nicht oder nur mit ganz viel Beratungsaufwand.

Der dritte Aspekt ist, dass das lebenslange Lernen selbstverständlich gelebt werden muss. In kaum einem Unternehmen ist Lernen ein fester Bestandteil des Tagesablaufs. Lernen muss etwas sein, das bei jedem Mitarbeiter, bei jeder Führungskraft verankert ist, damit sollte sich nicht nur ein HRD-Bereich [HRD: Human Resources Development, Anmerkung der Autorin] beschäftigen. Es muss eine wesentliche Rolle der Führungskraft sein, Mitarbeitern die Motivation zum Lernen und zum Ausprobieren des Neuerlernten zu geben. Und dafür muss ich wiederum im Unternehmen einen Rahmen schaffen und Lernen systemisch abbilden.

Wir haben den Ansatz, dass im Unternehmen die vier Dimensionen People, Places, Tools, Principles & Regulations gleichgewichtet angegangen werden müssen, weil man sonst die New-Work-Initiativen eigentlich vergessen kann. Man kann nicht nur ein Element ändern und glauben, dadurch ändert sich die ganze Organisation.

Dabei muss das Thema Führungskraft und Mitarbeiter im Zentrum stehen und nicht Technologie. Es ist zwar schön und gut, dass an Schulen Programmieren gelehrt wird, aber ich gehe nicht davon aus, dass wir in 20, 30 Jahren noch klassische Programmierer brauchen. Wir brauchen Leute, die digital denken, die verstehen, was Maschinen machen, es geht um das digitale Mindset und um den reflektierten Umgang mit Digitalisierung. Das müssen Organisationen alles auf einmal hinkriegen, und damit tun sie sich etwas schwer.

2.7   Zusammenfassung

Die Arbeitswelt der Zukunft, also Arbeit 4.0, wird stark durch vier große Treiber geprägt. Hierzu gehören die **Globalisierung** von Märkten, Rohstoffen und Ressourcen. Der zweite große Treiber sind die **wirtschaftlichen Veränderungen**, hier vor allen Dingen die Auswirkungen der 4. industriellen Revolution mit ihren cyber-physischen Systemen, Smart und Big Data und der vollautomatisierten Produktion. Nicht zuletzt die digitale Transformation sämtlicher Prozesse entlang der Wertschöpfungskette wirkt sich in allen wirtschaftlichen Bereichen aus. Die Welt wird geprägt durch Geschwindigkeit bzw. Beschleunigung der Geschwindigkeit und die VUCA-Rahmenbedingungen (Volatility, Uncertainty, Complexity und Ambiguity). Zudem prägen **gesellschaftliche Veränderungen,** wie Individualisierung, Wertewandel, Female Shift und Diversity sowie die Suche nach Sinn und Nachhaltigkeit die Lebensvorstellungen von Beschäftigten. Und nicht zuletzt verändert der **demografische Wandel** mit der Schrumpfung der westlichen Gesellschaft, der Alterung von Belegschaften und dem Mangel an Nachwuchs- bzw. Fachkräften die Arbeitswelt.

Hieraus erwachsen mannigfaltige Anforderungen sowohl an Unternehmen als auch an die Beschäftigten, sich mit anderen Arbeitsstrukturen, wie z. B. liquiden Arbeitsorganisationen und Netzwerken, agilen Arbeitsformen und flexiblen Arbeitszeiten auf der einen Seite, aber auch mit anderen Kompetenzen, wie digitalen Hard Skills, wie Programmier- und Prozesskenntnissen, auseinanderzusetzen. Und nicht zuletzt prägen die verschiedenen Generationen unter dem Einfluss der digitalen Veränderungen auch die Karrierevorstellungen und Erwartungen an ein Unternehmen.

Abschließend hierzu noch einmal die Erfahrungen von *Marc Stoffel*:

Im Interview: Marc Stoffel

Gesa Weinand: Was sind aus Ihrer Sicht denn die wichtigsten Veränderungen im Hinblick auf die Themen Arbeit 4.0, New Work, Arbeit der Zukunft, bei Ihnen und in den Unternehmen, die Sie beraten?

Marc Stoffel: Aus meiner Erfahrung schauen viele Konzerne nur ins Umfeld, in den Kontext sozusagen, sehen neue Chancen bei Artificial Intelligence, dem Internet der Dinge oder wie sich der Kunde verändert. Meiner Meinung nach scheitert es dann aber daran, dass noch zu wenige Unternehmen die Überzeugung haben, dass wir diese Chancen nur dann nutzen können, wenn wir uns auch als Unternehmen in drei Dimensionen grundsätzlich verändern. Das ist als Erstes das Organisations-Design, also wie wir das Unternehmen verstehen und nach welchen Regeln es funktioniert. Wie ist die Aufbau- und Ablauforganisation? Wo befinden wir uns in dem Spannungsfeld zwischen Hierarchie und agiler kundenzentrierter Netzwerkorganisation?
Die zweite Dimension ist die Rolle des Mitarbeiters und die maximale Befähigung von Mitarbeitern und Teams. Da bewegen wir uns zwischen zwei Extremen: vom Follower zum Leader oder vom Ausführer zum Entrepreneur. Und damit meine ich nicht nur Individuen, sondern auch Teams oder Netzwerke, die gestalten. Da gehört auch das Thema Kompetenz hinein, also das Können im Sinne des Upskillings, aber auch Dürfen, also Entscheidungen treffen, wirklich Verantwortung übernehmen und das auch wollen.

Und die dritte Dimension ist: Auf welcher Infrastruktur funktioniert das Unternehmen überhaupt? Wir bei Haufe haben bei unserer Arbeit festgestellt, dass Unternehmen eigentlich noch so funktionieren, als gäbe es kein Internet. Wenn wir Konzerne heute neu bauen würden, sähen die garantiert ganz anders aus, da es mit den heutigen Technologien auch ganz andere Möglichkeiten gibt, die ganzen Intermediäre aus dem System herauszulösen. Das mittlere Management und die Silos, die die Komplexität reduziert haben, bräuchte es vielleicht gar nicht mehr, wenn man das Unternehmen anders organisieren würde. Technologie ist dafür ein Riesenhebel.

Bei Haufe sind wir überzeugt: Unternehmen können diese neuen Chancen nur nutzen, wenn sie A) sich grundlegend verändern und B) gleichzeitig diese drei Dimensionen verändern. Die meisten Konzerne haben das noch nicht verstanden, einfach, weil das bestehende Geschäftsmodell so unglaublich erfolgreich ist. Aber eigentlich basiert es auf einer unternehmerischen Leistung, die 50 oder 100 Jahre zurückliegt und man hat emotional noch nicht erkannt, dass das irgendwann ein Ende hat. Das liegt oft daran, dass der »Tesla-Moment« noch nicht da ist. In der Automobilindustrie hat Tesla da ziemlich viel verändert, einfach, weil ein Nobody bewiesen hat, dass er in diese Industrie reinkommen und z. B. in der Schweiz mehr Teslas verkaufen kann als die S-Klasse von Daimler. Ich glaube, das hat emotional sehr viel verändert in den Top-Management-Etagen von Daimler, BMW etc. Aber in vielen Branchen gibt es den Tesla-Moment noch nicht.

Sehr viele Konzerne kommen jetzt aber zu B) und machen Zombie-Agilität. Sie erkennen, die Welt dreht sich, dann gehen sie ins Silicon Valley, gucken sich die ganzen Start-ups an, kommen in Cowboystiefeln und ohne Schlips zurück und sagen, jetzt werden wir agil, machen Design Thinking und gucken auf den Kunden. Dann reißen sie wie im Zoo die Käfige auf und wundern sich, dass die Tiger nicht rauskommen und werden stinksauer: Ihr habt doch immer gejammert, jetzt seid ihr frei und nichts passiert. Wenn dann die ersten Mutigen rausgehen, heißt es, nein, bitte geht nicht in diesen Wald, sondern geht in jenen Wald. Und dann kommen die Tiger wieder und sagen, die meinen es ja eh nicht ernst, lasst uns lieber im Käfig bleiben und warten, bis Futter kommt. Wenn wir in unserer täglichen Arbeit bei Haufe mit Unternehmen sprechen, sehen wir, dass diese Zombie-Agilität extrem verbreitet ist: Man tut nur so, als würde man sich verändern, aber eigentlich ist die Veränderung blutleer. Man will sie nicht wirklich. Man hat die ganzen neuen Methoden eingeführt, aber eigentlich ist das System tief im Inneren noch hochgradig hierarchisch geprägt, weil wir diese drei Dimensionen nicht wirklich verstehen, sondern immer nur eindimensionale Veränderungen machen.

2.8   Meine Reflexionsfragen

Hier haben Sie, liebe Leserinnen und Leser, die Möglichkeit, für sich zu reflektieren. Hier können Sie die im Vorwort angekündigten neuen Perspektiven auf sich wirken lassen. Schreiben Sie Ihre Gedanken auf, machen Sie Ihr Buch zum Workbook.

An welchen Stellen bin ich ins Nachdenken gekommen?

_____

_____

_____

Welche Themen/Aspekte haben mich neugierig gemacht?

_____

_____

_____

2.9   Literaturquellen

Bartz/Schmutzer (2014): New World of Work: Warum kein Stein auf dem anderen bleibt. Linde Wien.

Bundesministeriums für Arbeit und Soziales (BAMS) (2015): Forschungsbericht »Gewünschte und erlebte Arbeitsqualität«: https://www.bmas.de/DE/Service/Medien/Publikationen/Forschungsberichte/Forschungsberichte-Arbeitsmarkt/forschungsbericht-fb-456.html

Bundesministeriums für Arbeit und Soziales (2015): »Wertewelten Arbeiten 4.0« https://www.bmas.de/DE/Service/Medien/Publikationen/Forschungsberichte/Forschungsberichte-Arbeitsmarkt/fb-studie-wertewelten-a40.html

Fiske (2012), WORLD ATLAS of Gender Equality in Education: http://unesdoc.unesco.org/images/0021/002155/215522E.pdf

Global Gender Gap Report; World Economic Forum

Hackl/Wagner/Attmer/Baumann (2017): New Work: Auf dem Weg zur neuen Arbeitswelt, SpringerGabler Wiesbaden.

Lüthi/Oberpriller (2009): Teamentwicklung mit Diversity Management: Methoden-Übungen und Tools, Haupt Verlag Bern.

Rump/Eilers (Hrsg.) (2017): Auf dem Weg zur Arbeit 4.0: Innovationen in HR, SpringerGabler Wiesbaden.

Universität St. Gallen/Shareground Team (2015): Arbeit 4.0: Megatrends digitaler Arbeit der Zukunft – 25 Thesen: https://www.telekom.com/resource/blob/314922/.../dl-150902-studie-st--gallen-data.pdf

Werther/Bruckner (Hrsg.) (2018): Arbeit 4.0 aktiv gestalten: Die Zukunft der Arbeit zwischen Agilität, People Analytics und Digitalisierung, Springer Wiesbaden.

Zukunftsinstitut (2012): Female Shift: Die Zukunft ist weiblich, Megatrend Dokumentation: https://www.zukunftsinstitut.de/artikel/die-zukunft-ist-weiblich-megatrend-female-shift/

3 Wie sieht zukünftig Karriere aus und lässt sie sich überhaupt planen?

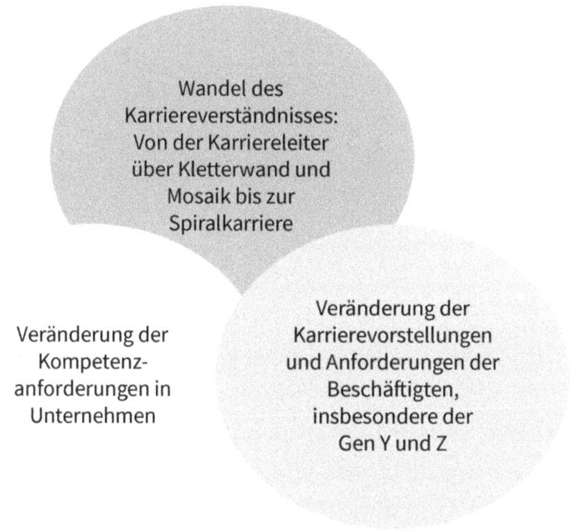

Wandel des Karriereverständnisses: Von der Karriereleiter über Kletterwand und Mosaik bis zur Spiralkarriere

Veränderung der Kompetenzanforderungen in Unternehmen

Veränderung der Karrierevorstellungen und Anforderungen der Beschäftigten, insbesondere der Gen Y und Z

Abb. 6: Karriere 4.0 (Quelle: Gesa Weinand)

3.1 Wandel des Karriereverständnisses

Karriere bedeutet im ursprünglichen Wortsinn »Fahrstraße« (lateinisch: carrus = »Wagen«) und passt zu dem häufig damit verbundenen Bild einer beruflichen Laufbahn. In seinem ursprünglichen Sinne ist das Wort somit neutral und kann sowohl eine Aufwärts- als auch Abwärtsbewegung bedeuten. Auf jeden Fall aber mit einer Bewegung von A nach B oder darüber hinaus.

Bei der beruflichen Laufbahn wird in der Regel zwischen dem Aufstieg in der Unternehmenshierarchie, z.B. der Management-Karriere und einer Fachkarriere, also dem Aufstieg in einer Expertenlaufbahn, unterschieden.

Doch was bedeutet Karriere für die Mitarbeiter*innen, für die Unternehmen?

Der bisher gültige Karrierebegriff wird gern symbolisch mit dem Bild einer aufsteigenden Leiter oder Treppe verbunden, d.h., es geht nach der Ausbildung/dem Studium mehr oder weniger stetig aufwärts. Damit einher geht ein Mehr an (Personal-)Verantwortung, an Gehalt, an Status, oftmals festgemacht am Firmenparkplatz, Größe des Dienstwagens und des Büros. Fachkarrieren, die ähnliche Entwicklungen im Bereich Gehalt und Verantwortung ermöglichen, sind deutlich weniger üblich.

In manchen Unternehmen finden sich auch sogenannte »Projektkarrieren«, d.h., es werden Projekte unterschiedlicher Größenordnung übernommen und eine Bewährung in dieser Rolle kann auch zu einem Wechsel in die Führungslaufbahn führen.

Von einer »Mosaikkarriere« sprechen wir, wenn jemandem aufgrund des Erfolges in der jeweiligen Rolle innerhalb eines Unternehmens nacheinander unterschiedliche Aufgaben übertragen werden, z.B. vom Einkauf zum Vertrieb und danach eine Personalfunktion.

Karrieren, die über viele Jahre hinweg hauptsächlich in einem Unternehmen und oftmals auch nur in einem Unternehmensbereich, z.B. von der Sachbearbeiterin über Team- und Abteilungsleiterin zur Bereichsleiterin, stattfinden, werden »Kaminkarrieren« genannt. Zeugten sie früher von Stabilität, Loyalität und Geradlinigkeit der Beschäftigten, so werden sie heute eher mit mangelnder Flexibilität bzw. Agilität assoziiert.

Ein weiterer Begriff, der in den 1990er Jahren entstanden ist, ist der Begriff der proteischen (*protean*) Karriere, der eine Karriere beschreibt, die selbstbestimmt ist und eher von persönlichen Wertvorstellungen als von Belohnungen einer Organisation angetrieben ist und die der ganzen Person, der Familie und dem Sinn des Lebens dient (Sullivan & Baruch, 2009).

Zudem wird neben der grenzenlosen (*boundaryless*) Karriere, welche sich durch vielfältige Beschäftigungssituationen, firmenübergreifende Netzwerke und Wahlmöglichkeiten unter mehreren Arbeitgebern auszeichnet, auch die Hybrid-Karriere, deren Merkmal die Parallelität von Angestelltentätigkeit und Freiberuflichkeit/Selbständigkeit ist, zukünftig eine weite Verbreitung finden.

Dies entspricht auch der Einschätzung von *Melanie Vogel*.

Im Interview: Melanie Vogel

Gesa Weinand: Was glaubst Du, wie sich das Thema Karriere zukünftig entwickeln wird?

Melanie Vogel: Ich glaube, dass wir zunehmend Hybrid-Karrieren erleben werden. Das bedeutet, Menschen werden in Teilen angestellt und in Teilen selbstständig sein. Das ist eigentlich eine super Sache, weil dadurch das Gesamtrisiko minimiert wird. Durch eine Angestelltenkarriere haben Menschen ein gewisses Maß an Sicherheit, was sie brauchen, und in ihrer selbstständigen Karriere können sie Träume verwirklichen.
Außerdem glaube ich, dass Karrieren nicht mehr in Funktionen stattfinden, sondern in Rollen. Im Augenblick ist es ja so, dass man von einer Position zur nächs-

ten springt, aber immer einen Funktionsbereich hat, in dem man tätig ist, also z. B. innerhalb der Personalabteilung vom Trainee zum Senior bis zur Führungskraft aufsteigt. Aber sobald Unternehmen agiler werden wollen, also sich flexibler auf Märkte einrichten, sind Funktionen absolut hinderlich, weil Funktionen in Hierarchien und in eine Stellenbeschreibung eingebaut sind. Wenn die wegfällt, weil der Beruf wegfällt oder bestimmte Tätigkeiten digitalisiert werden, heißt es oft, dass dann die Person auch nichts mehr wert ist im Unternehmen.

Die Unternehmen entledigen sich damit wichtiger Kompetenzen und sozialer Rollen. Deshalb fallen Teams häufig in ein wirkliches Loch, wenn Kürzungen oder Stellenstreichungen vorgenommen werden, weil mit den Menschen, die gegangen sind, auch soziale Funktionen und Rollen weggefallen sind. Ich glaube, dass Unternehmen sehr viel flexibler werden können, wenn sie nicht mehr in Funktionen, sondern in Rollen denken. Also dass ein Mensch z. B. die Rolle des Querdenkers hat, gleichzeitig aber sehr fürsorglich ist, oder dass er ein guter Zuhörer ist oder ein Storyteller. Diese Rollen braucht man im Prinzip in jeder Abteilung und in jedem Team. Wenn die Unternehmen diesen Switch hinbekommen, dann verändern sich natürlich Karrieren, weil wir dann nicht mehr über Funktionskarrieren reden, sondern über Rollenkarrieren.

Um das zu verwirklichen, müssen sich aber nicht nur Unternehmen ganz deutlich verändern, sondern auch die Menschen selbst. Sie müssen genau an der Stelle ihre Berufsidentitäten neu definieren. Nehmen wir als Beispiel Eltern in ihrer Fürsorge für die Kinder. Diese Fürsorge aus ihrem Privatbereich bringen sie im Regelfall nicht mit in das Unternehmen, weil es nicht in der Stellenbeschreibung steht. In dem Moment lassen die einen Teil ihrer Identität zu Hause und dabei könnte das Unternehmen doch diese Fürsorge wertschöpfend einsetzen. Fürsorge ist eine urmenschliche Kompetenz, die von KI-Systemen niemals erbracht werden kann. Fürsorge finden wir in jeder guten Kundenbeziehung, in jeder guten Führungskraft, in jedem guten Teammitglied.

Wenn wir uns das bewusst machen, kann man aus meiner Sicht die Menschen nicht mehr so einfach aus dem Unternehmen eliminieren, denn wir streichen in dem Fall nicht nur eine Funktion, sondern wir eliminieren gleichzeitig auch wichtige Rollen. Und in dem Moment werden Menschen nicht mehr so leicht ersetzbar. Jeder im Unternehmen hat eine Rolle und es ist auch die Verantwortung der Unternehmen, diese zu erkennen und anders einzusetzen. Ich kann in einem Unternehmen zwar bis zu einem gewissen Punkt Wasserköpfe abbauen, aber ich brauche trotzdem Leute, die das Unternehmen zusammenhalten, die kreativ und innovativ sind.

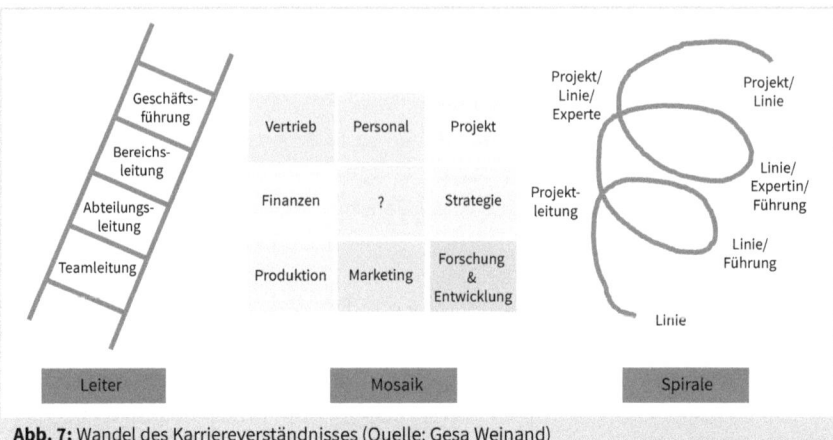

Abb. 7: Wandel des Karriereverständnisses (Quelle: Gesa Weinand)

Das Bild der Spiralkarriere ist von dem Unternehmen Haufe-umantis AG entwickelt worden und hat im Kern die Idee des fluiden Wechsels zwischen verschiedenen Positionen in einem oder mehreren Unternehmen. So kann nicht nur zwischen einer Fach- bzw. Projektkarriere und einer Führungskarriere gewechselt werden, sondern es kann auch von einer Führungsebene wieder auf eine Expertenebene gewechselt werden. Ein ähnliches Verständnis liegt auch dem Bild der Kletterwand zugrunde, dass sowohl Auf- und Abwärtsbewegungen als auch Seitwärtsbewegungen gleichwertig nebeneinanderstellt und die Wahl der Bewegungsrichtung abhängig von der individuellen Zielvorstellung und Lebensphase bzw. -planung macht.

Dieses Zurückwechseln einer Führungskraft in das eigene oder ein anderes Team kann sowohl durch regelmäßiges Wählen der Führungskräfte initiiert werden als auch durch den ausdrücklichen Wunsch der Führungskraft bzw. des Managements.

Ist gerade dieser Schritt zurzeit noch in den meisten Unternehmen mit einem starken Gesichtsverlust verbunden, so gibt es doch eine Vielzahl von Führungskräften, die sich nach vielen Jahren der Führungsverantwortung durchaus eine andere Position vorstellen könnten oder sogar wünschen. Neben der Entlastung der Führungskraft von vielen mit der Führungsrolle verbundenen Aufgaben, kann dieses Zurückgehen auch Vorteile für das aufnehmende Team bringen, wie den reichhaltigen Erfahrungsschatz mit unterschiedlichen Stakeholdern oder die strategische Perspektive. Darüber hinaus bietet es der ehemaligen Führungskraft die Chance zur Entwicklung in andere Positionen, auch an anderer Stelle im Unternehmen.

Zudem kann dieses Karrieremodell auch die Wünsche nach einer stärker lebensphasenorientierten Karriereentwicklung abbilden, sodass Phasen wie Elternzeit oder der zeitweise Ausstieg aus dem Unternehmen nicht zum Karriereknick oder sogar zur Karrierefalle werden.

Wie das Karrieremodell praktisch angewandt wird, beschreibt der CEO von Haufe-umantis:

Im Interview: Marc Stoffel

Gesa Weinand: Was denken Sie: Wie sieht Karriere zukünftig aus? Was für eine Art von Karrierebegriff wird sich nach Ihrer Vorstellung herausbilden?

Marc Stoffel: Das ist ein interessantes Thema, weil die ganze VUCA- und Agilitätsdebatte sich zu wenig mit den Karrierethematiken beschäftigt. Zu glauben, dass das ganze Umfeld um das Unternehmen sich verändert und das Unternehmen in sich und die Karrierepfade stabil bleiben, ist ein Irrtum. Aber es geht uns allen gegen den Strich, weil wir alle eigentlich geplante Kaminkarrieren und die damit verknüpften Statussymbole wollen. Ich glaube, da braucht es einen Riesenumbruch.

Also, bei Haufe-umantis gibt es Spiralkarrieren. Wir haben vor sechs Jahren Führungskräftewahlen eingeführt, und das ist Hardcore. Da gibt's Wahlen, Abwahlen, Tränen und Emotionen. Ein halbes Jahr nach der ersten Wahl, bei der es um den Stabswechsel von Hermann Arnold zu mir ging, hat sich die gesamte Geschäftsführung dazu entschieden, sich zur Wahl stellen zu lassen. 25 % der Gruppe von Managern, die diese Entscheidung getroffen haben, wurden dafür abgestraft und abgewählt. Da haben wir uns natürlich mit dem Thema Abwahl nicht proaktiv, sondern reaktiv auseinandergesetzt. Wenn es keine Abwahlen gibt, funktioniert das Wahlinstrument nicht, aber das ist natürlich verbunden mit einer massiven Phase des Schmerzes, weil man direkt das Feedback bekommt, wir wollen dich nicht mehr. Und selbst wenn man sich sagt, das ist nur die Rolle, in der ich abgewählt wurde, ich wurde nicht als Mensch abgewählt – es fühlt sich anders an. Aber wir sind extrem stolz darauf, alle abgewählten Führungskräfte weiter im Unternehmen zu haben. Es ist eine persönliche Leistung, das zu verarbeiten. Das dauert Monate. Aber das Interessante ist, dass es wie ein Persönlichkeitsentwicklungs-Turbo wirkte und diese Menschen danach ganz andere Karrieren gemacht haben, teilweise mit mehr Status, Ansehen und Gehalt als vorher. Da haben wir erkannt, dass das die Helden der Spiralkarrieren bei Haufe-umantis sind. Denn für die erste abgewählte Führungskraft ist es ganz schwierig, aber wie sie mit dem Thema umgeht, ist prägend für die Kultur. Wenn jemand das positiv vorgelebt hat, prägt diese Person ein neues Karrieremodell und sie genießt Heldenstatus. Spiralkarrieren werden das zukünftige Karrieremodell sein, denn wir haben wirklich beobachtet, dass die Leistung von abgewählten Führungskräften mittelfristig explodiert. Wenn ein Experte in eine Führungsfunktion kommt, z. B. der beste Techniker wird CTO, hat er auf einmal eine ganz andere Funktion mit anderen Stakeholdern und strategischen Fragestellungen. Wenn die Person nach dieser Erfahrung in eine Engineering-Rolle zurückgeht, nimmt sie natürlich diese Erfahrungen mit und kann eine viel größere Wirkung unter den Gleichgesinnten entwickeln als damals in der CTO-Funktion. Das ist dann hochgradig wertsteigernd, weil diese Art von Karriere die unterschiedlichen Sichtweisen auf die gleiche Thematik transportiert. Wenn ein Unternehmen es schafft, diese Rotation erfolgreich zu gestalten, wird es maximal erfolgreich, kommt aus den Silos raus und löst diese ganzen Konflikte des gegenseitigen Sich-nicht-Verstehens auf. In der jetzigen Welt ist der Manager gefordert, diese Art von Leistung zu erbringen. Ich habe jedoch wenige CTO gesehen, die in ihrer Funktion ihren Ingenieuren gut erklären können, warum sie mit den Vertrieblern zusammenarbeiten sollen. Wenn aber mal ein paar Ingenieure im Vertrieb rotieren würden und umgekehrt, könnte das tatsächlich solche Effekte auslösen.

Die Frage ist, wie können wir Spiralkarrieren im Unternehmen attraktiv machen? Das ist uns bei Haufe-umantis auch deshalb gelungen, weil wir z. B. das Gehaltsmodell angepasst haben. Zum Beispiel können die Leute mehr verdienen als ihre Chefs, wenn sie mehr Beitrag leisten als ihr Chef. Und wir haben versucht, den Output einer Person als Gehalts-Benchmark zu nehmen und nicht den Status und die Positionsmacht. Es kann also sein, dass ein individueller Contributor mehr verdient als ein Teamleiter. Und es kann sehr wohl sein, dass ein Mensch, der eine hervorragende Idee umsetzt, sehr viel mehr Wertschöpfung macht als der Manager, der seinen Laden hervorragend führt.

Das zweite Thema neben Spiralkarrieren sind Team-Karrieren. Ich glaube zutiefst daran, dass Teams oder Netzwerke Karrieren machen möchten. Das heißt, sie bleiben zusammen und bearbeiten einfach andere Themen, vielleicht sogar in einem anderen Unternehmen. Aber gehen Sie mal auf die Karriereseiten der Unternehmen, da finden wir die fünf Rollen des Teams, aber nicht das Team an sich. Das ist meines Erachtens ein völlig unterschätztes Thema. Und als nächsten Schritt lässt man dieses Team rotieren im Sinne von Spiral-Team-Karrieren, das dann unterschiedliche Initiativen oder Challenges absolviert und dadurch erfolgreicher wird und karrieremäßig steigt. Und das Karrieresystem bezieht sich auf die Größe der Themen, die ein solches Team schafft, nicht auf die Hierarchie oder den Job-Titel.

Das klingt wirklich sehr spannend. Was glauben Sie denn, was es diesbezüglich in den nächsten zehn Jahren so nicht mehr geben wird?

Kaminkarrieren, Karrierepfade, also die klassische Führungs- bzw. Fachkarriere. Und dass du, wenn du in sieben Jahren diese Funktion haben möchtest, jetzt jene zwei, drei Schritte machen musst, wird es auch nicht mehr geben. Außerdem wird sich die strikte Trennung zwischen Mitarbeiter und Externem auflösen, vielleicht sogar die zwischen Unternehmen und Geschäftspartnern. Wenn z. B. BMW und Daimler gemeinsam in einem Joint Venture Mobilitätsthemen machen, ist das nur der Beginn, bei gewissen Themen auch industrieweit zusammenzuarbeiten, weil man alleine nicht mehr gegen diese massive Wirtschaftsmacht von China und Amerika ankommt. Auch das Zusammenspannen mit Partnern in der

Wertschöpfungskette, vielleicht sogar Wettbewerbern, wird sich entwickeln, und da entstehen natürlich neue Karrieren.

Auch die Planbarkeit von Karrieren wird es nicht mehr geben, ebenso diesen klassischen Status mit Job-Titel und Funktionsbezeichnungen oder CV [Lebenslauf, Anmerkung der Autorin] in der heutigen Form. Die werden einfach ganz anders ausgeprägt sein. Vielleicht wird auch dieser starke Fokus auf das Individuum im Talent Management verschwinden? Da geht es ja nur um individuelle Karrieren. Aber wenn wir die Geschäftsführung fragen, was der Grund für den Erfolg der letzten 50 Projekte war, dann benennen die nie eine Einzelperson, sondern immer die Leute, die da zusammengearbeitet haben, die Teams.

Im Dialog mit den klassischen Konzernen ist mir überdies aufgefallen, dass wir auch den Loyalitätsbegriff neu prägen müssen. Oft besteht ein Verständnis von »mein Team« im Sinne von »wenn du bei mir bist, bist du loyal, aber wenn du mich oder das Unternehmen verlässt, bist du illoyal und verrätst mich«. Ich bin überzeugt, dass sich das ganz neu ausprägen wird und Menschen zusammenfinden werden, die an einem Thema arbeiten. Wenn das Thema fertig ist, wechseln sie zum nächsten Thema. Ob das jetzt bei der gleichen Führungskraft ist oder im gleichen Unternehmen, ist dann vielleicht nicht mehr so relevant.

Auch *Stephan Grabmeier* sieht Veränderungen im Hinblick auf Definition und Form von Karriere:

Im Interview: Stephan Grabmeier

Gesa Weinand: Was denkst Du, wie sieht Karriere zukünftig aus? Wie definierst Du den Karrierebegriff?

Stephan Grabmeier: Darauf habe ich keine einheitliche Antwort. Ein Teil der Gen Y ist daran eigentlich gar nicht mehr in der Form interessiert und der andere Teil sucht nach der Leiter, und wie er da hochkommen kann. In einer Unternehmensberatung, wie hier, hast du ein sehr kompetitives Umfeld, das sehr karrieremäßig aufgebaut ist. Ich habe ein kleines Team gestafft und strukturell sukzessive in unsere neue Innovationslogik integriert. Wir haben uns nicht als Beratungseinheit mit den verschiedenen Karrierestufen aufgestellt, sondern als Querschnittsfunktion. Wir definieren uns über klare Themenverantwortung und unserer Serviceleistung als Innovationskatalysator und weniger über Hierarchie.

Dann ist es das Umfeld. Viele Junge wollen ja Führungsverantwortung, auch das habe ich bei Haufe gelernt. Durch dieses Prinzip mit dem Wählen [der Führungskräfte, Anmerkung der Autorin] konnten wir immer zwölf Monate in einer

Position sein und dann gab's wieder einen Wahlprozess. Und es war kein Stigma – im Gegensatz zu Kaminkarrieren –, wenn du aus einer Führungsposition wieder raus bist,. Dadurch, dass du die Freiheit hast, zu sagen, ich gehe mal in eine Führungsrolle, erkennst du eigentlich erst, was das wirklich bedeutet. Wahrscheinlich sind 40, 50 % dabei, die sagen, hätte ich es nur nie gemacht. Die Illusion, dass Führung auch immer die Erfüllung ist, spürst du erst, wenn du es einmal gemacht hast.

Wir haben daher auch Spiralkarrieren gehabt, sowohl Step-up als auch Step-down. Du konntest immer wieder rausgehen, auch wenn sich deine Lebenssituation verändert hat. Ich glaube, wir brauchen diese flexibel atmenden Systeme. Ich merke schon, dass viele mit dem Anspruch hier sind, führen zu wollen. Ich habe es für mich anders definiert.

Natürlich werden wir[alle im Unternehmen, Anmerkung der Autorin] auch höhere Verantwortungen haben und in einem großen Konzern wird das immer noch klassisch mit Karriere verbunden sein. Es hängt wahrscheinlich vom Typ ab, wie du es auslebst. Das, was du oben in großen Unternehmen machst, ist zu 70 % Stakeholder Management mit Politik, Gewerkschaften, Sozialpartnern und innerbetrieblichen Machtkämpfen. Das muss gemacht werden, vollkommen klar, und du brauchst Menschen, die das tun, und es kann auch ein Ziel von jemand sein, dahinzukommen.

Wir sollten Karriere noch stärker themenorientiert definieren. Ich glaube, dass die Spiralkarriere die Leiter ablöst, weil es Menschen mehr Möglichkeiten gibt. Die ganzen Grading-Strukturen folgen ja einer alten Logik mit Firmenwagen, x-Quadratmetern mehr Büro, höherem Gehalt, anderer Gesundheitsbetreuung, Altersversorgung und viele weitere Annehmlichkeiten. Da müssten wir einfach mit temporären Bausteinen arbeiten, also wenn du jetzt eine Stufe höher gehst, hast du mehr Verantwortung und es gibt mehr Geld dafür, aber wenn du wieder rausgehst, nehmen wir auch diesen monetären Baustein wieder weg. Ich glaube, wir müssen so denken und dahin kommen, dass wir flexibler und atmender werden, auch was die Arbeitszeiten betrifft. Das, was ich vorhin mit den Führungstypologien meinte, ich glaube, das brauchen wir auch in einer höheren Flexibilität von den Rahmenbedingungen.

Braucht es dann auch Karrierewege für jeden Typus oder ist das gleich?

Die Typen in den Change- und Innovations-Themen sind einfach andere Menschen, bringen also andere Typologien mit. Für mich ist dabei wichtig, dass du einen gemeinsamen Kulturraum hast, weil Innovation nur funktioniert, wenn du diese Vielfalt auch integrierst. Wenn du einen Gamechanger im System hast, muss das Kerngeschäft auch wissen, dass sie die verrückten Typen brauchen, um neue Geschäftsmodelle zu bauen. Dieser Kulturrahmen wird durch die Integration erfolgreich sein, und die Frage ist, wie wir es schaffen, Vielfalt integriert zu leben. Das ist eine sehr wichtige Aufgabe.

3.2 Veränderung der Karrierevorstellungen und Anforderungen – Insbesondere der Generationen Y & Z

Viele der Erwartungen und Wünsche an Arbeitgeber sind nach *Rump & Eilers* über die verschiedenen Generationen hinweg sehr ähnlich, einzig ihre Ausprägung gestaltet sich – je nach Generation – unterschiedlich. Folgende Aspekte sind für alle grundsätzlich von Bedeutung, auch wenn im Weiteren ausgeführt wird, wo die besonderen Schwerpunkte in jeder Generation liegen:

- Alle Generationen erwarten von ihren Arbeitgebern Perspektiven für die persönliche und berufliche Weiterentwicklung (besonders Gen Y).
- Einfluss- und Gestaltungsmöglichkeiten sind für alle Generationen von Bedeutung.
- Grundsätzlich wünschen sich alle Generationen Sicherheit. Je nach Generation reicht dies von dem Job bzw. dem Arbeitgeber fürs Leben über die Beschäftigungssicherheit, wie z. B. im öffentlichen Dienst, bis hin zu Career Security (siehe Kapitel 3.2.3).
- Damit einhergehend sind sich alle Generationen bewusst, dass Lernen nicht mit dem Ende der Ausbildung aufhört, sondern ein lebenslanger Prozess ist. Sie erwarten von ihrem Arbeitgeber, dass er die Rahmenbedingungen dafür zur Verfügung stellt.
- Betriebsklima und Unternehmenskultur sind für alle Generationen von größter Wichtigkeit, insbesondere die Generation Y wünscht sich ein hohes Maß an Kollegialität und Kooperation.
- Unterschiede in den generationsbezogenen Vorstellungen gibt es vor allem bei den Themen Führung, dem Karriereverständnis oder auch den Vorstellungen in Bezug auf das Zusammenspiel von beruflichen und privaten Lebensbereichen.

In der folgenden Darstellung findet sich zum besseren Verständnis eine grobe Zuordnung der Zuschreibungen zu den jeweiligen Generationen, auch wenn in der Sozialforschung selbst der Begriff Generationen und auch ihre genaue zeitliche Festlegung umstritten sind. Und natürlich wird die Verallgemeinerung und Vereinfachung der existierenden individuellen Vielfalt nicht gerecht.

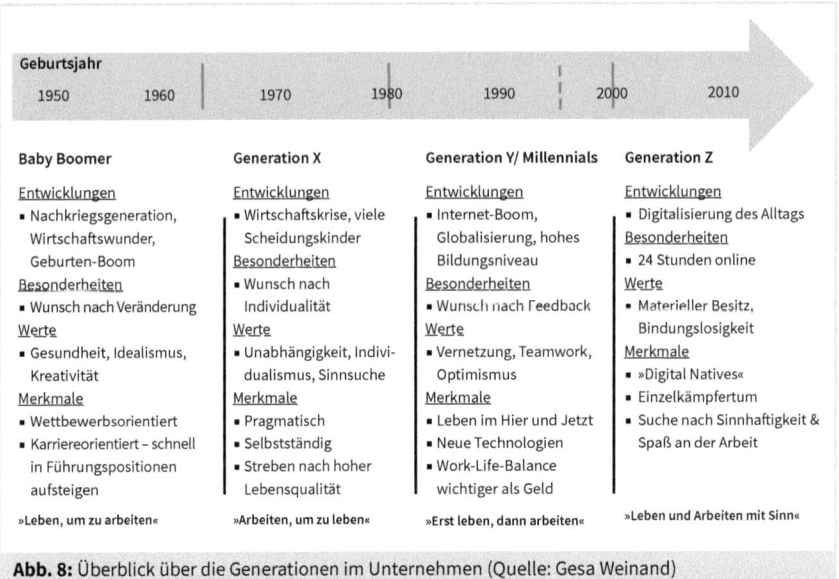

Abb. 8: Überblick über die Generationen im Unternehmen (Quelle: Gesa Weinand)

Schauen wir uns an, was die jeweiligen Generationen geprägt hat und mit welchen Werten und Vorstellungen sie auf die Arbeitswelt treffen.

3.2.1   Baby Boomer

Zur Generation der Baby Boomer zählen Menschen der Nachkriegsgeneration, ab 1955 geboren. Ihr Wesen ist stark vom enormen Wirtschaftswachstum und den traditionellen Werten, wie Pflichtbewusstsein und Disziplin, beeinflusst. Andererseits gab es gerade in der 68er-Zeit in dieser Generation den Wunsch, mit den traditionellen Werten und dem »Establishment« zu brechen und freiheitlichere, demokratischere, offenere Lebensvorstellungen umzusetzen.

Auch wenn es für die Baby-Boomer-Generation aufgrund der Masse von Mitbewerber*innen ein hart umkämpfter Berufseinstieg war, hat das kontinuierliche Wirtschaftswachstum in der Regel eine stabile und sichere berufliche Entwicklung ermöglicht. In dieser Generation sind die Werte Fleiß, Disziplin und Leistung sowie Respekt vor Autoritäten sehr stark vertreten, aber auch schon der Wunsch nach Individualität, Freiheit und partizipativer Führung sowie persönlicher Kommunikation angelegt.

3.2.2   Generation X

Die Generation X, der zwischen den frühen 1960er Jahren und den frühen 1980er Jahren Geborenen, wuchs unter dem Eindruck von Verknappung, Öl-Krise und zunehmender Unsicherheit, z. B. in Bezug auf ihre Altersabsicherung, auf. Um Sicherheit zu gewinnen, strebt diese Generation das berufliche Vorankommen und den Erwerb materiellen Wohlstandes an und folgt einem starken Leistungsmotiv.

Gleichzeitig gewinnt der Wunsch nach Unabhängigkeit und Individualität immer mehr an Bedeutung, im Laufe des Erwerbslebens wird immer stärker die Frage nach dem Sinn gestellt und die individuellen Entwicklungsmöglichkeiten stehen sehr im Fokus.

Zudem hat die Generation X ihr Karriereverständnis erweitert und wünscht sich eine stärkere Orientierung an der eigenen Lebensplanung, da sie häufig das traditionelle Karriereverständnis mit seinen Nachteilen in der Chef-Generation der Baby Boomer erlebt hat.

An folgendem Beispiel wird die Einstellung zur Karriere und zu beruflichen Perspektiven deutlich:

Im Interview: Jörg, 42 Jahre, Leiter Business Development einer Medienagentur

Gesa Weinand: Was ist für Dich Karriere? Wie würdest Du Karriere definieren?

Jörg: Karriere heißt für mich, immer anspruchsvollere Aufgaben lösen zu lernen, Menschen anzuleiten, Strukturen und Prozesse gestalten zu können, Verantwortung zu tragen, unternehmerische Entscheidungen zu treffen, etwas zu sagen zu haben (nicht im Sinne von Befehle erteilen).

Wie stellst Du Dir Deine berufliche Zukunft vor?

Ich möchte in einem dynamischen Umfeld arbeiten, in einer Branche mit hohem Wachstumspotenzial. Gerne an der Schnittstelle zum Kunden und als Pionier, der an der Entwicklung von etwas Neuem mitwirkt. Sollte es möglich sein, dann in einem von mir geleiteten Unternehmen. Ich gehe davon aus, dass ich meinen Arbeitgeber noch häufiger wechseln muss. Einerseits schätze ich diese Flexibilität, aber andererseits empfinde ich dadurch auch Unsicherheit.

3.2.3   Generation Y

Mit der Generation Y, also den Jahrgängen 1980–2000, kommt jetzt erstmals eine Generation auf den Arbeitsmarkt, die die technologische Entwicklung hin zur Digitalisierung von klein auf miterlebt hat. Dies prägt nicht nur das Kommunikationsverhalten, sondern auch die Sicht auf die Welt und ihre vielfältigen Optionen sowie die Gewohnheit, schnell auf Wissen und andere Dinge zugreifen zu können.

Diese Generation, auch Millennials genannt, bildet nach Angaben des Statistischen Bundesamts 2015 schon 20% der arbeitenden Bevölkerung in Deutschland. Sie sind aufgewachsen unter dem Eindruck, dass die Welt im Zuge von Globalisierung und vielen Krisensituationen unsicherer, ungewisser und schwerer vorhersehbar geworden ist.

Ein Ergebnis hieraus ist eine größere Offenheit für Improvisation. Situationen werden im Hinblick auf die eigenen Vorteile bewertet und sich möglichst viele Optionen offengehalten. Um sich selbst gut zu positionieren, wird viel Geld und Zeit in die Berufsausbildung und in Weiterbildungen investiert. Gleichzeitig sucht diese Generation sowohl im beruflichen als auch privaten Kontext die Möglichkeit zur Selbstverwirklichung und hat auch die Erwartung ans Unternehmen, einen positiven gesellschaftlichen Beitrag zu leisten.

Millennials sind sich bewusst, dass ihre Lebensarbeitszeit sehr lang sein wird und streben daher nach einem ausgewogenen Verhältnis von beruflichem und privatem Engagement, auch wenn die Grenzen zwischen den beiden Lebensbereichen durchaus verschwimmen dürfen.

Dass diese Generation auch »Why?« genannt wird, weist darauf hin, dass es ihr gerade im beruflichen Kontext sehr wichtig ist, viel Feedback zu erhalten. Sie haben es gelernt, Dinge zu hinterfragen und möchten sich sowohl fachlich als auch persönlich kontinuierlich, also im Sinne eines lebenslangen Lernens, weiterentwickeln.

Arbeitgeber sind vor allen Dingen dann attraktiv, wenn sie zum einen die technischen Möglichkeiten zur Verfügung stellen, die »Digital Natives« für selbstverständlich in ihrem Alltag erachten. Führungspositionen werden als nicht zwingend angesehen, aber grundsätzlich sollten Unternehmen Entwicklungsmöglichkeiten bieten. Ein gutes Betriebsklima, sinnstiftende Arbeit und vor allem eine positive Unternehmenskultur haben einen deutlich höheren Stellenwert als das Gehalt (https://www.agenturohnenamen.de/fileadmin/user_upload/HR_Future_Trends_2014a.pdf).

In Bezug auf die Karriereperspektiven erwarten die Millennials nicht mehr wie ihre Vorgänger-Generationen Job- oder Beschäftigungssicherheit. Sie suchen weniger eine *Job Security* als vielmehr eine *Career Security*, was nach *Rump & Eilers* die veränderte Erwartung an Unternehmen meint, nicht mehr den lebenslangen Arbeitsplatz zur Verfügung zu stellen, sondern an der lebenslangen Beschäftigungsfähigkeit, der Employability der Beschäftigten mitzuwirken. Sie wünschen sich konkrete Unterstützung des Arbeitgebers, ihre eigene Beschäftigungsfähigkeit und somit Karriereperspektiven in demselben oder auch anderen Unternehmen zu entwickeln.

Sie sind sich bewusst, dass eine lebenslange Verbundenheit mit einem Arbeitgeber für sie nicht mehr zutreffen wird. Daher ist ihre eigene Loyalität auch sehr davon abhängig, inwieweit Arbeitgeber ihren Vorstellungen nach persönlicher und beruflicher Entwicklung nachkommen. Der sogenannte »psychologische Arbeitsvertrag« verändert sich von einem »Arbeitgeber fürs Leben« zu einer pragmatischen Win-win-Situation, bei der beide Seiten vom Erhalt und der Steigerung der Beschäftigungsfähigkeit profitieren.

Zudem bringen die Menschen der Generation Y eine flexible Karriereorientierung mit. Sie können sich einen Wechsel zwischen Fach- und Führungskarriere sowie Festanstellung und Freiberuflichkeit entsprechend ihrer Lebensplanung gut vorstellen.

Nachstehend folgen einige Interviews mit Vertreter*innen der Generation Y, die diese Lebens- und Karrierevorstellungen illustrieren:

Im Interview: M. C., 33 Jahre, Category Manager Lebensmittelhandel

Gesa Weinand: Wie stellen Sie sich Ihre berufliche Zukunft vor?

M. C.: Meine berufliche Zukunft stelle ich mir ausbalanciert vor. Ich möchte im Beruf Verantwortung übernehmen und auch einen Gestaltungsspielraum haben, in dem ich handelnd tätig sein kann, aber zugleich auch nicht so sehr eingespannt sein, dass meine privaten Möglichkeiten zu sehr eingeschränkt werden.

Was ist Ihnen in Bezug auf Ihre(n) zukünftigen Arbeitsplatz/Arbeitsplätze wichtig?

Ich möchte auch zukünftig am Arbeitsplatz gefordert und gefördert werden, Neues lernen und dies auch einsetzen können.
Zudem möchte ich weiterhin auch die Möglichkeiten haben, mich selbstständig weiterzuentwickeln, um auf zukünftige Herausforderungen bestens vorbereitet zu sein.

Im Interview: Felix, 32 Jahre, Maschinenbau-Ingenieur

Gesa Weinand: Wie stellst Du Dir Deine berufliche Zukunft vor?

Felix: Genug Zeit für Frau und Kinder, genug Zeit, um die Welt zu sehen und genug Geld, um sich keine Sorge drum machen zu müssen.

Was ist Dir in Bezug auf Deine(n) zukünftigen Arbeitsplatz/Arbeitsplätze wichtig?

Gutes Team, von dem ich lernen kann, Menschen, die Spaß am Job haben. Ich bin kein Solo-Kämpfer und brauche Interaktion. Ein Job muss mich fordern, die Firma fördern und gute Arbeit anerkennen. Zudem muss ich meinen Job und/oder Produkt ethisch vertreten können.

Im Interview: Andreas, 31 Jahre, Medien-Designer

Gesa Weinand: Was ist für Dich Karriere? Wie würdest Du Karriere definieren?

Andreas: Karriere bezeichnet für mich die berufliche Laufbahn, bestehend aus den einzelnen Stationen. Das, was in unserer Gesellschaft häufig mit diesem Begriff in Verbindung gebracht wird – Geld, Prestige, Status – sind aus meiner Sicht lediglich Randerscheinungen. Im Fokus steht für mich die persönliche Weiterentwicklung: die Erweiterung der fachlichen und Sozialkompetenzen, das Frreichen von gesteckten Zielen sowie die Persönlichkeitsentfaltung.

Wie stellst Du Dir Deine berufliche Zukunft vor?

Meine berufliche Zukunft stelle ich mir abwechslungsreich vor. Durch meine vielseitigen Interessen und Fähigkeiten werde ich nicht zwangsläufig in meiner jetzigen Branche bleiben, sondern weitere Herausforderungen suchen, um meine persönlichen und fachlichen Horizonte zu erweitern.

Was ist Dir in Bezug auf Deine(n) zukünftigen Arbeitsplatz/Arbeitsplätze wichtig?

Auch in Zukunft wird mir Gestaltungsspielraum am Arbeitsplatz äußerst wichtig sein. Statt mich starren Strukturen fügen zu müssen, möchte ich – auch am Arbeitsplatz – nach meinen Werten leben. Dabei spielen Freiheit und Mitbestimmung eine entscheidende Rolle. Es geht mir nicht unbedingt darum, wenig(er) zu arbeiten, sondern mehr Flexibilität in Bezug auf Ort und Zeit zu haben. Der Ausbau von Konzepten, wie Homeoffice und Vertrauensarbeitszeit, aber auch räumliche Angebote, wie ein Meditationsraum, sind in diesem Zusammenhang erstrebenswert.

Wie glaubst Du, sieht Dein Arbeitsalltag in zehn Jahren aus?

In zehn Jahren wird sich mein Arbeitsalltag noch weiter meinen persönlichen Bedürfnissen nach Flexibilität und aktiver Mitgestaltung angepasst haben. Statt einem heute noch klassischen Nine-to-Five-Job nachzugehen, werde ich beispielsweise in den Zeitfenstern arbeiten, in denen ich am produktivsten bin und zwischendurch anderen Angelegenheiten nachgehen. Die Grenzen zwischen Arbeit und Freizeit werden weiter verschwommen sein – zugunsten eines auf meine individuellen Ansprüche zugeschnittenen Arbeitsalltags.

Im Interview: Tobias, 31 Jahre, Filialleiter eines Bio-Supermarktes

Gesa Weinand: Was ist für Dich Karriere? Wie würdest Du Karriere definieren?

Tobias: Allgemein verstehe ich Karriere als den persönlichen Weg eines Menschen auf beruflicher Ebene. Berufliches Wachstum und Weiterentwicklung stehen dabei im Vordergrund. In diesem Zusammenhang ist entscheidend, die eigenen Werte zu verstehen und danach zu handeln. Nur dann, so glaube ich, kann eine Karriere erfolgreich sein und persönliche Erfüllung bringen.

Was ist Dir in Bezug auf Deine(n) zukünftigen Arbeitsplatz/Arbeitsplätze wichtig?

Auch bei meinen zukünftigen Arbeitsplätzen werde ich Wert auf eine menschenorientierte Führung legen. Das bedeutet, dass die Entwicklung der Mitarbeitenden sowie eine sozialverträgliche Arbeitsweise im Vordergrund stehen werden. Das sind sehr idealistische Vorstellungen und dennoch denke ich, dass die Zukunft ein solches Denken erfordert. Arbeitsplätze und Arbeitsmodelle verändern sich, sodass das klassische Abarbeiten ab- und das aktive Gestalten zunimmt.

Im Interview: Philipp, 28 Jahre, MSc. Automotive Management

Gesa Weinand: Was ist für Dich Karriere? Wie würdest Du Karriere definieren?

Philipp: In wenigen Worten: erfolgreiche berufliche (Selbst-)Verwirklichung. Es gehört sicherlich noch mehr dazu, aber primär verbinde ich mit Karriere Erfolg im Job, in den täglichen Aufgaben, die einem das Leben in unserer Gesellschaft ermöglichen. Dabei würde ich es als essenziell beschreiben, die eigenen Interessen und natürlichen Stärken in der ausgeführten Tätigkeit verankern zu können. Ein weiteres Element, das für mich mit dem Karrierebegriff in Verbindung steht, ist der Prozess des lebenslangen Lernens.

Was ist Dir in Bezug auf Deine(n) zukünftigen Arbeitsplatz/Arbeitsplätze wichtig?

Insbesondere das Arbeitsklima. Ich habe schon in mehreren Teams an der Universität gearbeitet, die einfach festgelegt wurden. Das kann trotz allem gut funktionieren, hat aber oft herausragende Ergebnisse verhindert. Ich wünsche mir deshalb, mit einem jungen und motivierten Team zusammenzuarbeiten, das auch zueinander passt. Außerdem wäre es schön, wenn ein Fitnessprogramm angeboten wird und ein ausgewiesener Bereich für Pausen auch entsprechend gestaltet wird, dass man dort gerne Pause macht, also Sofas, Kicker-Tisch, Tischtennisplatte, solche Dinge.

Im Interview: Cassian, 26 Jahre, Unternehmensberater

Gesa Weinand: Was ist für Dich Karriere? Wie würdest Du Karriere definieren?

Cassian: Karriere ist für mich eine organische Entwicklung, die dadurch entsteht, dass ich jeden Tag mit Freude und Leidenschaft an meiner Tätigkeit das Beste geben und mich stetig weiterentwickeln möchte. Deshalb kann ich auch noch nicht sagen, wohin genau sich meine Karriere entwickeln wird. Vielmehr geht es für mich darum, eine Erfüllung in der täglichen Tätigkeit zu erlangen und dadurch bereit zu sein, die berühmte »Extra Mile« zu gehen. Hierdurch entsteht dann der Erfolg, der meine Karriere voranbringt. Grundlage hierfür ist ein anregendes Umfeld und mein innerer Drang nach Weiterentwicklung und Perfektion sowie mein unbändiges Interesse am Neuen, das meine Lernkurve immer auf einem hohen Niveau hält. Hierdurch kann dann meine Karriere organisch wachsen.

Wie stellst Du Dir berufliche Zukunft vor?

Dadurch, dass ich jeden Tag das Beste geben und mich weiterentwickeln möchte, werde ich eines Tages im Top-Management eines Unternehmens arbeiten. Alternativ kann ich mir sehr gut vorstellen, ein eigenes Unternehmen zu gründen und nach meinen Vorstellungen zu leiten.

Was ist Dir in Bezug auf Deine(n) zukünftigen Arbeitsplatz/Arbeitsplätze wichtig?

Flexibilität: Vereinbarkeit von Familie und Karriere (Stichwort: Kinderbetreuung), offene Arbeitszeit- und Arbeitsortgestaltung (Homeoffice) etc.
Leistungsabhängige Entlohnung: Jeder Mitarbeiter wird nach seiner Leistung bezahlt. Ein Gehaltssystem, das überwiegend vom Alter oder Dienstgrad abhängt, ist veraltet und genügt den Ansprüchen der heutigen Zeit nicht.
Internationalität: Grenzübergreifende Zusammenarbeit und internationale Verantwortung; hoher internationaler Reiseanteil.
Teamwork: Arbeiten in einem dynamischen Team, inspirierendes und motivierendes Miteinander, gegenseitige Wertschätzung, transparente Entscheidungsprozesse, kontinuierliche Weiterentwicklungsmöglichkeiten.
Standort: Ansprechend, modern und ergonomisch gestalteter Arbeitsplatz, gesunde Ernährungskonzepte, Fitness- oder Sportbereich, attraktive Lage
Zusatzleistungen des Arbeitgebers: Gesundheitsvorsorge (Physiotherapie, Betriebsarzt etc.), Dienstwagen, weitere Zuwendungen des Arbeitgebers ...

Wie glaubst Du, sieht Dein Arbeitsalltag in zehn Jahren aus?

Viele tägliche Arbeiten können von Soft- und Hardware übernommen werden, sodass wir Zeit gewinnen, uns mit den strategischen und zwischenmenschlichen Themen auseinanderzusetzen. Gerade die zwischenmenschliche, grenzüberschreitende Kommunikation wird ein zentraler Bestandteil meiner Arbeit sein.

Im Interview: Frederike, 24 Jahre, Master-Studentin International Business

Gesa Weinand: Was ist für Dich Karriere? Wie würdest Du Karriere definieren?

Frederike: Karriere ist für mich der Weg meiner beruflichen Laufbahn. Ein wichtiger und großer Teil meines Lebens, in dem ich mich verwirklichen kann und mich selber jeden Tag neu entdecke – ich hoffe es zumindest.

Wie stellst Du Dir Deine berufliche Zukunft vor?

Meine berufliche Zukunft ist momentan komplett offen: Als Master-Studentin mit reichlich beruflicher Erfahrung habe ich bisher noch keine Probleme gehabt, meine Wunschjobs zu bekommen – zum Glück! Ich denke, ich werde das machen, was mein Bauchgefühl mir sagt. Glück und persönliches Wohlbefinden im Job spielen hierbei die größte Rolle. Ich habe viel über mich selber gelernt in meinem Studium und diversen Praktika und Werkstudentenjobs. Glücklich sein, mit dem, was ich tue und die meisten Tage der Woche fröhlich zur Arbeit gehen, sind mein persönliches Must-have für die berufliche Zukunft. Hierbei spielt es jedoch keine große Rolle, eine maximal 40-Stunden-Woche zu haben. Ich wünsche mir ein erfülltes Arbeitsleben, in dem ich gern bereit bin, mehr Zeit von meinem Leben zu opfern, wenn es mich glücklich macht.

3.2.4 Generation Z

Von der Generation Z wird ab dem Jahrgang 1995 bzw. 2000 gesprochen. Sie überschneidet sich je nach Definition mit den Millennials um ein paar Jahre. Zurzeit gibt es noch nicht genügend Untersuchungen und Erkenntnisse über die Generation Z, um eine genaue Beschreibung ihrer Werte und Karrierevorstellungen vornehmen zu können. Diese Generation eint vor allem die komplette Digitalisierung ihres Alltags – von Kindesbeinen an. Menschen dieser Generation haben ein selbstverständliches und allgegenwärtiges Verhältnis zu Smartphones, Tablets, Computern und Technologie.

Die Auswirkungen dieses digitalen Konsums zeigen sich u. a. an einem stärkeren Wunsch nach sofortiger Bedürfnisbefriedigung und der geringeren Verweildauer bei Themen oder Tätigkeiten. Gleichzeitig zeigen sich Menschen dieser Generation sehr pragmatisch und anpassungsfähig und sind in der Lage, die für ihre Zeit übliche Komplexität auf das Wesentliche zu reduzieren bzw. die wesentlichen Aspekte komplexer Sachverhalte schnell zu erfassen.

In Bezug auf die Arbeitswelt wünscht sich diese Generation wieder eine stärkere Abgrenzung zwischen beruflichen und privaten Lebensbereichen und sucht Selbstverwirklichung zunehmend nicht nur in der Arbeit, sondern vor allem in der Freizeit oder im sozialen Bereich. Eine hohe Leistungsbereitschaft, mit der Tendenz zur Selbstausbeutung und der Gefahr des Burnouts, sieht die Generation sehr kritisch, da sie die negativen Folgen bei ihrer Elterngeneration erlebt haben. Ihre Einsatzbereitschaft macht sie von der Sinnhaftigkeit der Aufgabe und der Passgenauigkeit zu ihrem Wertesystem abhängig.

Die Ansprüche und Erwartungen dieser Generation an einen Arbeitgeber sind daher sehr hoch. Ein Teil von ihnen wünscht sich einen sicheren Arbeitsplatz, was das steigende Interesse an Beschäftigungsmöglichkeiten im öffentlichen Sektor erklärt. Werden die eigenen Vorstellungen jedoch nicht erfüllt, ist die Verbundenheit mit Arbeitgebern noch geringer ausgeprägt als bei der Generation Y. So zeigt eine Studie von Deloitte (https://www2.deloitte.com/content/dam/Deloitte/de/Documents/Innovation/Millennial-Survey-2018_Report_Deutschland.pdf) im Jahre 2018, dass 61 % der Befragten aus der Generation Z das Unternehmen innerhalb von zwei Jahren verlassen werden.

Hier ein Beispiel für eine Vertreterin der Generation Z:

Im Interview: Antonia, 21 Jahre, Master-Studentin Betriebswirtschaftslehre

Gesa Weinand: Was ist für Dich Karriere? Wie würdest Du Karriere definieren?

Antonia: Karriere ist für mich gleichbedeutend mit Zufriedenheit im beruflichen Kontext. Das heißt für mich, dass ich so viel erreichen möchte, dass ich eine Position im Unternehmen innehabe, die mich optimal erfüllt. Ich möchte mich mit meiner Stelle stark identifizieren und diese als essenziell für das Unternehmen wahrnehmen. Wichtig ist dabei, dass eine gute Karriere sich für mich mit positiven Übertragungseffekten auf die gesamte Lebenszufriedenheit auswirkt.

Wie stellst Du Dir Deine berufliche Zukunft vor?

Ich denke, dass sich meine berufliche Zukunft trotz meiner Universitätsausbildung, guter Noten und sehr geringer Studienzeit nicht so einfach gestaltet, wie beispielsweise die meiner Eltern. Die von mir wahrgenommene hohe Mobilität, die der Arbeitsmarkt von Absolventen fordert und zeitlich befristete Verträge beunruhigen mich. Dadurch werden Dinge wie die Familienplanung und z. B. ein Hausbau deutlich erschwert.

Trotzdem blicke ich optimistisch in die Zukunft und denke, dass ich eine passende Stelle finden werde und mich langfristig in einem Unternehmen weiterentwickeln kann. Es wäre meine Wunschvorstellung, dass ich meinen Arbeitgeber, sofern ich mit der Stelle zufrieden bin, nie wechseln muss und mich an einen Ort bis zu meiner Rente fest mit meinem Partner und Kindern binden kann. Daher würde ich ungerne eine Stelle in einem Unternehmen aus der Not heraus annehmen, sondern lieber weitersuchen.

Wenn ich diese Stelle gefunden habe, stelle ich mir vor, dass ich optimaler Weise in einer Abteilung im Personalbereich arbeite, in der ich gefördert werde, noch unentdeckte Fähigkeiten von mir entdecke und mit meinen Aufgaben wachse. Als Gegenleistung werde ich bereit sein, Leistung für das Unternehmen zu erbringen, die vielleicht nicht jeder Mitarbeiter gerne erbringen möchte. Ich würde mich in diesem Kontext auch gerne für längere Auslandseinsätze zur Verfügung stellen. Ich hoffe, dass meine Einsatzbereitschaft von meinem Arbeitgeber anerkannt wird und ich auf diesem Wege neue Aufgaben und Stellen im Unternehmen wahrnehmen kann, bis ich eine Stelle erhalte, die meiner Definition von Karriere entspricht.

Was ist Dir in Bezug auf Deine(n) zukünftigen Arbeitsplatz/Arbeitsplätze wichtig?

An erster Stelle stehen für mich individuelle Entwicklungsmöglichkeiten im Unternehmen. Ich möchte mich langfristig im Unternehmen weiterentwickeln, Neues dazulernen und meinen eigenen Beitrag zum Erfolg des Unternehmens leisten. Damit hängt eng zusammen, dass eine langfristige Perspektive und Arbeitsplatzsicherheit sehr wichtig für mich sind.

Eine weitere große Bedeutung spielt für mich auch die Arbeitsatmosphäre und die gelebten Werte im Unternehmen. Ich möchte das Gefühl erhalten, dass ich als Mitarbeiter geschätzt werde und der Umgang mit Kollegen respektvoll ist. Wünschenswert, aber kein Muss, wäre, wenn auf ehrlicher freundschaftlicher Ebene miteinander umgegangen wird und kein starker Konkurrenzkampf gelebt wird.

Wichtig ist für mich auch ein angemessenes Gehalt für meine Leistung. Das Gehalt muss nicht stark über dem Durchschnitt liegen, aber ich finde, es sollte honoriert werden, wenn man viel Zeit und Energie in seine Ausbildung investiert und auch im Unternehmen bereit ist, Leistung zu erbringen.

Flexible Arbeitszeiten sind für mich enorm wichtig, um später eine gute Vereinbarkeit von Beruf und Familie zu gewährleisten. Ich denke, dass ich nicht in einem Unternehmen arbeiten würde, welches feste Arbeitszeiten hat. Unternehmen, die familienfreundlich ausgerichtet sind und beispielsweise Betriebskindergärten/Kitas anbieten, werden aufgrund meines Kinderwunsches besonders in meinen Fokus fallen.

Wichtig ist es mir auch, in einem Unternehmen zu arbeiten, dass ein Produkt oder eine Dienstleistung anbietet, die ich sinnvoll und wichtig finde. Ansonsten hätte ich Probleme, mich mit meiner Arbeit zu identifizieren.

Auch wenn in den Unternehmen zurzeit noch alle Generationen zu finden sind, bekommen die Karrierevorstellungen und entsprechenden Anforderungen der Generationen Y und Z aufgrund des demografischen Wandels und dem damit einhergehenden Fachkräftemangel ein stetig wachsendes Gewicht.

Neben den genannten Anforderungen wird die zukünftige Aufgabe von Unternehmen sein, entsprechende Rahmenbedingungen und Voraussetzungen zu schaffen, um diese neuen Formen der Arbeit möglich zu machen. Hierzu gehören zum einen, die Organisation so zu gestalten, dass sie eine durchlässige und flexible Struktur hat sowie, dass den Beschäftigten Handlungsspielräume, Entscheidungsbefugnisse und Verantwortlichkeiten gewährt werden.

Flexibilisierung und insbesondere Individualisierung müssen sich durch alle Bereiche durchziehen, seien es die Arbeitsbeziehungen, die Arbeitszeiten, der Arbeitsort, aber auch die Arbeitsprozesse und -inhalte.

Es muss der Raum für die individuelle Kompetenzentwicklung im Sinne lebenslangen Lernens ermöglicht werden, d.h., eine Lernkultur geschaffen werden, die inner- und außerbetriebliche, also auch organisationsübergreifend und global vernetzte, Lernaktivitäten ermöglicht.

Personalentwicklung muss als gemeinsame Aufgabe von Unternehmen und Beschäftigten verstanden werden und die individuellen Präferenzen, Interessen, aber auch die Lebensphasen stärker berücksichtigen.

Und nicht zuletzt muss Karriere offener, durchlässiger und flexibler gestaltet werden, einerseits in Bezug auf Fach-, Führungs- und Projektkarrieren, andererseits in Bezug auf Teilzeitbeschäftigung, Freiberuflichkeit und Hybrid-Karrieren. Angesichts der Verlängerung der Lebensarbeitszeit muss sich zudem der Zeitraum, in dem Karriere möglich ist, von zurzeit 15 bis 20 Jahren auf 40 bis 45 Jahre verlängern und somit Karriere auch noch jenseits der 50 ermöglichen.

Eine besondere, weiterhin wichtige Rolle werden zukünftig Führungskräfte spielen – entgegen landläufiger Sorge. Ihre Aufgaben werden sich jedoch stark verändern, einerseits immer komplexer und anspruchsvoller werden, gleichzeitig werden sich Aspekte wie Status, Privilegien u. Ä. verringern.

Den Führungskräften kommt aber vor allen Dingen eine wichtige Rolle im Hinblick auf das Thema Employability (Beschäftigungsfähigkeit) zu. Es wird ihre Aufgabe sein, die Employability ihrer Mitarbeiter*innen zu fördern und zu entwickeln, aber dies auch selbst vorzuleben.

Um Interesse für diese wichtige Rolle zu wecken, müssen sich die Bedingungen von Führung verändern, damit sie auch für junge Führungskräfte attraktiv sind. Auch hier finden wir u. a. wieder die Notwendigkeit, flexible Arbeitszeiten und -orte zu ermöglichen und nicht länger an althergebrachten Attributen, wie der Präsenzkultur, festzuhalten.

Was das für Unternehmen bedeutet, formuliert *Marc Wagner*:

Im Interview: Marc Wagner

Gesa Weinand: Wenn Sie an das Thema Karriere denken, was glauben Sie, wie wird Karriere zukünftig aussehen? Welche Anforderungen wird es geben?

Marc Wagner: Ich glaube, Karriere wird viel individueller werden: Man will das, was optimal auf einen passt. Und deswegen gibt es darauf auch nicht die eine Antwort. Für Unternehmen bedeutet das eher, den optimalen Place to Grow bereitzustellen, und zwar in unterschiedlicher Hinsicht. Das kann fachlich heißen, Themen wirklich bis zur Perfektion zu lernen, wie ein Musiker, der mit Passion immer dasselbe wiederholt, um es wirklich zu perfektionieren. So manchen betrieblichen Strukturen würde es guttun, wieder einmal ein bisschen mehr Ansprüche zu haben. Das ist etwas ganz anderes als der Wunsch nach immer wieder neuen Impulsen und Eindrücken, um zufrieden zu sein.

Und ich glaube, das alles muss sich für unterschiedliche Typen in Karriere abbilden, aber das haben wir im Moment noch nicht. Man sucht und fördert primär eher die egozentrischen, machtbezogenen, teilweise auch psychopathisch angelegten Persönlichkeiten. Die analytisch ausgeprägten Leute, die Themen etwas länger reflektieren, eine soziale Ader haben oder eine Fachlichkeit extrem gut können, sehen wir eher in Amerika.

Ich glaube, diesen individuellen Karrierebegriff zu prägen, ist eine extrem wichtige Aufgabe, aber dazu braucht es ein System, das nicht nur ein relativ starres Karriereverständnis abbildet, wie wir es im Moment haben. Wir probieren das gerade bei uns aus: In unserem Bereich sind etwa 150 Leute. Dort haben wir einen Practice Council etabliert. Das ist quasi das Führungs-Team, welches sich paritätisch aus zwei Kolleginnen und zwei Kollegen zusammensetzt, die unterschiedliche Karrierestufen besitzen. Jeweils abwechselnd wird ein Mitglied des Practice Councils rotieren, d. h., das Council wird laufend neu besetzt – das bringt neue Perspektiven und sorgt für ein ganzheitliches Bild. Wir richten uns in unserer Practice an Objective and Key Results aus, deren Niveau schon fast visionär ambitioniert formuliert ist, sodass man es nur extrem schwer erreichen kann, mit dem sich allerdings unsere Mitarbeiter identifizieren können ... Wir werden solche Strukturen brauchen, um überhaupt noch diesen Place to Grow bieten zu können.

3.3   Veränderung der Berufsbilder

Abb. 9: Berufsbilder im Wandel (Quelle: Gesa Weinand)

Aufgrund der zunehmenden Digitalisierung von sämtlichen Arbeitsbereichen wird davon ausgegangen, dass sich die Berufsbilder in den nächsten Jahren sehr stark verändern werden. So werden all jene Arbeiten, die nach immer gleichen Mustern, also Routine, ablaufen oder nach festgelegten Regeln, wie z. B. in der Buchhaltung, in der Bearbeitung von Steuerunterlagen u. Ä., nach und nach durch digitale Prozesse ersetzt. Aber nicht nur eine Vielzahl der klassischen Büroberufe wird wegfallen, auch Facharbeitertätigkeiten, die mit körperlich schweren Hebe- und Trageaufgaben versehen sind, werden zunehmend durch Roboter ersetzt.

Weiterhin nachgefragt werden jene Berufe sein, die zum einen interaktive und kognitiv anspruchsvolle Aufgabenstellungen beinhalten, also kreative Tätigkeiten, wie Design und Marketing oder analytische Tätigkeiten, die komplexe Entscheidungen erfordern. Aber auch Berufe, in denen ein hoher Anteil an zwischenmenschlicher Interaktion, wie im Gesundheits- und Sozialbereich, vonnöten ist, werden bestehen bleiben.

Einfache Tätigkeiten, wie z. B. das Friseurhandwerk oder die Haushaltshilfe, werden vielleicht durch Maschinen erleichtert. Da hier die Einsparung durch Maschinen jedoch zu gering ist, werden diese Tätigkeiten weiter fortbestehen.

Eine Studie der renommierten University of Oxford (https://www.oxfordmartin.ox.ac.uk/downloads/academic/The_Future_of_Employment.pdf) stellt sogar die Behauptung auf, dass in den nächsten 25 Jahren 47 % der

Jobs verschwinden werden — zumindest in den weitentwickelten Ländern dieser Erde.

Prof. Dr. Carl Benedikt Frey, Leiter des weltweit führenden Programms für Technologie und Beschäftigung an der Oxford Martin School der Oxford University, sagt dazu:

>*»Die Umstellung auf Computer hat bis jetzt nur manuelle und kognitive Routine-Aufgaben betroffen, die gewissen Regeln folgen. In Zukunft werden jedoch auch weniger Menschen in Bereichen eingestellt, die über routinemäßig ausgeführte Arbeiten hinausgehen.*
>
>*Die autonomen, fahrerlosen Autos, die Google entwickelt, sind ein Beispiel dafür, wie manuelle, nicht-routinierbare Aufgaben in Transport und Logistik bald automatisiert werden könnten.*
>
>*Nach unseren Schätzungen sind ca. 47 Prozent aller Jobs in den USA in den nächsten Jahrzehnten gefährdet. Das heißt, dass diese Jobs automatisierbar sind. Automatisierbare Jobs umfassen alle Bereiche der Industrie, von Näherinnen über Versicherungsmakler oder Buchhalter bis hin zu Maklern.«*
>Prof. Dr. Carl Benedikt Frey
>
>*https://www.businessinsider.de/oxford-prof-frey-im-interview-verlieren-wir-den-kampf-gegen-die-maschinen-herr-roboter-experte-2016-3*

Da stellt sich natürlich die Frage, in welchen Bereichen Menschen noch konkurrenzfähig sind?

Hierzu noch einmal *Prof. Frey*:

>*»Da gibt es drei Kernbereiche. Nummer eins ist Kreativität. Je kreativer man in einem Job sein muss, desto geringer ist die Wahrscheinlichkeit, dass dieser von Computern erledigt werden kann. Ein Modedesigner beispielsweise wird seinen Job nicht so schnell verlieren wie ein Justizangestellter.*
>
>*Nummer zwei sind Aufgaben, die soziale Intelligenz erfordern. Also alle Jobs, in denen man überzeugen, pflegen oder verhandeln muss. Die Erkennung von menschlichen Emotionen in Echtzeit ist für Roboter immer noch eine große Herausforderung. Die Fähigkeit, intelligent darauf zu reagieren, ist sogar noch schwieriger zu erlernen. Das heißt, dass ein PR-Manager seinen Job eher behalten wird als ein Tellerwäscher in einem Restaurant.*

Der dritte Kernbereich beinhaltet Wahrnehmung und Manipulation.
Roboter hinken den Menschen noch weit hinterher, wenn es um die Tiefe und
Bandbreite der Wahrnehmungen geht. Aufgaben, die in einer unstrukturierten
Arbeitsumgebung stattfinden, werden wahrscheinlich nicht so einfach durch
einen Computer ersetzt werden können. Während also ein Chirurg immer einen
Job haben wird, kann ein Telefonverkäufer einfach ersetzt werden.«
Ebenda

Mit diesen anstehenden Veränderungen sollten sich all jene Menschen auseinandersetzen, die vor der Entscheidung für eine Berufsausbildung oder eine Weiterbildung
stehen, sich z. B. also eher gegen eine Laufbahn als Steuerfachangestellte und für
einen pflegenden Beruf entscheiden. Wir werden im nächsten Abschnitt noch sehen,
welche Kompetenzen zukünftig gefragt sein werden und welchen Anforderungen sich
Beschäftigte und Führungskräfte zukünftig gegenübersehen.

3.4   Welche Eigenschaften/Kompetenzen sind in Zukunft gefragt?

Kompetenzen sind gemäß der Definition des Bundesinstituts für Berufsbildung (BiBB)
die Verbindung von Wissen und Können in der Bewältigung von Handlungsanforde-
rungen. *»Kompetent sind die Personen, die auf der Grundlage von Wissen, Fähigkeiten
und Fertigkeiten aktuell gefordertes Handeln neu generieren können. Insbesondere die
Bewältigung von Anforderungen und Situationen, die im besonderen Maße ein nicht
standardmäßiges Handeln und Problemlösen erfordern, wird mit dem Kompetenzkon-
zept hervorgehoben.«* https://www.bibb.de/de/8570.php

Wenn man sich die Anforderungen und Vorstellungen hinsichtlich der gewünschten
Kompetenzen und Fähigkeiten der Arbeitnehmer*innen in der Zukunft anschaut, entsteht leicht der Eindruck, es ginge um den perfekten Menschen.

Vielleicht ist auch in der einen oder anderen Unternehmensführung oder Personalabteilung tatsächlich der Wunsch vorhanden, die zukünftigen Beschäftigten mögen
alle diese Kompetenzen mitbringen. Stattdessen wird es jedoch vielmehr darum gehen, ein gewisses Mindset, eine bestimmte Haltung zu haben, die sich vor allen Dingen
durch die große Bereitschaft auszeichnet, diejenigen Fähigkeiten, die ich selbst nicht
mitbringe, zu erwerben.

Hierzu die Erfahrungen von Haufe-umantis:

Im Interview: Marc Stoffel

Gesa Weinand: Was würden Sie denn jungen Menschen raten, wie sie sich auf diese Zukunft vorbereiten können, sowohl hinsichtlich der Berufswahl als auch der benötigten Kompetenzen?

Marc Stoffel: Im Unternehmen beobachten wir oft, dass die Leute sich nicht selbst organisieren können. Das kommt wahrscheinlich auch in der jetzigen Ausbildung zu kurz. Das heißt einerseits viel Persönlichkeitskompetenz.

Die sogenannten Soft Skills sind total entscheidend, weil agile Methoden oder wie man Scrum macht, das ist einfach. Im Zweifel gibt es 100.000 Methoden, das hat jeder in einer Woche trainiert, aber wie man das zum Fliegen bringt, hängt ganz entscheidend davon ab, ob man in der Lage ist, Konflikte aufzulösen, Absprachen zu treffen, Aussprachen herbeizuführen. Das können wir irgendwie alle nicht. Kann sein, dass Frauen darin vielleicht besser als Männer sind.

Auf jeden Fall braucht es sehr viel Persönlichkeitsentwicklung und Kompetenzen. Das kann man auch üben, indem man z. B. im Studium oder in der Freizeit versucht, gerade auch schwierige Themen in selbstorganisierten Gruppen proaktiv anzugehen, um zu lernen, wie man damit umgeht. Ich glaube, das wäre das Allerwichtigste, denn wir brauchen dringend Leute, die so was können.

Und das andere ist unternehmerische Kompetenz. Verantwortung zu übernehmen, hat auch sehr viel mit dem Willen zu tun, Unternehmer zu sein im Unternehmen. Also entscheiden unter Unsicherheit. Einfach diesen Gestaltungswillen zu haben und dann zu gucken, ob es funktioniert oder nicht. Diese unternehmerische Kompetenz braucht man auch.

Die zukünftigen Kompetenzanforderungen lassen sich vier verschiedenen Bereichen zuordnen. Da sind zum einen die persönlichen oder auch sozialen Kompetenzen, die sich noch einmal aufteilen in interpersonelle, also zwischenmenschliche Beziehungen und intrapersonelle, also innerhalb der eigenen Person wirkende. Des Weiteren braucht es nach wie vor fachliche und methodische Kompetenzen.

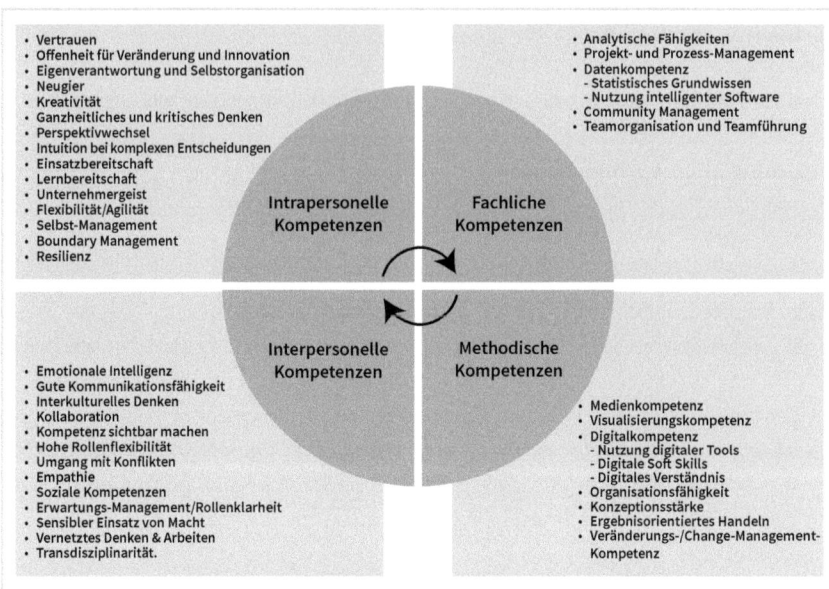

Abb. 10: Kompetenzanforderungen der Unternehmen an die Bewerber*innen (Quelle: Gesa Weinand)

Aber nicht ohne Grund begann die Aufzählung mit den persönlichen Kompetenzen, die eine erheblich größere Bedeutung für die zukünftige Arbeitswelt und auch die individuelle Karriereentwicklung haben werden als bisher.

3.4.1   Intrapersonelle Kompetenzen

Was sind intrapersonelle Kompetenzen? Zumeist handelt es sich um schon vorhandene Eigenschaften, wie Vertrauen, Neugier und Kreativität. Aber selbst wenn diese fehlen, lassen sie sich unter entsprechenden Rahmenbedingungen entwickeln. Gleiches gilt für die Offenheit für Veränderungen und Innovationen und die Bereitschaft, unterschiedliche Perspektiven mit einzubeziehen.

Um sich aus ihrer Komfortzone herauszubewegen, brauchen Menschen ein gewisses Maß an Sicherheit und sei es nur die Gewissheit, dass mögliche Fehler oder (Fehl-)Entscheidungen nicht sanktioniert werden. Wenn also das Umfeld Rahmenbedingungen für Offenheit, für Neugier und Ausprobieren schafft, lassen sich auch diese Fähigkeiten (weiter-)entwickeln.

Es braucht aber auch die Bereitschaft, sich selbst einzubringen, Einsatz zu zeigen bzw. sich einzusetzen, also Verantwortung zu übernehmen für sich selbst und die eigenen Aufgaben.

Zukünftig wird zudem ein hohes Maß an Selbstorganisation und Selbst-Management gefordert sein, da die Grenzen zwischen beruflichen und privaten Lebensbereichen zunehmend verschwimmen und das sogenannte Boundary Management, also Gestaltung der Grenzziehung zum Schutze der eigenen Ressourcen und Freiräume, bei jedem Menschen selbst liegt.

Der Umgang mit Komplexität und auch einem gewissen Maß an Ungewissheit, Unsicherheit und Unberechenbarkeit braucht ganzheitliches und kritisches Denken, den Mut, komplexe Entscheidungen auch intuitiv zu treffen und bewusst unternehmerische Risiken einzugehen.

Zudem braucht es die Bereitschaft, Dinge schnell wieder loszulassen, sich also flexibel und beweglich (agil) auf die sich verändernden Umweltbedingungen einzustellen.

Nicht zuletzt die Übernahme an Verantwortung für die eigene Gesundheit, die eigene Stabilität durch entsprechende Stärkung der eigenen Resilienz, wird zukünftig von größter Wichtigkeit sein.

3.4.2   Interpersonelle Kompetenzen

Zukünftig wird vernetztes Arbeiten, d. h. das Arbeiten in Teams, virtuell oder am gleichen Ort, innerhalb eines Unternehmens oder über Unternehmensgrenzen weg, in unterschiedlichen Rollen als Experten, Projektleitung, Kunden oder Freelancerin, immer mehr zur Regel werden. Um diese zwischenmenschlichen Beziehungen produktiv zu gestalten, braucht es ein spezifisches Kompetenzset.

Auf der menschlichen Ebene braucht es Empathie und emotionale Intelligenz. Das heißt, ein konstruktiver Umgang mit den eigenen Emotionen und denen der anderen sowie die Fähigkeit, soziale Interaktionen und Zusammenarbeit zu gestalten.

Hierzu zählen auch:
- wertschätzende, konstruktive Kommunikation
- aufmerksamer Umgang mit unterschiedlichen kulturellen Hintergründen
- Wahrnehmung potenzieller Konflikte als gemeinsame Chance zur Weiterentwicklung.

Ausgehend davon, dass sich Rollen verändern und somit jede Person auch Verantwortung für ein Team haben kann – sei es in der Projektleitung oder Führungsrolle oder tatsächlich nur in der Expertenrolle –, braucht es ein Wissen darum, wie Teams funktionieren, wie sie zu Höchstleistungen gebracht werden und auch, wie mit internen Konflikten in Teams umzugehen ist.

Es braucht eine hohe Flexibilität, um zwischen den verschiedenen Rollen zu wechseln: mal Expert*in, mal Führungskraft, mal Coach u. Ä. Und dabei die jeweilige Rolle und die damit verbundenen Erwartungen klar zu kommunizieren und zu steuern. In führenden Rollen gilt es, sensibel mit der innewohnenden Macht umzugehen und das eigene Verhalten sowie mögliche Auswirkungen des eigenen Egos kontinuierlich zu reflektieren. Und nicht zuletzt das eigene Denken und die eigenen Vorstellungen zu erweitern und über verschiedene Disziplinen hinweg zu entwickeln.

Diese Anforderung an die eigene Reflexionsfähigkeit beschreibt auch *Stephan Grabmeier*:

Im Interview: Stephan Grabmeier

Gesa Weinand: Wie können sich Beschäftigte denn am besten auf diese Veränderungen einstellen?

Stephan Grabmeier: Es braucht vor allen Dingen eine offene Haltung und ein sehr starkes Sich-selbst-infrage-stellen-Können. Ich muss ja im Prinzip alles, was ich bisher gut und wichtig fand, komplett hinterfragen dürfen können und nach etwas vielleicht Besserem suchen. Innovation ist immer die Frage, ob wir damit Geld verdienen können und wie wir es schaffen, die Company weiterzuentwickeln. Da muss sich jeder in seinem Umfeld hinterfragen, ob er dazu beiträgt. Wir haben einen kulturellen Wert bei uns, der heißt No Egos. Diese No-Ego-Mentalität müssen wir leben lernen. Dann muss ich mich immer wieder auf den Prüfstand stellen, und wenn ich es nicht schaffe, Ego-frei zu agieren, dann bin ich nicht der Richtige. Vielleicht braucht man es dann auch nicht, das kann auch sein, aber ich muss mich selber infrage stellen.

Was braucht es noch?

Die Bereitschaft zur Reflexion. Aus einer individuellen Sicht ist es eigentlich der Employability-Gedanke. Was muss ich tun, damit ich fähig bleibe, am Wirtschaftsleben teilzunehmen, damit ich Dinge verstehe, damit ich nicht abgehängt werde. Wir sehen, dass viele Menschen abgehängt werden, weil sie Dinge nicht verstehen. Jetzt kannst du immer sagen, da seid ihr einfach zu blöd. Du kannst aber auch sagen, fangt an, euch damit zu beschäftigen. Dieses Interesse, Lesen, Sprechen, Erleben, brauchen wir auch beim Lernen und in der Bildung. Die Leute reden immer im Konjunktiv, von wegen die da oben müssten mal, die Rahmenbedingungen sind schuld, die Politik, die Technik oder sonst wer. Dann sage ich immer, fangt doch selber mal mit Dingen an. Ich glaube, dass das eine ganz wichtige Bereitschaft ist. Natürlich haben Unternehmen eine Verantwortung dafür, aber jeder hat da auch eine große Selbstverantwortung.

Und was würdest Du jungen Menschen, die gerade vor der Berufswahl oder dem Berufseinstieg stehen, raten, was sie tun sollten und wie sie sich aufstellen können?

Ich glaube, du brauchst Breite. Das Wichtigste ist, dass du Dinge in den Kontext setzen kannst und viele Dinge verstehst. Und wenn du dir Expertenwissen aneignen musst, gehst du in die Tiefe. Ich denke, mit einer generalistischen Ausprägung hast du ein sehr wichtiges und gutes Fundament. Meinen Kids werde ich immer raten, dort hinzugehen, wo sie auch breite Erfahrungen bekommen. Die Konzernwelt bietet dir sehr viel, natürlich auch eine Beratung, wo du mal einige Jahre für viele verschiedene Unternehmen in Projekten arbeiten kannst und dadurch schnell lernst. Wo die Leidenschaft hinfällt, weiß ich nicht. Wenn mein Sohn oder meine Tochter sagen würde, dass er oder sie Schreiner/in werden will, dann soll er das werden mit bestem Wissen. Aber vor allen Dingen mit aller Leidenschaft. Wenn ich meinen Kids etwas empfehlen würde, dann in der Ausbildung oder im Studium breit anzusetzen und mit dem Flow zu gehen, geht mit Eurer Leidenschaft, geht mit dem, wo Ihr wirken und die Welt verändern könnt, mit dem, was Euch Spaß macht. Um es mit den Worten von Fritjof Bergman, dem geistigen Vater von New Work zu sagen, den ich Ende der 90er Jahre erstmals kennenlernen durfte: »Finde heraus was Du wirklich, wirklich willst.«

3.4.3 Fachliche Kompetenzen

Früher waren mit den fachlichen Kompetenzen vor allem die ausbildungsbezogenen Fähigkeiten und Qualifikationen gemeint. Diese werden zukünftig zwar nicht unwichtig, aber in ihrer Bedeutung geringer werden, vielmehr werden die sogenannten überfachlichen Kompetenzen an Bedeutung zunehmen. Hierzu gehören z. B. analytische Fähigkeiten, also Fähigkeiten, die häufig im Rahmen eines Studiums erworben werden. Gleichfalls bedarf es aber auch praktischer Fähigkeiten, wie Projekt-Management, da mit diesen Fähigkeiten flexibel und agil auf Anforderungen und Veränderungen reagiert werden kann.

Zudem wird von allen Beschäftigten auch ein gewisses Maß an betriebswirtschaftlichem Grundverständnis und einem Verständnis von (digitaler) Prozessgestaltung erwartet, da die Verantwortung für diese Aufgaben zukünftig immer stärker auf jede einzelne Person im Unternehmen verlagert wird.

Da in Zukunft der Umgang mit Zahlen und Daten sich durch sämtliche Aufgabenbereiche von Unternehmen zieht, braucht es auch hier ein Grundverständnis von statistischen Zusammenhängen und dem Nutzen entsprechender Auswertung-Tools bzw. Software.

Der Umgang mit Wissen wird sich verändern. Es wird zunehmend eine Ressource sein, die in Netzwerken entsteht bzw. geteilt wird. Um diese Netzwerke aufzubauen und zu steuern, braucht es die Kompetenz des Community Managements.

3.4.4   Methodische Kompetenzen

Auch bei den methodischen Kompetenzen geht es nicht nur allein um das Wissen, um das Besitzen der Fähigkeiten, sondern um die aktive Nutzung, die tatsächliche Anwendung und situative Umsetzung.

So geht es beispielsweise bei der Medienkompetenz nicht nur darum, die verschiedenen Medien zu kennen oder sie beispielsweise, wie bei E-Mails, regelmäßig zu nutzen, sondern sie im Sinne der eigenen Ziele und Aufgaben hilfreich zu verwenden. Und auch entscheiden zu können, welches Medium für welche Aufgaben- oder Zielstellung das hilfreichste sein wird. Dafür braucht es eine gewisse Virtuosität im Umgang mit diesen verschiedenen Medien, um z. B. komplexe Sachverhalte einfach und nachvollziehbar visualisieren zu können und dafür die entsprechenden Tools zu beherrschen. Und nicht zuletzt, welche Art von Grenzen gezogen werden sollten, um einen Informations-Overflow zu vermeiden.

Die aktuell in vielen Beiträgen beschriebene digitale Kompetenz meint vor allem, Inhalte und Anwendungen digitaler Medien sowie des Internets zu kennen, zu verstehen und anzuwenden. Diese beinhaltet aber auch die Beurteilungsfähigkeit, welche digitalen Tools für welche Aufgabenstellung sinnvoll sind. Und wie Menschen mit unterschiedlichem digitalen Verständnis in der gemeinsamen Aufgabenbewältigung eingebunden werden können bzw. wie über die digitalen Medien die Zusammenarbeit konstruktiv und zielführend abgebildet werden kann.

Der Gefahr für Beschäftigte, durch schöne oder innovative Produkte oder Features das Ziel aus den Augen zu verlieren, kann durch eine stärkere Orientierung des eigenen Handelns an konkreten, messbaren Ergebnissen begegnet werden.

Zu den methodischen Kompetenzanforderungen für Arbeitnehmer*innen gehört nach wie vor die Fähigkeit, neue Aufgabenstellungen konzeptionell zu entwickeln und ihre Umsetzung zu organisieren. Es gehört ebenfalls die Fähigkeit dazu, mit den kontinuierlichen Veränderungen umzugehen, sie mit einzuplanen und andere Menschen mit in die Veränderung zu nehmen, also grundsätzliches Wissen über Menschen in Veränderungsprozessen.

Welche Art von Kompetenzset zukünftig benötigt wird, beschreibt die Expertin *Melanie Vogel*:

Im Interview: Melanie Vogel

Gesa Weinand: Welche Eigenschaften und Kompetenzen brauchen denn die Beschäftigten, um sich für die Zukunft gut vorzubereiten?

Melanie Vogel: Klassischerweise natürlich Veränderungskompetenz. Darüber hinaus brauchen die Menschen aber auch die Fähigkeit, Veränderungen selbstbestimmt gestalten zu können. Und das fehlt den meisten, weil sie nie gelernt haben, mit beruflichen Veränderungen oder radikalen Trends umzugehen. Deswegen müssen die Menschen lernen, von alten Illusionen loszulassen. Und das ist das Schwierigste, was man von Menschen verlangen kann, weil das bedeutet, dass sie in der Lage sein müssen, ihre Wertehaltung und ihre berufliche Identität zu hinterfragen und zu erkennen, wenn die eigenen Kompetenzen für die neue Arbeitswelt unter Umständen nicht mehr ausreichend sind.

Die Beschäftigten brauchen die Bereitschaft, zu lernen, neugierig zu sein, Fragen zu stellen. Sie brauchen aber auch die Bereitschaft, kritisch zu sein und eine klare eigene Haltung einzunehmen. Doch diese Bereitschaft, sich auf das Neue einzulassen, lernen wir heute nirgendwo. Schule, Ausbildung und Studium bereiten uns auf diese Form von Agilität nicht vor und die Arbeitgeber letztendlich auch nicht. Wir brauchen heute Menschen, die kompetent sind, und diese Kompetenz ist heute anders als im Industriezeitalter. Damals war es gewollt und gut, effektiv zu sein, den Kopf abzuschalten und Routinen abzuarbeiten. Heute aber werden Routinen automatisiert und digitalisiert, d. h., ich brauche heute Menschen, die ein größeres Kompetenzset haben als das, was uns in der Bildung vermittelt wird. Und hier wird es unmenschlich, weil wir so viel von jedem Einzelnen erwarten, ohne dass die Bildungsgesellschaft sich an diese Herausforderung anpasst. Auf diese Art und Weise erzeugen wir eine große Menge an Menschen, die sich als Opfer und Verlierer fühlen. Sie bräuchten eigentlich mehr Klarheit, haben aber selber oft auch keine Idee, wie sie sich Orientierung verschaffen können. Das kann man niemandem zum Vorwurf machen. Es kommt heute stärker denn je darauf an, mit welchem Kompetenzset und mit welcher Persönlichkeit man geboren wurde und vor allem, mit welcher Bereitschaft man sich immer wieder neue Dinge aneignet.

Eine Brücke für diesen Übergang vom alten ins neue Kompetenzset zu bauen, das ist Aufgabe eines jeden Einzelnen, aber auch Aufgabe der Unternehmen. Hier sind Unternehmen viel stärker als bisher aufgerufen, sich zu engagieren, denn Unternehmen können nur funktionieren, wenn die Belegschaften funktionieren. Menschen, die Probleme mit dieser jetzigen Veränderungsdynamik haben, sind deswegen keine schlechten Mitarbeiter, denn deren Wissen und Erfahrungen sind ja trotzdem wichtig und wertvoll. Sie sind lediglich Mitarbeiter, deren Kompetenz-set genau jetzt – mit Unterstützung durch den Arbeitgeber – anwachsen muss.

Was glaubst Du, was Beschäftigte tun können, um sich gut auf das vorzuberei-ten, was sich jetzt überall verändert bzw. sich verändern wird?

Aus meiner Sicht ist das Entscheidende tatsächlich Neugier. Wenn wir neugierig sind auf das, was kommt, fangen wir an, uns zu informieren. Wir brauchen heute die Bereitschaft, uns in neue Dinge einzuarbeiten. Wenn wir das aus der Neugier heraus tun, wird die Feststellung, dass uns ggf. Kompetenzen fehlen, nicht mehr so schmerzhaft ausfallen, denn unser Gehirn ist durch die Neugier schon im Lern-modus.

Wenn wir neugierig sind, werden wir auch viel leichter neue Rollen suchen und ausfüllen können und uns von alten Funktionen verabschieden. Wenn wir das pro-aktiv tun, fallen wir auf im Unternehmen, weil wir damit automatisch zu den Veränderungstreibern gehören. Und wer zu den Veränderungstreibern gehört, ist weniger leicht ersetzbar. Diese Personen werden im Regelfall im Unternehmen gehalten und oftmals gelingt sogar ein Karriereschritt in Veränderungsphasen. Wichtig ist auch, dass sich Menschen sichtbar machen, sich in Projekten bewei-sen und sich im Unternehmen vernetzen. Es ist ganz wichtig, sich aktiv am Unter-nehmensgeschehen zu beteiligen, sich zu informieren und sich immer die Frage zu stellen: Was bedeutet das für mich? Was ist meine Rolle? Was muss ich tun, um diese Veränderung mitmachen zu können? Was macht mich daran neugierig? Wo ist mein Handlungsspielraum, und habe ich den schon ausgereizt?

Also mutig sein, nicht warten, dass einem Dinge angeboten werden, sondern sich anbieten und präsent sein. Darin sind Männer oft viel besser als Frauen. Frauen ziehen sich eher zurück und halten sich im Hintergrund. Doch das ist genau jetzt nicht der richtige Zeitpunkt. Die heutige Zeit ist in vielen Bereichen eine brutale Zeit, weil sehr oft die Menschen ihre Jobs verlieren, die zu wenig präsent sind, die sich nicht pro-aktiv anbieten oder die in Routinetätigkeiten verharren und sich nicht weiterentwickeln. Daher zählt genau jetzt, ganz bewusst sichtbar zu sein, sich anzubieten und pro-aktiv mitzugestalten.

Was können Frauen zusätzlich tun, wo gibt es auch Unterschiede darin, wie sich Männer und Frauen darauf einstellen sollten?

Viele Frauen hadern nach der Familienzeit mit ihrem Lebenslauf und fühlen sich abgehängt. Doch das ist aus meiner Sicht die falsche Grundhaltung. Genau jetzt sollten Frauen anfangen, ihre Rollen mit ins Unternehmen zu bringen. Gerade durch die Erziehungs- oder auch Pflegezeit haben sie ein so großes Kompetenz-set und eine solche Rollenvariabilität, die sie doch pro-aktiv nutzen können. Ge-nau das ist doch ein Konkurrenzvorteil.

In der neuen Arbeitswelt sind Frauen aus meiner Sicht viel karrierekompetenter, weil sie viel häufiger als Männer schon Karrierebrüche erlebt haben und oft sogar schon ganz aktiv Hybrid-Karrieren umsetzen. Männer leben eher noch in den hierarchischen Funktionskarrieren. Sie tun sich in vielen Fällen mit der Umstellung schwerer. Frauen sind eigentlich perfekt vorbereitet für diese flexible Arbeitswelt.

Die weiblichen Karrierebrüche werden immer als Nachteil gewertet, aber ich sehe sie als Vorteil, denn sie sind ein perfektes Beispiel für eine »natürliche Reorganisation« von Karrieren, die sich an veränderte Umweltbedingungen anpassen. Frauen wären auch ein Vorbild für die Männer, die doch endlich einmal anfangen könnten, ihre Kolleginnen zu fragen, wie sie das mit dieser Rollenflexibilität und Rollenvariabilität hinkriegen. Und wenn man an dem Punkt anfangen würde, miteinander zu kommunizieren, was brächte das für eine kreative und kooperative Dynamik in die Unternehmen?

Aber das bedeutet eben auch, dass Frauen aufhören müssen, zu jammern, sondern anfangen, zu tun – und zu sein. Die Möglichkeiten sind riesengroß, die Chancen sind da, wir müssen einfach nur machen und zupacken. Frauen können besser denn je ihr Schicksal selbst in die Hand nehmen – die heutige Zeit ist in dem Punkt wirklich perfekt.

Und gibt es noch etwas, was ich Dich hätte fragen sollen?

Zum Thema Karriere? Na ja, vielleicht muss man Karriere tatsächlich so ein bisschen betrachten wie eine Malpalette mit ganz vielen unterschiedlichen Farben, die für die eigenen Kompetenzen stehen. Und damit die Farben nicht eintrocknen, muss man sie immer wieder bewässern, also die Kompetenzen pflegen. Und ich muss immer wieder gucken, wie kann ich die Farben neu mischen? Denn es gibt immer wieder neue Farbvarianten, neue Design-Komponenten, die ich einbringen kann. Wenn man Karriere unter diesem Punkt betrachtet, dann fängt es an, wirklich Spaß zu machen. Wir können die Farben mischen, die heutige Zeit ermöglicht uns das. Wir sollten die Chance nutzen, ein größeres Fenster kriegen wir nicht mehr.

Ein weiterer Kompetenzbereich bezieht sich auf die eigene Employability, die Beschäftigungsfähigkeit. Damit ist das Bündel an Fähigkeiten gemeint, dass Beschäftigte benötigen, um ihre berufliche Entwicklung gut zu gestalten. Wesentliche Aspekte dabei sind die Entwicklung des eigenen Potenzials bei gleichzeitiger Anpassungsfähigkeit an die Veränderungen im Unternehmen bzw. in der Arbeitswelt.

Laut *Martina Nohl* (Laufbahnberatung 4.0) gehören zu dem Bündel an Employability-Kompetenzen:

*   Engagement, Initiative, Proaktivität, Begeisterungsvermögen, aktive Laufbahnplanung

- Eigenverantwortung, eigenunternehmerisches Denken, Durchsetzungsvermögen, Entscheidungskompetenz
- Selbst-Management-Kompetenzen, Selbstdisziplin, Ausdauer
- Lernfähigkeit, Veränderungsbereitschaft, Fähigkeit zur Selbstreflexion, Offenheit
- Der Blick für das Notwendige, Anpassungsfähigkeit, Empathie, Integration
- Belastbarkeit, Konfliktfähigkeit, Frustrationstoleranz
- Work-in-Life-Balance, Gesundheit, Erhaltung der Arbeitskraft, Stressbewältigungskompetenz.

Diese Einschätzung teilt auch *Stephan Grabmeier*:

Im Interview: Stephan Grabmeier

Gesa Weinand: Was braucht es für Eigenschaften und Kompetenzen bei Arbeitnehmer*innen im Unternehmen, um mit dieser sich so schnell verändernden Welt zurechtzukommen?

Stephan Grabmeier: Was uns bisher als Arbeitnehmer ausgezeichnet hat, ist das Expertenwissen aus Studium und Ausbildung, die angeeignete Expertise. Dazu kommt das Erfahrungswissen, also wie lange man das in bestimmten Kontexten anwendet. Wenn man sich fragt, ob man das noch so braucht, dann ist die permanente Selbstreflexion eine ganz wichtige Kompetenz. Die Lernagilität ist eine der wichtigsten Kompetenzen in der Transformation und das muss vom Individuum her kommen, ob du CEO bist oder Praktikant spielt keine Rolle. Dieses Experten- und Erfahrungswissen müssen wir für das Kerngeschäft haben, daneben brauchen wir aber auch digitale Kompetenzen, weil wir die Technologien und die Veränderungen, die sie bewirken verstehen müssen.

Dann brauchst du sowas wie Gamechanger, Musterbrecher und Organisationsrebellen, und zwar in den etablierten Unternehmen, das ist wichtig. Was gar nicht so einfach ist, weil es ja manchmal ziemlich verrückte Typen und manchmal sozial schwierige Menschen sind, die nicht immer in so einfach ein tradiertes Unternehmenskonstrukt passen.

Beim Thema Führung ist der ethische Aspekt enorm wichtig, also was macht Technologie mit Gesellschaft, was haben wir für einen Unternehmensauftrag betreffend zur Gesellschaft und Umwelt? Ich glaube, wir müssen noch viel mehr in diesen ethischen Themen denken. Zum Beispiel bei KI [Künstliche Intelligenz, Anmerkung der Autorin] muss klar sein, nach welchen Regeln Entscheidungen getroffen werden. Die Deutsche Telekom hat das sehr gut gedacht, die haben dafür einen Ethik-Kodex entwickelt.

Was braucht es dann an anderen Eigenschaften und Kompetenzen bei Führungskräften?

Es gibt für uns sieben relevante Stile, die in den Teams vereint sein müssen. Das sind die transaktionalen Fähigkeiten für das Kerngeschäft, die transformationalen, wenn es um neue und weitere Themen geht, außerdem die digitale, die ethische und die patriarchische Kompetenz. Die Stile wird nicht eine Person alleine abdecken können, aber diese Vielfalt muss sich in den Führungstypen widerspiegeln. Dafür ist gegenseitiges Verstehen wichtig und auch das Wissen um die eigenen Stärken.

3.5   Weitere Anforderungen an Führungsrollen bzw. Führungskräfte

Natürlich verändern sich auch zukünftig die Anforderungen an Führung bzw. an die Kompetenzen und Fähigkeiten von Führungskräften. Neben den obigen Kompetenzanforderungen, die für Führungskräfte gleichermaßen gelten, kommen noch einige andere Anforderungen hinzu. Mit Führung ist in diesem Kontext nicht mehr ausschließlich ein hierarchischer Status oder eine Verortung im Organigramm gemeint, sondern eine Rolle, die von jeder Person in der Organisation je nach Aufgabe und Kontext eingenommen werden kann.

Einige der Anforderungen beschreibt *Melanie Vogel*:

Im Interview: Melanie Vogel

Gesa Weinand: Die Mitarbeiter*innen mitzunehmen, ist ja die Rolle der Führungskräfte. Welche Eigenschaften und Kompetenzen brauchen denn Führungskräfte, um ihre Rolle in dieser sich verändernden Welt einzunehmen?

Melanie Vogel: Bei meinen Workshops und Seminaren für Führungskräfte merke ich oft, dass die Führungskräfte wenige Kenntnisse darüber haben, warum die Situation eigentlich so ist, wie sie ist. Also erarbeiten wir zuerst die VUKA-Welt – eine volatile, ungewisse, komplexe und mehrdeutige Welt, von der sie zwar häufig gehört haben, aber nicht wissen, was es in der Konsequenz bedeutet. Wenn sie das verstanden haben, erklären sich unglaublich viele Alltagsprobleme schon fast von selbst.
Und dann gebe ich ihnen Werkzeuge an die Hand, wie sie flexibel sein, innehalten und reflektieren können. Auch eine klare eigene Haltung zu finden oder Grenzen zu setzen, den eigenen Handlungsrahmen zu erkennen und ihn dann auszufüllen, ist für viele Führungskräfte ein echtes Thema. Ebenso die große Unsicherheit, wie sie die Mitarbeiter mitnehmen können. Das sind im Prinzip die Kernkompetenzen. Die Führungskräfte müssen lernen, im großen Rahmen zu denken. Sie haben ja häufig eine Doppelfunktion, sie sind operativ tätig und müssen gleichzeitig auch

noch führen. Wünschenswert wäre, dass die Führungskräfte nur noch für Führung zuständig sind und mit dem operativen Ballast nicht mehr in Berührung kommen. Diesen Part müssten sie ihren Mitarbeitern überlassen, die mit dem Operativen ja häufig viel besser zurechtkommen als mit dem strategischen großen Ganzen.

Das bedeutet, dass Führungskräfte immer wieder Pausen einlegen und reflektieren müssen, was das große Ganze ist. Wenn sie sich bewusst aus dem Operativen herausziehen, können sie sozusagen aus der Vogelperspektive schauen, wer eigentlich jetzt welchen Support braucht. Sie müssen lernen, die Veränderungstreiber in ihrem Team zu erkennen und auf ihre Seite zu ziehen, damit diese Person dann aus dem Team heraus die Ängstlichen mitnimmt oder als Vorbild vorangeht.

Das bedeutet aber dann auf der anderen Seite auch, dass die Führungskräfte nicht mehr über dem Team thronen, sondern viel stärker als bisher Leuchtturm und gleichzeitig Kompetenz- und Talenterkenner sind. Und sie müssen lernen, transparent zu kommunizieren und ehrlich zu sein. Sie müssen lernen, dass sie nicht mehr die alleinige Wissens- und Führungsmacht haben, sondern unter Umständen genauso Veränderungsopfer sind wie ihre Mitarbeiter. Und hier bewegen sie sich auf Augenhöhe, nicht mehr und nicht weniger.

Viele Führungskräfte bringen immer noch ein relativ großes Ego mit, das sie aber lernen müssen zu verabschieden. Und das ist unheimlich schwierig, weil Führung in der »alten« Vorstellung ja mit Macht, Prestige und Vorzügen verbunden ist, mit denen sie auch durchaus gelockt und belohnt werden. Aber diese Besonderheiten zählen halt nicht mehr so viel, und das umso weniger, wenn man ein Team virtuell führen muss. In virtuellen Teams spielen die Initialen der Macht kaum noch eine Rolle, daher lösen sie sich in vielen Fällen auf. Das kratzt am Ego, und das ist für viele Führungskräfte tatsächlich schwierig zu verkraften.

Frauen fällt das durchaus leichter, weil Frauen häufig ihre Führung nicht an ein Ego und an Machtansprüche koppeln, sondern an Kompetenz und Leistung. Und die muss ich natürlich als Führungskraft immer noch erbringen, mehr vielleicht sogar als zuvor. Deswegen wäre es auch für Unternehmen enorm wichtig, Frauen viel stärker in die Verantwortung zu nehmen. Das passiert im Augenblick viel zu wenig.

Frauen bringen eine ganz andere Veränderungskompetenz mit, egal, ob sie Kinder haben oder nicht. Frauen wachsen mit dem Bewusstsein von Veränderung auf – wir durchleben sie körperlich jeden Monat. Unser Körper weiß, was Veränderung bedeutet – und unser Geist hält mit und passt sich an. Und natürlich können wir diese grundlegende Art der Veränderung, den dynamischen Wechsel von einem Zustand zum nächsten auch in das Business übertragen. Wir wissen, dass Leben Veränderung bedeutet. Aus meiner Sicht sind Frauen an der Stelle wirklich ein ganz wichtiger und elementarer Treiber, die viel zu wenig gefordert und gefördert werden.

Und ohne hier jetzt explizit auf Führungstheorien oder -modelle eingehen zu können, gilt es zudem, Führung weiterzuentwickeln und sie den sich verändernden Bedingungen der Arbeitswelt 4.0 anzupassen.

Als Leitidee könnte hierbei die Definition von *Svenja Hofert* helfen:

> *»Agiles Führen ist eine dynamische Haltung, ein Mindset, das Veränderung*
> *als Dauerzustand begreift. Agile Führungskräfte sind beweglich,*
> *flexibel und fähig zur Transformation von Menschen, Teams und Prozessen.*
> *Sie begreifen Führung als Rolle, die definierte Aufgaben beinhaltet,*
> *anstatt als Position oder Funktion. Agile Führungskräfte handeln*
> *prozess- und zielorientiert und fördern die Selbstorganisation*
> *von Gruppen durch permanente Teamentwicklung. Ziel ist die Förderung*
> *von Selbstverantwortung und Kreativität. Agile Führungskräfte transformieren*
> *damit Menschen und Prozesse.«*
> Svenja Hofert, in: Agiler Führen

Eine konkrete Beschreibung dieses Führungsverständnisses liefert uns *Marc Stoffel*:

Im Interview: Marc Stoffel

Gesa Weinand: Vielleicht können Sie noch ein bisschen konkreter machen, was sich für die Menschen verändert, wenn sich die Organisation so stark wandelt und die Rolle der Beschäftigten sich vom Follower zum Leader verändert?

Marc Stoffel: Das ist natürlich ein extrem spannender Punkt, denn jeder will Veränderung, aber die meisten wollen sich selbst nicht verändern – oder man ist sich nicht bewusst, was eine Veränderung für einen selbst bedeutet.
Zum Beispiel machen wir bei Haufe-umantis Demokratie, weil wir ganz tief daran glauben, dass die Menschen das Unternehmen führen und erfolgreich machen und nicht die Geschäftsleitung. Da haben wir entschieden, wichtige Entscheidungen demokratisch zu treffen. Einerseits glauben wir, dadurch zu einer besseren Entscheidungsqualität zu kommen, weil viele Menschen, insbesondere auch Beteiligte, das besser wissen müssen als wenige Experten. Und andererseits folgen die Leute einer Mehrheit auch leichter, als wenn z. B. nur der CEO eine Entscheidung getroffen hat. Da haben wir sowohl viele positive Erfahrungen gemacht, aber auch sehr viele Hürden erlebt, die wir noch nicht ganz überwunden haben.
Zum Beispiel haben wir vor einigen Jahren darüber entschieden, ob wir einen Sonderbonus-Topf demokratisch verteilen wollen oder ob das gewählte Managementteam diese Entscheidung abnehmen soll. 51 % waren für demokratische Verteilung, und wir dachten, die 49 %, die verloren haben, beugen sich der Mehrheit. Wir haben also beherzt diese Option umgesetzt – und der Laden stand wo-

chenlang still. Das war ein Riesenthema und löste interessanterweise eine Debatte über das ganze System aus.

Hier geht es um Führen und Folgen, denn das ist das Prinzip der Demokratie: Es gibt ein Fenster, wo man entscheidet, und ein Fenster, wo man umsetzt. Das bedeutet natürlich für jeden einzelnen eine Persönlichkeitsentwicklung, sich selbst zurückzunehmen und zu akzeptieren, dass die Mehrheit nach bestem Wissen und Gewissen entschieden hat. Wir merken, dass das wahnsinnig schwierig ist. Ich glaube, das passiert in allen Unternehmen. Im Konzern heißt es dann, alle wollen mitreden, aber niemand geht in die Verantwortung. In einer Hierarchie ist die erste Ordnung immer die Hierarchie und es ist für den einzelnen wahnsinnig leicht, Verantwortung nach oben zu delegieren. Aber je stärker die Netzwerkstruktur wird, desto mehr gibt es diese erste Ordnung auf einmal nicht mehr in dieser Form, und der Konflikt, wer führt und wer folgt, nimmt maximal zu. Das Schlimmste ist eigentlich, wenn Leute Entscheidungen nicht folgen, das bringt jedes System zur Lähmung. Wir versuchen deshalb, permanent abzusprechen, wer in einem Thema führt und wer folgt.

Wir verstehen Führen und Folgen dynamisch und auch je nach Thema anders. Zum Beispiel arbeite ich stark an mir selbst, dass ich, obwohl ich gewählter CEO bin, natürlich in ganz vielen Fällen folgen muss. Und selbst wenn ich bei einer einzelnen Entscheidung anderer Meinung bin, sei sie besser oder schlechter, muss ich diese Meinung zurücknehmen. Ansonsten untergrabe ich die Kompetenz dieses Teams und stoppe damit die Bewegung hin zu einer Netzwerkorganisation. Und obwohl mir das intellektuell bewusst ist, laufe ich natürlich permanent in diese Probleme rein.

Wir haben im Unternehmen unglaublich viele verschiedene Ebenen, wo dieses Führen und Folgen stattfinden kann und eine einzelne Person in unterschiedlichen Kontexten unterschiedliche Rollen hat, weswegen die Komplexität stark zunimmt. Wir arbeiten in der Haufe Group z. B. seit Jahren mit einem ambidextren Betriebssystem, d. h., wir haben eine Hierarchie, es gibt einen CEO, es gibt aber auch eine Netzwerkorganisation, die teilweise mächtiger ist als die Hierarchie. Ein Linien-Manager hält das natürlich emotional schwer aus, dass er disziplinarisch in der Hierarchie übergeordnet ist, seine Mitarbeiter ihm im Netzwerk aber zu einem Thema übergeordnet sind. Das erzeugt eine Komplexität insbesondere für den einzelnen disziplinarischen Manager.

Das ist eine Schlüsselperson, die man oft unterschätzt. Es ist eigentlich Wahnsinn, was man den Leuten an Komplexität zumutet, ohne sie da entsprechend auszubilden. Also diese Dynamik nimmt zu, Führen und Folgen immer wieder neu auszuhandeln, und gleichzeitig gibt es auch noch die verschiedenen Ebenen der Projektorganisation, Linienorganisation, Netzwerkorganisation. Das ist anspruchsvoll.

Was glauben Sie denn, welche Eigenschaften und Kompetenzen Führungskräfte zukünftig brauchen, um mit dieser Komplexität, Dynamik und diesen veränderten Rollenverständnissen umzugehen?

Das Erste, was mir ganz spontan in den Sinn kommt, ist: Die brauchen eine ziemlich dicke Haut … also neudeutsch Resilienzfaktoren, weil man ganz viele Dinge aushalten muss und sie nicht managen kann. Ich glaube, das wird wirklich unterschätzt. Wir sehen das auch bei Haufe-umantis. Außenstehende glauben vielleicht, für die Wahlen von CEO, Geschäftsführern und Abteilungs- und Teamleitern gäbe es immer Hunderte von Nominationen. Aber dem ist nicht so. Wir haben oft zu wenig Leute, die sich wirklich für so eine Rolle bewerben. Es ist unglaublich anstrengend, in einem Unternehmen in eine Linienfunktion zu gehen, das hinsichtlich Kultur, Organisationsform und Geschäftsmodell maximal in der Transformation ist. Da ist es teilweise viel schöner, in eine Themenführerschaft zu gehen. Und in unserem Unternehmen bedeutet das z. B. auch, dass man vielleicht mehr verdienen kann oder mehr gestalten kann als ein Linienmanager.

Natürlich braucht es neben ganz vielen anderen Kompetenzen auch die Bereitschaft, zu gestalten, Fehler zu machen, sich zu reflektieren und zu lernen, aber ich glaube, es wird unterschätzt, wie viel Energie das auch kostet. Wir sind noch auf der Suche nach diesem perfekten Betriebssystem, wo das auch mit weniger Energie geht, denn das ist kein nachhaltiger Zustand und verheizt dann systematisch gewisse Führungsrollen.

Das ist in Konzernen nicht anders. Wenn das erste Ordnungsbetriebssystem der Hierarchie noch so mächtig ist, kommt man noch nicht in diese Phase rein, wo es wehtut. Aber wenn man dann auf einmal 20, 30 oder 40 % des Budgets in einer anderen Organisationsform hat und die spannenden Themen dort betrieben werden, wird es für die Linie unglaublich anspruchsvoll. Und ich kann da nicht sagen, die braucht's nicht mehr, denn die machen ja den heutigen Erfolg und das heutige Geschäft. Das ist das riesige Problem, einen Tanker zu bewegen, jeder hat Angst vor diesen Schmerzen und geht deshalb gar nicht rein. Aber man muss rein, sonst kommt man gar nicht heraus aus der Hierarchie. Zudem hat man häufig noch einen Shareholder, der massiv verhindert, dass man kurzfristig durch das Tal der Tränen geht, um langfristigen Erfolg zu haben. Da sind wir bei der Haufe Group als Familienunternehmen unglaublich dankbar, dass wir völlig radikal in kulturelle und Geschäftsmodell-Transformationen investieren können, ohne dass es sich zwei Quartale später auszahlt. Diese Chance hat ein aktiennotiertes Unternehmen nicht.

Dann noch zum Abschluss: Was denken Sie, welche Frage ich Ihnen eigentlich noch stellen sollte?

Ja, vielleicht die Frage, wie funktioniert das in Konzernen? Es gibt einen unglaublich guten TEDTalk von Derek Sivers, der dauert nur drei Minuten: »How to start a Movement«. Da steht einer auf einem Festival irgendwo allein auf der Wiese und tanzt wie ein Verrückter. Und alle 10.000, die danebenstehen, fragen sich, warum tanzt der Idiot jetzt? Irgendwann kommt ein Zweiter dazu und tanzt mit. Das ist dann der Spruch: »The first follower turns a lonely nut into a great leader«. Das finde ich eine spannende Erkenntnis. Wir reden immer über Leadership, aber nie über Followership. Und eigentlich können großartige Ideen nur durch die Gefolgschaft groß werden und nicht nur durch die Idee alleine. Wenn dann zwei tanzen und ein Dritter dazukommt, gucken alle zu und sagen, irgendwie muss was dran sein, und dann gibt es so einen ersten Ruck und es tanzen 30. Danach kommt ein zweiter Ruck und es tanzen 60 und dann macht's boom, das ist dann der Tipping Point und es tanzen 10.000.

Bei der Haufe Group im Unternehmen versuchen wir, den Begriff Roll-out durch Roll-in zu ersetzen, also eine virale Veränderung zu gestalten, indem man einfach mal auf die Wiese geht und tanzt und guckt, ob Leute mittanzen. Und wenn nicht, war es vielleicht nicht gut genug, dann müssen wir besser tanzen. Es kann aber auch dazu kommen, dass das System kippt, ohne dass wir es geplant haben.

Das ist für mich so ein Bild, das Mut macht, sich zu exponieren. Es gibt wenige, die im Konzern den Mut haben, so rebellisch zu sein, aber es kann dann auch irgendwann kippen. Bei der Haufe Group gab es viele solcher Fälle, wo es wirklich Führungskräfte waren mit dem Virus. Wir haben das einmal angefangen, dann hat eine Gruppe von Menschen gesagt, wir wollen das auch. Und ich bin ziemlich sicher, das überlebt uns alle, das bringen wir nicht mehr aus dem Organismus raus, weil es so stark in der DNA ist.

Was müssen Führungskräfte also zukünftig können?

1. Führung als Dienstleistung für die Mitarbeiter*innen verstehen

Führungskräfte von morgen fördern die Kompetenzen der Beschäftigten und denken darüber nach, wie diese ihre Arbeit noch besser machen können. Sie schaffen dafür die notwendigen Rahmenbedingungen, fordern ihre Mitarbeiter*innen auf, Ideen zu entwickeln und sorgen für Lob und Anerkennung.

2. Kooperation bzw. Kollaboration leben

Führungskräfte nutzen die Erfahrungen der Beschäftigten und binden sie in Entscheidungsprozesse frühzeitig ein. Sie schaffen die Voraussetzungen für Innovationen, durch gemeinsame Ideenentwicklung und Entscheidungsprozesse entlang sämtlicher Wertschöpfungsprozesse.

3. Freiheit und Freiwilligkeit fördern

Führungskräfte der Zukunft denken immer wieder darüber nach, wie die Organisation einfacher, schlanker und mit weniger Regeln gestaltet werden kann. Sie übertragen Verantwortung, schenken Vertrauen und wollen so viel Freiheit wie möglich und nur so viele Regeln, wie wirklich nötig. Sie lassen ihren Beschäftigten möglichst viel Raum, um die Ziele des Unternehmens zu verwirklichen. Dazu gehört auch die Entscheidung, wie, wo und wann Aufgaben erledigt werden.

4. Klare Ziele vereinbaren

Auch in Zukunft braucht es klare Ziele, auch wenn Führungskräfte nicht mehr Einfluss auf die Mittel und Wege zur Zielerreichung nehmen können. Sie müssen darauf vertrauen, dass das notwendige Wissen eingeholt und zielgerichtet genutzt wird und können maximal bei diesem Prozess unterstützen.

5. Teamgeist und Feedback fördern

Führungskräfte sind nicht länger die Allwissenden und Alleskönner, sie sind auf das Wissen und Können ihres Teams genauso angewiesen, wie die Teammitglieder untereinander. Ihre Aufgabe ist es, die Teamentwicklung aktiv zu gestalten und eine konstruktive Feedback-Kultur vorzuleben. Lernen findet sowohl individuell als auch im Team statt und Feedback wird zum Regelkreislauf der individuellen Weiterentwicklung.

6. Positive Fehlerkultur und Wertschätzung vorleben

Wenn die Welt immer komplexer und unberechenbarer wird und sich gleichzeitig die Anforderung an die Reaktionsgeschwindigkeit erhöht, ist die Wahrscheinlichkeit, eine falsche Entscheidung zu treffen oder unbeabsichtigt einen Fehler zu machen, sehr groß. Führungskräfte müssen den Mut belohnen, unter diesen Umständen Entscheidungen zu treffen und keinen Hehl um die eigene Fehlbarkeit machen. Unter den VUCA-Rahmenbedingungen wird es zukünftig häufig heißen: »Lieber eine Aktion, die sich im Nachhinein als falsch erweist, als gar keine« oder wie es *John C. Maxwell* ausdrückt *»Fail early, fail often, but always fail forward«* (https://www.goodreads.com/work/quotes/614412-failing-forward-turning-mistakes-into-stepping-stones-for-success). Wesentlich ist das gemeinsame Lernen aus Fehlern und damit die positive Bewertung von Fehlern als Lernchance. Neben Mut sollten auch kritisches Denken, das Hinterfragen von Dingen und das Einbringen neuer Ideen und Impulse ge(wert)schätzt werden. Und nicht zuletzt die Erfolge gefeiert und die Beiträge dazu belohnt werden.

7. Transparenz und Durchlässigkeit schaffen

Nicht nur die Zuordnung der Aufgaben und Verantwortlichkeiten der Einzelnen, auch das (Unternehmens-)Wissen sollte transparent und frei zugänglich sein. Wenn Beschäftigte selbstverantwortlich und eigeninitiativ ihre Aufgaben erfüllen sollen, sogar mitentscheiden sollen, benötigen sie freien Zugang zum Organisationswissen. Der alte Glaubenssatz »Wissen ist Macht« hat zukünftig ausgedient.

Führungskräfte haben die Verantwortung, für Transparenz und Nachvollziehbarkeit zu sorgen. Transparenz ist zudem ein Zeichen von Wertschätzung und einer wertetragenden Unternehmenskultur.

8. Individualität wahrnehmen und nutzen

Die Individualität und Vielfalt von Menschen spielt in Unternehmen eine immer größer werdende Rolle. Die Führungskräfte der Zukunft gehen auf die Individualität ein, stimmen ihre Kommunikations- und Führungsmethoden darauf ab und schaffen den Rahmen, in dem jede Person die eigenen Stärken ausleben und sich weiterentwickeln kann.

Und nicht zuletzt haben Führungskräfte die Verantwortung, gemeinsam mit den Beschäftigten die individuelle Employability zu entwickeln und sie in ihrer Karriereentwicklung zu unterstützen, auch wenn dies bedeutet, dass der nächste Karriereschritt nicht mehr im eigenen Bereich oder Unternehmen stattfindet.

Ein gutes Beispiel für eine neue Führungskultur findet sich in diesem Selbst-Interview von *Philipp Schindera*.

Selbst-Interview: Philipp Schindera, Leiter Unternehmenskommunikation, Deutsche Telekom AG – Lange Leine und kurze Wege!

Philipp Schindera, geboren 1969, ist seit November 2006 Leiter Unternehmenskommunikation der Deutschen Telekom AG. Seit Juni 2014 ist er Vizepräsident der Deutschen Public Relations Gesellschaft DPRG.
Seine berufliche Karriere bei der Deutschen Telekom startete er 1996 als Pressesprecher für Funkrufdienste bei T-Mobile Deutschland. Im Oktober 1999 übernahm er die Leitung der externen Kommunikation von T-Mobile Deutschland und im Januar 2001 die Leitung der gesamten Unternehmenskommunikation der T-Mobile Deutschland. Von Juni 2003 bis November 2006 leitete Philipp Schindera die Unternehmenskommunikation der T-Mobile International AG.

Wie funktioniert Führung in der digitalen Welt und was haben Mitarbeiterwahlen damit zu tun?

Wir haben es getan, bereits zum dritten Mal: Die Mitarbeiter der Unternehmenskommunikation haben gewählt. Mitte Dezember waren alle COM-ler aufgefordert, vier Mitarbeitervertreter in den Führungskreis, das höchste Entscheidungsgremium des Bereichs, zu wählen. Es war nicht die erste Mitarbeiterwahl in diesem Jahr: bereits im Spätsommer haben wir die Chefs vom Dienst (CvDs) gewählt. Vier an der Zahl – eine wichtige Rolle in der Abteilung! Denn die CvDs bestimmen maßgeblich, wo es langgeht: Welche Themen stehen auf dem Plan? Welche werden groß, welche klein »gefahren«? Was veröffentlichen wir über welchen Social-Media-Kanal? Gibt es ein Bild dazu? Wie sieht der Tweet aus? Sie entwickeln mit den Themenverantwortlichen Geschichten, achten auf den roten Faden und behalten den Überblick. Sie geben Feedback, moderieren und kritisieren.

Darüber, wer diese Aufgabe übernimmt, entscheidet nicht der Chef, sondern die Mitarbeiter selbst? In einer Wahl?

Genau: Insgesamt acht Mitarbeiter (sieben Männer, eine Frau) stellten sich zur Wahl. Die Mitarbeiter haben sich für vier entschieden. Es hat funktioniert, sehr gut sogar.

Wahlen? Wie kommt man denn auf so eine Schnapsidee!?

Nun, die ganze Geschichte hat einen langen Vorlauf: Seitdem ich Führungskraft bin, also seit ca. 15 Jahren, beschäftigt mich eine Frage, die alle Führungskräfte beschäftigt: Wie führe ich mein Team richtig? Es gibt etliche Bücher und Fachartikel zu dem Thema, Coaches, Mentoren, Mitarbeiter – viele geben einem Rat, aber am Ende ist Führung wie Kleidung: Jeder hat seinen persönlichen Stil und diesen muss man zunächst einmal finden. Welche Art von Chef will ich sein? Welche Werte sind mir wichtig? Was ist mir in Sachen Führung wichtig? So etwas dauert seine Zeit, erst recht, wenn man wie ich feststellt, dass man ein paar Führungsgrundsätze hat, die alles andere als dem Mainstream entsprechen.

Was meinst Du damit?

Natürlich sind bei mir ein paar Standards dabei: Respekt und wertschätzender Umgang sind für mich das A&O guter Zusammenarbeit! Ich bin mit Leidenschaft bei der Sache! Und möchte diese Leidenschaft für die Sache auf meine Mitarbeiter übertragen und ihnen die Rahmenbedingungen schaffen, dass sie mit der gleichen Leidenschaft wie ich zu Werke gehen.

Ja, wer will das nicht …! Klingt noch ziemlich mainstreamig!

Ich streite mich nicht gerne. Manche sagen, ich sei harmoniebedürftig. Bei strittigen Themen mache ich mich eher auf die Suche nach dem Kompromiss. Ich musste erst lernen, dass Streit bisweilen wichtig ist. Dennoch mag ich es bis heute nicht, mich zu streiten! Ich stehe dazu, auch wenn es mir des Öfteren den Vorwurf eingebracht hat, mir fehle die nötige Härte, Dinge durchzusetzen. In meinen Augen totaler Quatsch: Streitsüchtig heißt nicht durchsetzungsstark zu sein und umgekehrt. Ich bin auch kein Schreihals, der seine Leute anbrüllt! Auch das hat mir schon das ein oder andere Mail Kritik eingebracht: »Da musst du halt mal ne klare Ansage machen!« Klar, aber muss man dazu laut werden? Ich bin kein Diktator! Ich glaube, dass man Menschen überzeugen muss, sie miteinbeziehen muss. Der Choleriker, der nur rumbrüllt, handelt nicht nachhaltig. So was nutzt sich schnell ab: Entweder werden die Menschen darüber krank oder gleichgültig – beides ist nicht gut. Und wo steht geschrieben, dass eine klare Ansage laut sein muss: Die »klarsten« Ansagen habe ich in einem absolut ruhigen und fast schon sanften Ton bekommen …

Was hat Dich geprägt?

Beruflich in erster Linie meine bisherigen Chefs, aber auch einige Mitarbeiter, dazu später mehr. Ich hatte im Laufe meiner mittlerweile 25 Berufsjahre viele Chefs, ganz unterschiedliche Typen, aber erstaunlicherweise hatten bzw. haben sie einige entscheidende Gemeinsamkeiten, die mich und meinen Führungsstil geprägt haben:

- Sie waren bzw. sind menschlich absolut integer.
- Sie haben mir viele Freiheiten gegeben.
- Sie haben mich gefordert und gefördert.
- Sie haben mir Vertrauen geschenkt.
- Sie waren mehr Partner als Chef.
- Sie haben immer auf Augenhöhe mit mir kommuniziert.
- Sie haben mit mir ihr Wissen geteilt.
- Sie haben immer zu mir gestanden, mir den Rücken gestärkt und den ein oder anderen Fehler von mir ausgebügelt.

Was hast Du für Dich daraus abgeleitet?

Davon habe ich mir eine Menge abgeschaut. Ich bin ein Freund der langen Leine. Ich will Menschen größtmögliche Entfaltungsmöglichkeiten geben. Das heißt aber auch, dass ich die Menschen in die Pflicht nehme, ihr Arbeitsumfeld aktiv und vor allem eigenverantwortlich zu gestalten. Ich bin zutiefst davon überzeugt, dass in einer zunehmend komplexeren Welt, Eigenverantwortung die Grundvoraussetzung für erfolgreiches Arbeiten ist! Ich glaube fest an die Fähigkeit zur Selbstorganisation! Das funktioniert natürlich nur im Team und zu dem zähle ich auch mich. Ich bin ein Teamplayer! Das Team steht im Mittelpunkt! Ich stehe hinter meinem Team! Uneingeschränkt!

Das steht aber im krassen Widerspruch zu einer hierarchisch strukturierten Arbeitswelt, wo der Chef den Menschen sagt, was sie zu tun haben …

Genau und deswegen haben wir in den letzten Jahren auch an unserer Struktur gearbeitet. Wir haben vor fünf Jahren die klassisch hierarchische Organisationsform abgeschafft und arbeiten stattdessen in einer Projektorganisation. Die Menschen arbeiten nicht mehr in Abteilungen, sondern entscheiden sich für verschiedene Projekte, die sich unterschiedlich zusammensetzen. Das hatte zur Folge, dass es heute bei uns nur noch eine Führungsebene statt vorher vier gibt. Wir haben keine klassischen Führungskräfte mehr, die gleichermaßen für die Personalführung, aber auch für Budgets und Ressourcenplanung zuständig sind. Wir haben die Verantwortung für die Inhalte und die Verantwortung für Personal und Finanzen voneinander getrennt. Das gibt uns die nötige Flexibilität und Transparenz und hat dazu geführt, dass die Eifersüchteleien um Köpfe und Budgets deutlich weniger geworden sind.

Welche Rolle hat der Chef in einer Projektorganisation? Wie verstehst Du Deine Rolle?

Die Themen stehen im Vordergrund. Auch was den Chef angeht: Das fängt mit kleinen Symbolen an. Ich sitze zusammen mit meinen Mitarbeiterinnen und Mitarbeitern im Großraumbüro. Ich mache beim sogenannten Cleandesk mit: Abends räume ich den Schreibtisch und schließe meine Sachen ins Schließfach, wie jeder andere Mitarbeiter auch! Mir macht diese Art zu arbeiten großen Spaß. Ich mag die Nähe zu den Mitarbeitern, den ständigen Austausch und einfach nah am Geschehen dran zu sein. Das heißt aber auch: Ich versuche, mit einer gewissen Demut und Bescheidenheit an die Sache zu gehen: Die Firma überträgt mir viel Verantwortung für Menschen, Themen und Geld!

Man sollte sich als Chef selbst nicht zu wichtig nehmen. Man steht sowieso schon oft genug im Mittelpunkt. Ich glaube, man merkt schon: Ich fühle mich meinem Team sehr nahe. Ich habe nie verstanden, warum man gemeinhin sagt, dass man sein Team auf Distanz halten soll, um sich den nötigen Respekt zu verschaffen. Gleiches gilt für das Du bzw. Sie. Ich bin schnell beim Du, es baut Barrieren ab und schafft schnell eine gemeinsame Ebene. Ich habe dadurch nie Nachteile erlebt. Die Aussage, dass man eine nötige Distanz halten muss, um im Zweifelsfall auch mal Klartext reden zu können, ist Blödsinn. Die härtesten Wortgefechte liefere ich mir mit denen, die ich am längsten kenne und denen ich am nächsten stehe. Nur wenn ich nah dran bin, weiß ich wie das Team tickt und wie die Stimmung ist. Mein Team hat die Nähe zu mir immer sehr honoriert und es macht mehr Spaß. Respekt bekommt man als Führungskraft durch Vertrauen, das man seinem Team entgegenbringt.

Und was hat das jetzt mit Wahlen zu tun?

Irgendwann habe ich mich gefragt, warum die Menschen, denen ich so viel zutraue und denen ich viel abverlange, an einer Stelle außen vor bleiben: beim Thema »Führungskreis«. Es ist das oberste Gremium der Unternehmenskommunikation und war bis dato den Leitenden Angestellten vorbehalten, so wie das in fast allen größeren Unternehmen der Fall ist. Ein Post der Unternehmensberatung Haufe (https://mobile.twitter.com/trill_stephan/status/695865362101989376) hat mir den letzten Impuls gegeben und so haben wir im Dezember 2016 vier Mitarbeitervertreter in den Führungskreis gewählt. Viele meinten, das sei ein mutiger Schritt gewesen, doch für mich war er eigentlich nur konsequent und ich habe ehrlich gesagt gar nicht so viel drüber nachgedacht, ob das jetzt mutig ist oder nicht. Ich für mich kann nur sagen: Die ersten Erfahrungen waren sehr gut. Das Ganze hat eine sehr gute Dynamik im Team freigesetzt. Der »Wahlkampf« war klasse und die Führungskreisarbeit ist dank der gewählten Mitarbeiter eine ganz andere: Ein »keine Ahnung, was die Chefs da entscheiden«, gibt es nicht mehr. Das Ziel, ein besseres Verständnis auf beiden Seiten für die Punkte der jeweils anderen zu erreichen, hat voll funktioniert. Gerade haben wir die neuen Führungskreismitglieder fürs nächste Jahr gewählt.

Hand aufs Herz: Wo ist der Haken?

Den gibt es natürlich. Wir sind weit davon entfernt, perfekt zu sein. Ein Hauptproblem bleibt: Nicht jeder Mitarbeiter kommt gleichermaßen mit so viel Freiraum und Selbstorganisation zurecht. Da, wo früher kritisiert wurde, dass es »zu viel Hierarchie« gibt, wird heute kritisiert, dass es »zu wenig Führung und klare Ansagen« gibt und das, obwohl ich, bevor wir die neue Org-Form eingeführt haben, genau das klar kommuniziert habe: Wir haben euch gehört, ihr wollt mehr Eigenverantwortung, ihr bekommt sie! Dennoch hat mich die Reaktion nicht überrascht. Jeder Mensch ist anders: Und deswegen gibt es Menschen, die sich schneller zurechtgefunden haben und andere, die etwas länger brauchen. Wichtig ist nur, niemanden zu verlieren und Geduld zu haben, vor allem bei so lange »eingeübten« Verhaltensmustern. Natürlich verlangt diese Art der Führung mehr vom einzelnen Mitarbeiter, er oder sie muss selbst entscheiden. Das ist mehr Arbeit, als einfach nur umzusetzen, was der Chef sagt. Aber genau das funktioniert heute nicht mehr (und die Frage ist, ob es früher funktioniert hat).

Man könnte aber auch sagen, dass Du es Dir ziemlich einfach machst und die Verantwortung wegdelegierst?!

Das sehe ich anders: Die Welt ist so komplex geworden, niemand kann alles wissen, auch der Chef nicht. Im Gegenteil, er ist auf das Spezialwissen der einzelnen Mitarbeiter angewiesen. Ich sehe es als mein Ziel an, Rahmenbedingungen zu schaffen, die es den Mitarbeitern ermöglichen, ihr Wissen bestmöglich anzuwenden. Wir sind immer noch sehr geprägt vom Bild des allwissenden Chefs, der in allen Belangen der Beste ist. Ich hab so jemanden noch nicht erlebt. Im Gegenteil, es ist doch total nervig, wenn eine Führungsperson ständig raushängen lässt, dass sie die Dinge am Ende eh besser weiß – das nimmt einem sämtliche Motivation. Niemand kann alles wissen und niemand ist frei von Fehlern, auch die Chefs nicht. Und Mitarbeiter verübeln es einem auch nicht, wenn man das offen eingesteht, im Gegenteil: Sie schätzen die Offenheit, die man ihnen entgegenbringt. Ich habe gerade in den letzten Jahren so unglaublich viel von meinem Team gelernt, weil ich gesagt habe: »Du – erklär mir das mal! Ich kann das nicht«. Da geht es z. B. um ganz praktische Dinge im Alltag, wie den Umgang mit Social Media. Davon hatte ich keinen blassen Schimmer! Alles, was ich heute kann, hab ich von meinen Mitarbeitern gelernt.
Es kommt oft genug vor, dass ich die Antwort nicht weiß. Das ist in meinen Augen aber auch nicht schlimm. Die Kunst der Führung besteht darin, den Dialog so zu moderieren, dass das Team die richtigen Antworten erarbeitet. Das geht aber noch viel weiter, z. B. über das Feedback, das ich von meinen Mitarbeitern bekomme. Sie vertrauen mir und wissen, dass ich ehrliches Feedback zu schätzen weiß, auch wenn es bisweilen sehr hart ist, der nackten Wahrheit ausgesetzt zu sein.

Warum braucht es dann eigentlich noch einen Chef?

Jetzt wird es philosophisch. Ich glaube fest daran, dass wir uns alle noch ziemlich umgewöhnen werden müssen. Ich glaube, die Zeit klassischer Organisationsformen geht dem Ende entgehen. Da, wo heute noch Abteilungen und Unterabteilungen sind, werden schon bald agile Organisationsformen die Regel sein. Teams werden sich zu bestimmten Projekten zusammenfinden und dann wieder auseinandergehen und für andere Projekte in anderer Zusammensetzung zusammenkommen. Menschen werden für eine gewisse Zeit und ein bestimmtes Projekt Führungsverantwortung haben und an anderer Stelle in die Rolle des einfachen Projektmitarbeiters schlüpfen. Anders wird es gar nicht mehr möglich sein, sich auf die ständig verändernden Voraussetzungen und die rasant schneller werdenden Innovationszyklen einzustellen. Der Chef von morgen wird eher ein Moderator sein, der den groben Ordnungsrahmen vorgibt, anders als ein klassischer Chef, der Ansagen macht, der Leute ins Achtung stellt. Es kommt nicht von ungefähr, dass sich Kommunikationsabteilungen mit als Erste darüber Gedanken machen. Denn sie müssen sich wegen des digitalen Wandels mit sehr grundsätzlich veränderten Rahmenbedingungen auseinandersetzen. Medien sind heute schneller als früher, die Dinge passieren in Echtzeit. Der Entwicklung wird man nur gerecht, wenn man sich als Organisation darauf einstellt. Deswegen experimentieren viele Kommunikations-Abteilungen mit Newsrooms und neuen Organisationsformen. Das ist anstrengend und mühselig, wie jeder Change-Prozess. Das führt natürlich auch zu dem ein oder anderen spöttischen Kommentar, aber es ist der richtige Weg. Und es bringt einem den Vorteil, bestimmte Veränderungen schon durchlebt zu haben, die anderen noch bevorstehen.

Um zurück zur Ausgangsfrage zu kommen: Ja, man wird weiterhin Chefs brauchen, aber eben andere Chefs: mehr Ratgeber, Begleiter, Rückenstärker – weniger Ansager, Befehlsgeber und Angstmacher.

3.6 Zusammenfassung

Zukünftige Karriere, also Karriere 4.0, ist ebenfalls geprägt von vielfältigen Veränderungen. So wandelt sich zum einen das Verständnis von Karriere, also das, was Karriere ausmacht. Status, Gehalt, Privilegien stehen nicht mehr im Fokus, sondern Gestaltungsräume, Erfahrungsbereiche und Entwicklungsmöglichkeiten. Karriere wird nicht länger als ein geradliniger Prozess verstanden, bisher häufig mit einem Stufen- oder Leiter-Bild verbunden, sondern wird zukünftig eher ein dynamisches Bild sein, wie z. B. die Spiral-Karriere oder die Kletterwand, in der Bewegungen in alle Richtungen möglich und gewollt sind.

Dieser Wandel des Karriereverständnisses wird auch erheblich durch eine Veränderung der Vorstellungen und Anforderungen, insbesondere der Generationen Y und Z, beeinflusst. Die Prioritäten dieser Generationen, z. B. lebenslange Entwicklungs- und Lernmöglichkeiten, eine Ausgeglichenheit der beruflichen und privaten Lebensbereiche und eine Unterstützung bei der Sicherung der eigenen Employability, schlagen sich in neuen Karrierekonzepten in Unternehmen nieder.

Gleichzeitig verändern sich auch die Kompetenzanforderungen der Unternehmen. Neben den offensichtlichen, notwendigen Kompetenzen, den Daten- und Digitalkompetenzen, erwarten Unternehmen auch ausgeprägte persönliche Kompetenzen, mit Schwerpunkten in der Selbstorganisation, der Lernfähigkeit und der Kollaboration.

Denn in den Unternehmen und öffentlichen Bereichen wandeln sich die Berufsbilder und fordern eine stärkere Ausrichtung auf interaktive, kreative und menschenbezogene Tätigkeiten, da Routine-, repetitive und körperlich schwere Tätigkeiten zukünftig durch Künstliche Intelligenz oder Maschinen ersetzt werden.

Um sich auf die Karriere 4.0 gut vorzubereiten, gilt es, auf einige Punkte zu achten. Da sich die Unternehmen hinsichtlich Karrierewegen und -systemen unterschiedlich schnell verändern werden, wird es für die Beschäftigten wichtig sein, zu beobachten, wo ihre Karrierevorstellungen, ihre Wünsche und Motive zu den Angeboten eines Unternehmen passen können.

Grundsätzlich ist es dabei notwendig, aufmerksam und offen Trends und Entwicklungen am Arbeitsmarkt zu verfolgen und den eigenen Weiterbildungsbedarf daraus abzuleiten. Lernen sollte nicht als etwas Temporäres begriffen werden und nur aus akutem Bedarf heraus entstehen, sondern als etwas, das zukünftig das gesamte Leben aktiv begleiten wird und eine Grundvoraussetzung für das Leben in der Arbeitswelt der Zukunft darstellt. Für Karrierechancen wird die Lernbereitschaft und Lernfähigkeit zukünftig ein Indikator sein, ebenso wie die Offenheit im Umgang mit Unsicherheit und Ungewissheit sowie die Bereitschaft, Chancen, Möglichkeiten und sich bietende Optionen zu nutzen.

Als ein Wegweiser bei fehlenden vorgegebenen Karrierepfaden kann das Wissen um die eigenen persönlichen Motive, Interessen und Stärken dienen. Da die Karrieregestaltung sehr stark von der Eigenverantwortung abhängig sein wird, ist eine Klarheit über die eigenen Werte, Antriebe, Interessen und Stärken essenziell.

Mit diesen und den eigenen Kompetenzen gilt es, sichtbar zu werden und hierfür Selbstmarketing, sowohl innerhalb des eigenen Unternehmens als auch außerhalb und vor allem im digitalen Raum zu machen. Der eigene Experten-Status wird zum Schlüsselfaktor für erfolgreiche Karrieregestaltung.

Es wird zukünftig immer kürzere Zyklen der Beschäftigung an einem Ort bzw. in einem Unternehmen geben, sodass sich der Planungshorizont für Karriereschritte voraussichtlich auf maximal drei Jahre beziehen wird. Selbst in dieser vergleichsweise kurzen Zeitspanne kann sich innerhalb eines Unternehmens, der Branche oder dem Berufsbild so vieles verändern, dass es sinnvoll ist, sich nicht auf eine Karriereoption allein zu verlassen, sondern mehrere Optionen zu entwickeln und diese parallel zu verfolgen.

Und was meint eigentlich Agilität im Zusammenhang mit der Karrieregestaltung? Der Begriff »agil« meint in seinem Wortsinne: von großer Beweglichkeit zeugend, behende, wendig. Karriere ist also nicht mehr, was sich über mehrere Jahre planen lässt, frei nach dem Motto »wenn ich A mache, kann ich B erreichen«.

An dieser Stelle kommt die Analogie zu Agilität im Sinne der agilen Prinzipien zum Tragen. So liegt der Fokus z. B. auf den aktuellen Problemen statt auf den Zielen. Ich muss auch kontinuierlich mich selbst hinterfragen und mir durch die Interaktion und Kommunikation mit anderen ein Feedback über mich geben lassen. Und solange ich mich auf meine Begabungen und Stärken fokussiere, kann ich mich an das sich verändernde dynamische Umfeld flexibel und schnell anpassen.

Es geht also bei der agilen Karrieregestaltung darum, dass ich die Verantwortung für meine Karriere übernehme, mir bewusst werde, was mich eigentlich ausmacht, meine Persönlichkeit, meine Begabungen und Talente. Aber auch was mir wichtig ist, welche Werte ich habe, welche Ziele ich in meinem Leben erreichen möchte und wie ich irgendwann später vielleicht auf mein Leben zurückschauen möchte. Und sowie einige agile Methoden bei dieser agilen Karrieregestaltung hilfreich sein können, kann das auch der Ansatz Effectuation, der im nächsten Kapitel erläutert wird, tun, denn in diesem Ansatz gibt es viele Überschneidungen mit agilen Prinzipien oder agilem Handeln.

Im nächsten Kapitel stellt Ihnen *Nadine Nierentz* mit Effectuation einen Ansatz vor, der diese Optionenentwicklung zum Inhalt hat und auf eine ungewisse Zukunft vorbereitet.

3.7 Meine Reflexionsfragen

Wie definiere ich Karriere für mich?

_____

_____

_____

Welche Bedeutung hat Karriere für mich?

_____

_____

_____

Welche Aspekte sind mir im Hinblick auf Karriere wichtig?

_____

_____

Wo sehe ich für mich in Bezug auf meine zukünftige Karriere Handlungsbedarf?

_____

_____

_____

3.8   Literaturquellen

Agentur ohne Namen (2014): HR Future Trends 2014: https://www.agenturohnenamen.de/fileadmin/user_upload/HR_Future_Trends_2014a.pdf

Arnold, Hermann (2016): Wir sind Chef: Wie eine unsichtbare Revolution Unternehmen verändert, Haufe

Ayberk/Kratzer/Linke (2017): Weil Führung sich ändern muss, SpringerGabler

Bundesinstitut für Berufsbildung: Definition Kompetenzbegriff: https://www.bibb.de/de/8570.php

Deloitte Touche Tohmatsu Limited (2018); Deloitte Millenial Survey (2018): https://www2.deloitte.com/content/dam/Deloitte/de/Documents/Innovation/Millennial-Survey-2018_Report_Deutschland.pdf

Frey/Osborne (2013): The Future of Employment: How Susceptible are Jobs to Computerisation? Oxford University: https://www.oxfordmartin.ox.ac.uk/downloads/academic/The_Future_of_Employment.pdf

Geramanis/Hermann (Hrsg.) (2016): Führen in ungewissen Zeiten, SpringerGabler

Hofert, Svenja (2018): Agiler führen: Einfache Maßnahmen für bessere Teamarbeit, mehr Leistung und höhere Kreativität, SpringerGabler

Jumpertz, Sylvia (2018): Berufslaufbahn 4.0, in: Managerseminare, Heft 241/2018

Martens, Andree (2018): Upgrade 4.0, in Managerseminare, Heft 238/2018

Martens, Christin (2016): Oxford-Prof. Frey im Interview: Verlieren wir den Kampf gegen die Maschinen, Herr Roboter-Experte? In: Business Insider: https://www.businessinsider.de/oxford-prof-frey-im-interview-verlieren-wir-den-kampf-gegen-die-maschinen-herr-roboter-experte-2016-3

Mörstedt, Antje-Britta Prof. Dr., Vortragsunterlagen »Erwartungen der Generation Z an die Unternehmen«, Private Hochschule Göttingen: https://www.pfh.de/fileadmin/Content/PDF/forschungspapiere/vortrag-generation-z-moerstedt-ihk-goettingen.pdf

Nohl, Martina (2018): Laufbahnberatung 4.0, managerSeminare Edition Trainingaktuell

Petry, Thorsten Prof. Dr. (2016); Digital Leadership, Haufe

Rump/Eilers (Hrsg.) (2017): Auf dem Weg zur Arbeit 4.0: Innovationen in HR, SpringerGabler

Sattelberger/Welpe/Boes (Hrsg.) (2015): Das demokratische Unternehmen: Neue Arbeits- und Führungskulturen im Zeitalter digitaler Wirtschaft, Haufe

Sullivan/Baruch (2009): Advances in Career Theory and Research: A Critical Review and Agenda for Future Exploration, in: Journal of Management

van Emmichoven, Zeylmans (2018): Bewerben 4.0: Dein Traumjob in der digitalen Arbeitswelt, metropolitan

Vicari, Jakob (2017): Sind Kinder heute klüger als früher? In: brandeins

4 Mit Effectuation erfolgreich Karriere gestalten

(ein Beitrag von Nadine Nierentz)

In den vorangegangenen Kapiteln wurden bereits ausführlich die gesellschaftlichen Veränderungen und die Anforderungen des Arbeitsmarktes beschrieben. Dieses Kapitel bezieht sich auf die Logik des Vorgehens in ungewissen Kontexten und unvorhersagbaren Situationen und schließt damit an agile Konzepte an, die bereits wirksam im Projektmanagement und der Organisationsentwicklung eingesetzt werden.

Für dieses Vorgehen werden zuerst die Bedingungen geklärt, unter denen Effectuation wirksam ist. Da die meisten unserer Denk- und Entscheidungsgewohnheiten darauf beruhen, Prognosen über die Zukunft zu machen, Ziele zu setzen und daraus abgeleitete Pläne zu entwickeln, zeige ich Ihnen, wie diese Denkgewohnheiten unter Ungewissheit an ihre Grenzen stoßen. Das Konzept des Effektuierens wird erläutert und aus der Unternehmerforschung für berufliche Übergangsprozesse abgeleitet. Dazu werden die einzelnen Prinzipien beschrieben und das Vorgehen konkretisiert. Durch verschiedene Fallbeispiele werden die Prinzipien plastisch und nachvollziehbar.

Um zu erkennen, welchen Nutzen die Effectuation-Logik hat, macht es Sinn, sich ursprüngliche Karrierestrategien anzuschauen und sich deren Grenzen in der heutigen Zeit zu vergegenwärtigen. Befragt man Menschen, die vor 25 bis 30 Jahren eine Berufswahlentscheidung getroffen haben, waren diese Entscheidungen zum einen geprägt von familiären Vorstellungen und Prägungen als auch von der Perspektive, langfristig im gewählten Beruf und dem gewählten Unternehmen tätig zu sein.

Hatte man sich beispielsweise für eine Karriere im Siemens-Konzern entschieden, war es relativ sicher und planbar, hier auch in Rente gehen zu können. Die heutige Zeit zeigt aber, dass diese Planbarkeit unterbrochen ist von wirtschaftlichen, technologischen und unternehmerischen Veränderungen. Die Anforderungen an Mitarbeiter*innen wachsen stets und die Unternehmen orientieren sich an den Notwendigkeiten des Marktes. Massive Umstrukturierungen sind die Folge. Dies führt dazu, dass ganze Mitarbeiter- bzw. Berufsgruppen outgesourced werden oder nicht mehr gefragt sind. Planbarkeit und Vorhersagbarkeit sind demnach sogar in Kontexten, die vorher als relativ sicher galten, nicht mehr gegeben.

Geht man also davon aus, dass die Geschwindigkeit des Arbeitsmarktes zunimmt, d. h. neue Unternehmen entstehen, andere wegfallen bzw. ganz neue Berufsbilder sichtbar werden, macht es wenig Sinn, sich festzulegen. Daher sind heute Strategien gefragt, die Handlungsfähigkeit in unplanbaren und ungewissen Kontexten zu ermöglichen und Ziele und Optionen erst sichtbar zu machen.

> *»Effectuation ist wie Polynesisches Segeln – man fährt einmal los und bindet auf dem Weg die Kurskorrekturen mit ein, entdeckt so eine Inselwelt, die zuvor kaum vorstellbar war. Wäre man nicht nach Indien aufgebrochen, hätte man niemals Amerika entdeckt. Amerika kam den Entdeckern einfach nur dazwischen, war etwas Unvorhergesehenes.«*
> Michael Faschingbauer (2013)

Effectuation ist der wissenschaftliche Begriff für eine Logik unternehmerischen Handelns. Er stammt von der Entrepreneurship-Forscherin *Sara Sarasvathy*, die Menschen beim Lösen von Problemen beobachtete und entdeckte, dass sich erfolgreiche Unternehmer*innen unter hoher Unsicherheit und geringer Vorhersagbarkeit an bestimmten Prinzipien orientierten. Die komplexen Anforderungen an einen Unternehmensgründer entsprechen der steigenden Anzahl von Einflussfaktoren, die wir auch vom Arbeitsmarkt und beruflichen Übergangsprozessen kennen. Sie verändern sich dynamisch und sind stark vernetzt, was wir heute als komplex und ungewiss wahrnehmen.

4.1   Komplexität

Die Ungewissheit des 21. Jahrhunderts realisieren wir in der Komplexität der Welt, in der wir uns bewegen. Das heißt, es ist uns bewusst geworden, dass wir die Komplexität nicht mehr in einfachen kausalen Ursache-Wirkungs-Ketten erklären können. Laut *Michael Faschingbauer* (Faschingbauer, 2013, S. 15 ff.) lässt sich die Komplexität am besten anhand folgender Dimensionen beschreiben:

Vielfalt: Die Pluralität der Welt, der permanente Wandel bestimmen beispielsweise die Waren und Dienstleistungen, die auf dem Markt sind. Statt richtungsweisender Megatrends ist die Gegenwart geprägt von heterogenen Sichtweisen und individuellen Akteuren.

Vernetztheit: Die Wechselwirkungen zwischen den verschiedenen Bereichen unserer Welt sind weniger berechenbar geworden. Wer sich beispielsweise dem Klimawandel widmen möchte, darf u. a. nicht die ökologischen, technischen, wirtschaftlichen, politischen, gesellschaftlichen, sozialen und organisatorischen Fragen außer Acht lassen.

Dynamik: Was wir vor einigen Jahren noch als Erkenntnisse und Gesetzmäßigkeiten anerkannt haben, ist mittlerweile häufig schon überholt. Das Wissen steigt exponentiell an, und alternative Erklärungen und neue Erkenntnisse wirken sich kontinuierlich auf unsere Welt aus.

Begrenzter Einfluss: Die Wahrnehmung der unzähligen Einflussfaktoren auf die Welt, in der wir leben, verdeutlicht uns unsere Begrenztheit und schränkt unsere Handlungsfähigkeit ein.

Wir wissen aus der Motivationsforschung, dass eine hohe Unsicherheit dazu führt, Entscheidungen schwieriger zu machen, da wir nicht von einer planbaren Zukunft ausgehen können. Das heißt, dass uns mit den zur Verfügung stehenden Informationen keine Einschätzung der Zielerreichung möglich ist. *Sara Sarasvathy* hat Menschen beobachtet, die trotz großer Ungewissheit Handlungsfähigkeit bewiesen haben und erfolgreiche Unternehmen gründeten. Bei ihren Untersuchungen hat sie den Fokus darauf gelegt, in Interviews herauszufinden, wie genau diese Unternehmensgründer*innen vorgegangen sind. Bei deren Auswertung hat sie erkannt, dass sich aus ihren Strategien eine bestimmte Logik ableiten lässt.

4.2   Wie unterscheidet sich Ungewissheit von Unsicherheit?

Die Ungewissheit beschreibt den Zustand des Nicht-Prognostizieren-Könnens der Zukunft. Das heißt, es können keine Informationen eingeholt werden, um diesen Zustand der Ungewissheit zu verbessern.

> **Beispiel**   !
>
> Sie haben die Aufgabe, aus einem Gefäß einen Ball zu ziehen und dessen Farbe vorherzusagen. Sie haben allerdings keine Informationen darüber, wie viele Bälle sich, in welcher Farbe und in welcher Verteilung, in diesem Gefäß befinden. Somit bleibt Ihnen ausschließlich, darauf zu wetten, welche Farbe Sie ziehen. Auf ein genaues Ergebnis zu wetten, ist damit hochriskant.

In der Unsicherheit kann man durch Erfahrungswerte aus der Vergangenheit oder auch Einschätzung vorliegender Informationen eine gewisse Vorhersage treffen. Dabei gilt, je mehr Informationen eingeholt werden können, desto größer die Sicherheit, einen Treffer bei der Vorhersage zu landen. Im Beispiel der Bälle wäre hier möglicherweise die Anzahl der Bälle im Behälter bekannt und die farbliche Verteilung, also z. B. von sechs Bällen im Gefäß sind zwei Rot, zwei Blau und zwei Grün. Das Risiko ist überschaubar und lässt eine Einschätzung des Ergebnisses zu.

4.3   Linear-kausales Denken und Effectuation

Um zu verdeutlichen, in welchen Kontexten Effectuation eine hilfreiche Strategie ist, macht es Sinn, sich zwei Arten von Denkweisen zu vergegenwärtigen. Menschen entwickeln in der Konfrontation mit Aufgaben Denkgewohnheiten oder Muster, auf die sie zurückgreifen können. Durch Erfahrungen und Lernprozesse erkennen wir, welche Denkgewohnheiten funktionieren und auf welche Methoden wir bei zukünftigen Problemstellungen zurückgreifen können. Wir entwickeln eine Expertise und haben damit einen Methodenkoffer zur Verfügung. In diesem Sinne sind das linear-kausale Denken und Effectuation zwei ganz bestimmte Methodenkoffer, die jeweils Denkgewohnheiten enthalten, um Probleme zu lösen. Dennoch sind beide komplett unterschiedlich.

Der linear-kausale Methodenkoffer enthält Denkwerkzeuge, die vorzugsweise an unseren Hochschulen und Universitäten gelehrt werden und in der Wissenschaft ihre Anwendung finden. Sie sind besonders hilfreich in stabilen Kontexten, d.h. durch definierte Zielen und Rahmenbedingungen Entscheidungen zu treffen und Zukunft zu gestalten.

! Beispiel

Beispiele hierfür wären die Planung und der Bau eines Hauses, die Entwicklung einer App mit vordefinierten Funktionalitäten oder die fachliche Weiterqualifizierung in einem gewünschten Themenfeld.

Der Methodenkoffer von Effectuation basiert auf Methoden erfahrener Unternehmer*innen. Auch diese Werkzeuge sind weitverbreitet und werden von uns genutzt, ohne dass uns bewusst ist, zu welcher Denkart sie gehören. Hierbei handelt es sich um Methoden, die dann besonders hilfreich sind, wenn das konkrete Ziel (noch) nicht festgelegt werden kann.

! Beispiel

Beispiele hierfür sind Unternehmensgründungen, aber auch berufliche Übergangsprozesse in dynamischen, vom Wandel geprägten Branchen und daraus bedingte Umstrukturierungen in Organisationen.

4.3.1 Lineare Logik

Hinter der linear-kausalen Denkgewohnheit oder auch linearen Logik genannt, steckt die Idee, ein Problem auf direktem Weg zur Lösung zu führen. Dafür ist die Voraussetzung, dass es sich um eine vorhersehbare und berechenbare Zukunft handelt, für die die kausale Logik ein exzellentes Werkzeug bietet, erfolgreich in der Problemlösung zu sein. Der Prozess der linearen Logik besteht darin:

- eine Idee zu haben bzw. ein Ziel zu definieren,
- die Situation und den Kontext zu analysieren,
- eine Entscheidung zu treffen,
- das Vorhaben zu planen,
- entsprechende Ressourcen zu akquirieren und
- dann in die Umsetzung zu gehen.

Beispiel

Am Beispiel der kausalen Karriereplanung wollen wir den kausalen Prozess verdeutlichen. Zu Beginn steht möglicherweise ein Berufswunsch oder eine erste Idee, die erreicht werden will. Dafür ist es zum einen notwendig, die eigenen Fähigkeiten und Interessen zu sammeln und zum anderen, Informationen über die Berufswelt, den Wunschberuf, Ausbildungsmöglichkeiten und den Markt einzuholen. Je nachdem, für welches Ziel man sich entscheidet, kann nun die entsprechende Ausbildung geplant und der jeweilige Weg eingeschlagen werden.

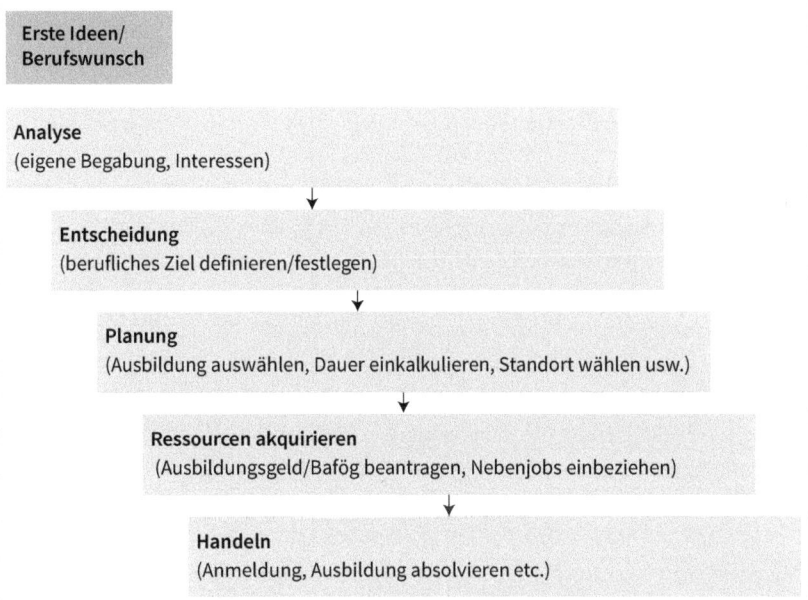

Abb. 11: Linear-kausale Problemlösung (Quelle: Nadine Nierentz in Anlehnung an Faschingbauer [2013])

4.3.2   Effectuation-Logik

Im Unterschied zur kausalen Logik geht Effectuation nicht davon aus, dass Zukunft vorhersagbar ist und sich mit Sicherheit planen lässt. Vielmehr geht es darum, Zukunft durch eigenes Handeln zu formen und mit anderen Akteuren in Kontakt zu treten. Wenn wir davon ausgehen, dass wir uns in der kausalen Logik die Frage stellen: »Wie kommen wir am besten von A nach B?«, lautet im Effectuation die Frage: »Wie kommen wir am besten von A nach X?« X bezeichnet das in der ungewissen Zukunft liegende, noch zu kreierende Ziel. Somit gehen Effectuator nicht davon aus, dass Chancen und Gelegenheiten einfach existieren, sondern, dass diese erst gemeinsam mit anderen erschaffen werden müssen. Genau wie die kausale Logik startet der Prozess ebenso beim Punkt A, dem Hier und Jetzt. Der Unterschied liegt jedoch darin, dass wir im Effectuation ohne ein fixes Ziel auskommen, um handlungsfähig zu sein. Das heißt, um den Prozess zu beginnen, ist weniger das Festlegen des Ziels notwendig als die Klarheit über den persönlichen Ausgangspunkt. Diesen gilt es mit den Fragen:

- »Wer bin ich?«
- »Was kann ich?«
- »Was weiß ich?«
- »Wen kenne ich?«

zu reflektieren. Danach findet die »Beziehungsgestaltung« der eigenen Ressourcen mit dem Potenzial der Situation statt.

Der wesentliche Aspekt dabei ist, die eigenen Ressourcen auf die Wirkungen, Ergebnisse und Möglichkeiten im Heute, Hier und Jetzt zu prüfen. Die jeweilige Handlung ist nur kurzfristig vorhersehbar und wird beeinflusst von anderen Akteuren, die in den Prozess einbezogen werden. Diese stellen ebenfalls ihre Ressourcen und Vorstellungen von der Zukunft zur Verfügung. Dadurch kann sich die Zielrichtung jedes Mal ändern, und neue Qualitäten und Möglichkeiten können entstehen. In der Interaktion mit anderen Akteuren werden gemeinsam Vereinbarungen für die Zukunft getroffen, wobei die Investitionen an Zeit, Energie, Geld und anderen Einsätzen von den beteiligten Akteuren bestimmt werden. Die Vereinbarungen und zusätzlichen Mittel führen dazu, dass die Zukunft an Ungewissheit abnimmt – mit jeder Zielvereinbarung verdichtet sich die Zielrichtung. Nach und nach entsteht somit aus dem zuvor unbekannten X ein bekanntes B. Je klarer dieses B wird, desto sinnvoller ist es, zur linear-kausalen Logik überzugehen.

> »Die Laufbahn entsteht im Laufen.«
> Michael Faschingbauer

Aktuelle Forschungen zeigen, dass Menschen sich bei ihrer Berufswahl vor allem an ihren Interessen orientieren und nicht an ihren Begabungen. Dies begünstigt möglicherweise, dass sie einer kausalen Logik folgen, indem sie aufgrund ihres Interesses einen Beruf anstreben und alle Bemühungen auf eine Karte setzen, um dieses Ziel zu erreichen. Bei dieser Strategie werden unter Umständen zu wenig eigene Ressourcen beleuchtet, d. h. eigene Begabungen und Fähigkeiten hinterfragt und erprobt. In der Praxis werden durch Erfahrungen beispielsweise neue Erkenntnisse gesammelt, die dazu führen können, dass Begabungen erst erkannt werden und neue berufliche Möglichkeiten sich auftun. Schaut man sich berufliche Karrieren an, sieht man schnell, dass sie keiner kausalen Logik folgen d. h., dass etwa die Entscheidung für eine bestimmte Berufsausbildung allein keine eindeutige Vorhersage über eine Berufslaufbahn trifft. Wegweisend sind die ersten beruflichen Tätigkeiten, Erfahrungen und Netzwerke, die neue Identität bilden und einen Wissenskorridor formen. Bei beruflichen Übergängen kommt hinzu, welche Vorstellungen vom Leben, Werte und persönlichen Ziele man zu diesem Zeitpunkt hat, die in Einklang zu bringen sind mit den beruflichen Optionen. Die Komplexität von beruflichen Übergängen zeigt sich in den Möglichkeiten der Veränderungen. So kann berufliche Neuorientierung innerhalb und außerhalb von Organisationen stattfinden, zwischen verschiedenen Branchen, Berufsbilder können sich ändern, und auch hierarchische Aufstiegsszenarien sind möglich. Zudem wirken sich wechselnde Umweltbedingungen, der Einfluss anderer Akteure und die Dynamik des Marktes im Wechselspiel mit den eigenen Wünschen und Präferenzen auf die Karriere aus.

Effectuator besitzen ein hohes Vertrauen in die eigenen Fähigkeiten und Kreativität, nehmen Einflüsse von außen auf, ohne eigene Bedürfnisse außer Acht zu lassen und nutzen nicht vorhersehbare Umstände für sich. Ihre Stärke ziehen sie damit nicht aus äußeren Umständen, sondern aus ihrem inneren Bezugssystem.

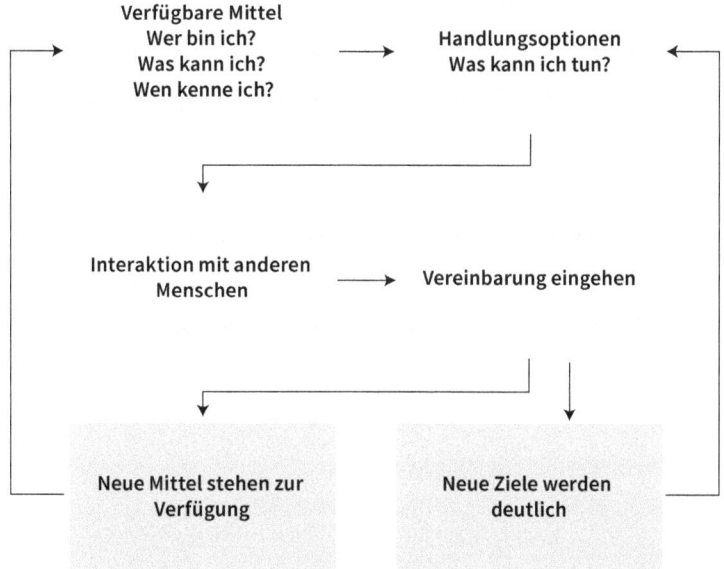

Abb. 12: Dynamisches Effectuation-Modell (Quelle: Nadine Nierentz in Anlehnung an Sarasvathy/ Dew)

Beide Denkarten, die linear kausale und die des Effectuation, bieten je nach Situation und Kontext ideale Methodenkoffer für das Lösen von Problemen. Um unterscheiden zu können, wann welche Denkart am wirkungsvollsten ist, schauen wir uns die Bedingungen an, unter denen sie ihre Wirkung ideal entfalten.

Michael Faschingbauer nennt drei Bedingungen für die Wirksamkeit kausaler Logik (in: Effectuation, 2013).

- Die erste Bedingung, die **planbare Zukunft** bedeutet, dass verlässliche Prognosen möglich sind. Das heißt, dass aufgrund von zur Verfügung stehenden Informationen, Erfahrungen und Wissen gute Vorhersagen getroffen werden können.
- Die zweite Voraussetzung für kausales Denken ist die **klare Bestimmung von fixen Zielen**. In unserem Beispiel, der Planung einer fachlichen Qualifizierung, bedeutet dies, dass klar sein muss, welche Qualifizierung möglich ist ausgehend vom bisherigen Beruf und welches Angebot der Markt hierzu hergibt. Dabei ist die Festlegung des Ziels erleichtert, weil eine überschaubare Anzahl an Alternativen oder gar ein von anderen festgelegtes Ziel gegeben ist.
- Die dritte Bedingung stellt die **stabile Umwelt** dar. Diese zeichnet sich dadurch aus, dass sie unabhängig ist von dem, was wir oder andere autonome Akteure tun.

Im Gegensatz zur kausalen Logik ist Effectuation am wirkungsvollsten, wenn
- die **Zukunft ungewiss** ist, d. h., dass es keine gültige Prognose der Zukunft gibt. Es stehen keine Informationen und Erfahrungen zur Verfügung, die eine Vorhersage ermöglichen. Unter dieser Bedingung bleiben nur Fantasien oder Hypothesen über die Zukunft, deren Aussagekraft gering ist.
- Da es in diesem Zusammenhang riskant ist, auf ein festes Ziel zu setzen, lautet die zweite Bedingung, **Ziele mit anderen Akteuren zu entwickeln, zu verhandeln** und zu vereinbaren.
- Die dritte Voraussetzung für Effectuation ist die **gestaltbare Umwelt**. Sie ist bedingt durch die Abhängigkeit der Umwelt von handelnden Akteuren und verändert sich dadurch stetig. Genau genommen gestalten Effectuator ihre Zukunft selbst, in dem sie ihre Chancen kreieren.

4.4   Die vier Prinzipien von Effectuation

4.4.1   Das Prinzip der Mittelorientierung

Effectuation basiert gegenüber der kausalen Logik auf gegenteiligen Annahmen: In der kausalen Logik ist das Ziel die Voraussetzung für sinnvolles Handeln. So werden passende Mittel und Wege gefunden, um das Ziel zu erreichen. Effectuation geht von der Mittelorientierung aus. Mittelorientierung heißt in diesem Zusammenhang, von etwas auszugehen, dass unmittelbar verfügbar ist und dies in Beziehung zu setzen mit den Zielen oder Möglichkeiten, welche mit diesen Mitteln erreichbar sind. Die Mittel oder persönlichen Ressourcen setzen sich zusammen aus den oben genannten Fragen:
- Wer bin ich?
- Was kann ich?
- Was weiß ich?
- Wen kenne ich?

In dieser Logik geben die Mittel vor, welche Ziele überhaupt in Betracht gezogen werden können. Angesichts einer beruflichen Veränderung würde dies bedeuten, vorab die eigenen Kompetenzen, Erfahrungen, Fähigkeiten usw. zu reflektieren und zu prüfen und daraus mögliche Arbeitsfelder zu erschließen.

Das heißt, es steht nicht nur ein Ziel im Fokus, sondern eine Vielzahl an Optionen. Dadurch entsteht eine breitere Aufmerksamkeit für Veränderungen und Umstände, die sich auf dem Weg der beruflichen Neuorientierung ergeben.

Zudem liegt ein besonderer Fokus auf der frühen Handlung der Akteure in ungewissen Kontexten. Erst durch das Handeln wird Ungewissheit abgebaut, da Erleben neue Erkenntnisse und Fakten schafft und dadurch neue Perspektiven entstehen. All das hat wiederum eine Rückwirkung auf die eigene Mittelressource und unseren Optionenkorridor. Es entsteht in der Praxis ein permanenter zyklischer Prozess.

Die Analyse der eigenen Mittel unter der ersten Fragestellung »**Wer bin ich?**« umfasst die eigenen Werte, Persönlichkeitsausprägungen, Vorlieben und Abneigungen und das Selbstbild. Gerade unter Ungewissheit führt die Klarheit über die eigene Identität dazu, dass sie als Entscheidungsgrundlage dient, wenn es keine Aussagen über Entscheidungsrichtungen im Außen gibt.

> *»Würdest du mir bitte sagen, welchen Weg ich einschlagen muss?«, fragt Alice.*
> *»Das hängt in beträchtlichem Maße davon ab, wohin du gehen willst«,*
> *antwortete die Katze.*
> *»Oh, das ist mir ziemlich gleichgültig«, sagte Alice.*
> *»Dann ist es auch einerlei, welchen Weg du einschlägst«, meinte die Katze.*
> *»Hauptsache, ich komme irgendwohin«, ergänzte sich Alice.*
> *»Das wirst du sicher, wenn du lange genug gehst«, sagte die Katze.*
> Aus »Alice im Wunderland«

Vergegenwärtigen Sie sich an dieser Stelle noch einmal kurz, wie Handlungsfähigkeit im Ungewissen entstehen bzw. gestärkt werden kann. Dazu ist es hilfreich, das Konzept der Selbstwirksamkeit von *Albert Bandura* (Self-Efficacy: The Exercise of Control, 1995) zu betrachten, das besagt, dass motiviertes Handeln dann entsteht, wenn man davon überzeugt ist, zu einem erfolgreichen Ergebnis zu gelangen. Das heißt, je höher die Selbstwirksamkeit, also der Glaube an erfolgreiches Handeln aus eigener Kraft ist, umso mehr entsteht die Motivation, das eigene Vorhaben umzusetzen. Um die eigene Selbstwirksamkeit zu unterstützen, ist eine intensive Reflexion der eigenen Erfolge und positiv verlaufenen Vorhaben sinnvoll. Hierbei werden neuronale Verknüpfungen aktiviert, die *Gunther Schmidt* in seiner hypnosystemischen Arbeit »Muster des Gelingens« nennt. Diese führen dazu, dass das Selbstbewusstsein steigt, also der Kontakt zu den eigenen Ressourcen hergestellt ist. Neue positive Erfahrungen im Handeln,

z. B. positive Reaktionen, Feedbacks, neue Erkenntnisse, die Wirkung auf andere Beteiligte, führen zu einem Ausbau der Muster des Gelingens und unterstützen motiviertes Handeln.

Übertragen auf den Kontext der beruflichen Übergänge bedeutet dies, dass die eigene Reflexion von bereits erlebten beruflichen Veränderungen, Neuanfängen und Umbrüchen, und die Ableitung der entsprechend eingesetzten Kompetenzen und Stärken, das eigene Tun im Hier und Jetzt unter der Bedingung der Ungewissheit deutlich fördern.

Die eigenen Mittel entstehen auch aus der Vielfalt der Rollen, die wir innehaben. Werte, Fähigkeiten und Kompetenzen können sich, je nachdem, auf welche Rolle man sie bezieht, deutlich unterscheiden. Wer man ist, entscheidet über die Rolle im Bezugssystem, in dem man sich aufhält, z. B.:
- die Mutter in der Familie,
- die Führungskraft im beruflichen Kontext,
- der Vereinskollege im Sport.

Zu jedem Kontext gilt es, sich die Fragen zu stellen:
- Wer bin ich?
- Welche Mittel kann ich aus dieser Rolle ableiten?

Menschen, die sich an ihren Mitteln orientieren, prüfen ihre Entscheidungen auf Übereinstimmung mit der eigenen Identität (s. Übungen im Kapitel 6). Diese ist wandelbar, da sie einem permanenten Anpassungsprozess unterliegt. Somit bestimmen das eigene Wertegerüst und individuelle Bedürfnisse und nicht der erhoffte Ausgang unsere Entscheidungen. Folgende Fragen können zur Reflexionen dienen:
- Was will ich und was auf keinen Fall?
- Wofür stehe ich? Wie will ich von anderen wahrgenommen werden?
- Was mache ich gerne?
- Was ist mir besonders wichtig?

Die Fragestellung »**Was weiß ich?**« bildet den persönlichen Wissenskorridor ab. Das erlangte Wissen ist im Verlauf des eigenen Lebens entstanden, dessen Wege höchst individuell verlaufen.

Hierzu gehören im Entwicklungsprozess des Menschen:
- alle schulischen und berufsbildenden Wege,
- Erfahrungen erfolgreich gelöster Probleme und Situationen,
- berufliche Tätigkeiten und Herausforderungen,
- Freizeitaktivitäten,
- kulturelle Begegnungen,

- Sozialisierung,
- persönliche Schicksalsschläge usw.

Aus allen einzelnen Stationen entstehen Wechselwirkungen mit den Akteuren, d. h., sie nehmen Einfluss auf ihre Erfahrungen und bilden Wissen. Die Akteure wachsen dabei im Umgang mit der jeweiligen Situation (s. Übungen im Kapitel 7).

Bei beruflichen Übergängen oder Karriereplanungen geht es häufig darum, Kernkompetenzen zu identifizieren und diese zielgerichtet einzusetzen. Dies ist sicherlich in stabilen Kontexten hilfreich. Effectuation hingegen nutzt den vorhandenen Wissenskorridor, um mit der Unvorhersagbarkeit der Zukunft umzugehen und diese zu gestalten. Das heißt, einzelne Fertigkeiten werden nicht anderen vorgezogen, denn erst der Kontext bestimmt die Bedeutung des Mittels.

Der Kontext ist entscheidend – Die Pinguin-Geschichte (aus Vortrag Dr. Eckhart von Hirschhausen)

»Diese Geschichte ist mir tatsächlich passiert. Ich war als Moderator auf einem Kreuzfahrtschiff engagiert. Da denkt jeder: ›Mensch toll! Luxus!‹ Das dachte ich auch. Bis ich auf dem Schiff war. Was das Publikum angeht, war ich auf dem falschen Dampfer. Die Gäste an Bord hatten sicher einen Sinn für Humor, ich hab ihn nur in den zwei Wochen nicht gefunden. Und noch schlimmer: Seekrankheit hat keinen Respekt vor der Approbation. Kurzum: Ich war auf der Kreuzfahrt kreuzunglücklich.

Endlich! Nach drei Tagen auf See, fester Boden. ›Das ist wahrer Luxus!‹ Ich ging in einen norwegischen Zoo. Und dort sah ich einen Pinguin auf seinem Felsen stehen. Ich hatte Mitleid: ›Musst du auch Smoking tragen? Wo ist eigentlich deine Taille? Und vor allem: Hat Gott bei dir die Knie vergessen?‹ Mein Urteil stand fest: Fehlkonstruktion. Dann sah ich noch einmal durch eine Glasscheibe in das Schwimmbecken der Pinguine. Und da sprang ›mein‹ Pinguin ins Wasser, schwamm dicht vor mein Gesicht. Wer je Pinguine unter Wasser gesehen hat, dem fällt nix mehr ein. Er war in seinem Element! Ein Pinguin ist zehnmal windschnittiger als ein Porsche! Mit einem Liter Sprit käme der umgerechnet über 2.500 km weit! Sie sind hervorragende Schwimmer, Jäger, Wasser-Tänzer! Und ich dachte: ›Fehlkonstruktion!‹

Diese Begegnung hat mich zwei Dinge gelehrt. Erstens: Wie schnell ich oft urteile, und wie ich damit komplett danebenliegen kann. Und zweitens: Wie wichtig das Umfeld ist, ob das, was man gut kann, überhaupt zum Tragen kommt. Wir alle haben unsere Stärken, haben unsere Schwächen. Viele strengen sich ewig an, Macken auszubügeln. Verbessert man seine Schwächen, wird man maximal mittelmäßig. Stärkt man seine Stärken, wird man einzigartig. Und wer nicht so ist, wie die anderen sei getrost: Andere gibt es schon genug! Immer wieder werde ich gefragt, warum ich das Krankenhaus gegen die Bühne getauscht habe. Meine Stärke und meine Macke

> *ist die Kreativität. Das heißt, nicht alles nach Plan zu machen, zu improvisieren,*
> *Dinge immer wieder unerwartet neu zusammenzufügen. Das ist im Krankenhaus un-*
> *günstig. Und ich liebe es, frei zu formulieren, zu dichten, mit Sprache zu spielen. Das*
> *ist bei Arztbriefen und Rezepten auch ungünstig. Auf der Bühne nutze ich viel mehr*
> *von dem was ich bin, weiß, kann und zu geben habe. Ich habe mehr Spaß, und an-*
> *dere haben mit mir mehr Spaß. Live bin ich in meinem Element, in Flow!*
> *Menschen ändern sich nur selten komplett und grundsätzlich. Wenn du als Pinguin*
> *geboren wurdest, machen auch sieben Jahre Psychotherapie aus dir keine Giraffe.*
> *Also nicht lange hadern: Bleib als Pinguin nicht in der Steppe. Mach kleine Schritte*
> *und finde dein Wasser. Und dann: Spring! Und schwimm! Und du wirst wissen, wie*
> *es ist, in Deinem Element zu sein.«*

Nachdem durch die Fragestellungen in Abb.12 »Wer bin ich?« und »Was kann ich?«
schon mögliche Optionen entstanden sind, was man tun kann, bietet die Fragestellung »**Wen kenne ich?**« die Möglichkeit, diese Handlungsoptionen auf Realisierbarkeit
und Sinnhaftigkeit zu prüfen.

Effectuator nutzen dazu ihre Netzwerke, also soziale Kontakte, wie Bekannte, Freunde
Familienmitglieder, aber auch Kolleg*innen, Mitarbeiter*innen und Kund*innen. Es
geht darum, Mitstreitende zu finden, die das eigene Vorhaben unterstützen, mit ihren
eigenen Mitteln, aber auch Netzwerken, Ideen und Interessen. Schaut man sich berufliche Verläufe in großen Unternehmen und Konzernen an, wird deutlich, dass vor allem Netzwerkkontakte, Empfehlungen und Begegnungen ausschlaggebend für Veränderungen und berufliche Wendepunkte sind. Häufig ungeplante oder unplanbare
Informationen von Kolleg*innen, die man zufällig nach Jahren wiedertrifft oder ungeahnte Bedarfe aus Abteilungen, mit denen in der Vergangenheit engerer Kontakt be-
stand, sind Ausgangspunkte für neue berufliche Stationen.

Das heißt nicht, dass jeder Netzwerkkontakt ein potenzieller Stellenvermittler ist.
Vielmehr sind es die Informationen, das Wissen, zusätzliche Kontakte oder auch Erfahrungen, die gewinnbringend für das eigene Vorhaben sein können. Bedeutend ist
es, die eigene Sichtbarkeit zu erhöhen, in dem das eigene Vorhaben möglichst umfassend im Netzwerk geteilt wird, da nicht vorhersehbar ist, welcher Kontakt der entscheidende sein wird.

Um den Netzwerkkontakten eine gewisse Struktur zu geben, ist es hilfreich, sie nach
folgenden Kriterien zu identifizieren:

Die erste Gruppe stellen die Kontakte dar, die im weitesten Sinne *Informationsge-*
*ber*innen* sind. Dies sind grundsätzlich alle, die einen gewissen Bezug zum Vorhaben
haben.

Unter *Multiplikator*innen* versteht man die Gruppe von Kontakten, die wiederum selbst große Netzwerke pflegen und das Vorhaben in die Welt tragen können. Durch Netzwerkkontakte zweiter oder dritter Ordnung entstehen so ungeahnte Möglichkeiten.

Des Weiteren sind *Referenzgeber*innen* eine entscheidende Personengruppe, die eine Aussage über die bisherige Leistung, das Know-how oder die Qualität der Zusammenarbeit liefern können. Sie können mitunter auch gut einschätzen, welcher Kontext für den Akteur ein passender sein könnte.

Die letzte und in der Regel kleinste Gruppe ist die Gruppe der *potenziellen Arbeitgeber*innen*. Hiermit sind Personen oder Entscheider*innen gemeint, die unmittelbar Einfluss haben auf die Stellenbesetzung und eine direkt Aussage auf Machbarkeit der gewünschten beruflichen Position liefern können (s. entsprechende Übungen im Kapitel 9).

4.4.2   Optionenentwicklung – Weg von der Einbahnstraße

Die Beantwortung der vorangegangenen drei Fragen aus Abb. 12 bildet die Stoffsammlung für eine ausführliche Optionenentwicklung. Effectuation heißt in keinem Fall, ziellos zu handeln, sondern von einem Ziel weg, hin zu mehreren möglichen Optionen zu agieren.

Dabei ist wichtig, von den bestehenden Mitteln auszugehen und in einem kreativen Prozess alle denkbaren Optionen zu sammeln und der eigenen Kreativität freien Lauf zu lassen. In diesem ersten Schritt werden weder Restriktionen in Form von Wahrscheinlichkeiten oder Chancen abgeglichen noch Eingrenzungen betrieben. Vielmehr geht es darum, den Horizont zu erweitern und aus den bestehenden Mitteln und Ressourcen eine Vielzahl an Optionen zu kreieren. Diese liegen alle im eigenen Mittelkorridor, sind somit keineswegs wahllos.

In einem klassischen Brainstorming-Prozess können anhand der einzelnen Ergebnisse der Stoffsammlung konkrete berufliche Aufgaben und Tätigkeitsfelder beschrieben werden. Um den Raum für die kreative Erweiterung des bisherigen Zielkorridors zu eröffnen, kann es hilfreich sein, von zwei Fragen auszugehen.

Zum einen geht es darum, sich noch einmal bewusst zu machen, welcher Berufswunsch oder welche berufliche Vision man als Kind vor Augen hatte. Hierin stecken häufig ursprüngliche Leidenschaften, Wünsche und Berufe, anhand derer man bestimmte Qualitäten für heutige berufliche Optionen ableiten kann.

Die zweite Frage geht in eine ähnliche Richtung: Sie lautet: »Was würdest du tun, wenn es keine Notwendigkeit gäbe, Geld zu verdienen?«

Danach kann durch ein freies Brainstormen, bestenfalls in einer Gruppe von drei bis sechs Personen, eine Vielfalt an weiteren Optionen entstehen. Der Prozess ist erst abgeschlossen, wenn keine Ideen oder Optionen mehr gefunden werden. Eine Verdichtung, der meist umfangreichen Anzahl an Optionen findet erst zu einem späteren Zeitpunkt statt. Wesentlich ist, dass der Brainstorming-Prozess für berufliche Optionen weit gefasst und nicht zu nah an der bisherigen Tätigkeit angelehnt ist. Erst so entstehen ganz neue Sichtweisen und Blickwinkel, die die Aufmerksamkeit im Handeln auf Unvorhergesehenes lenken können.

4.5   Das Prinzip des leistbaren Verlusts/Invests

Das nächste Prinzip der Effectuation ist »das Prinzip des leistbaren Verlusts«. Im beruflichen Kontext sprechen wir vom Prinzip des leistbaren Invests. Die Fragestellung, die in diesem Prinzip von Bedeutung ist, lautet: »Was ist mir der Versuch wert?«. Es geht also nicht darum, herauszufinden, was das Ergebnis eines Versuchs ist in Form »Was soll es mir bringen?«, sondern wiederum das innere Bezugssystem einzubeziehen und herauszufinden, was mich der Versuch kostet.

Vergegenwärtigen Sie sich die Vorgehensweise in der kausalen Logik: Diese geht von dem erwarteten Ertrag/Erfolg aus. Dies bedeutet, sich an dem möglichen Ergebnis im Außen zu orientieren. Übertragen auf die Karriereplanung würde das bedeuten, dass man alle Mittel oder auch zielgerichtet eine Qualifizierung auf eine bestimmte Position ausrichtet, von der man erwartet, sie mit großer Wahrscheinlichkeit zu erreichen.

In Effectuation richten wir hingegen die Aufmerksamkeit nach innen und überprüfen, was wir schlimmstenfalls zu verlieren haben, wenn wir etwa ein Praktikum für einige Tage absolvieren, um einen Einblick in ein mögliches Berufsbild zu erlangen. Somit wird der maximale Einsatz möglichst begrenzt. Das Handeln nach dem leistbaren Invest bedeutet auch,

- dass man etwas ausprobieren kann, ohne alles auf eine Karte zu setzen,
- dass das Vorhaben mit Mitteln und Wegen geprüft wird, die bestenfalls geringe Kosten verursachen,
- dass Machbarkeit vor Perfektion steht,
- dass Handeln vor langem Abwägen zählt,
- dass mehrere Probeläufe parallel laufen,
- dass Scheitern dann erfolgt, wenn man es sich leisten kann und daraus Kompetenzen abzuleiten sind und,
- dass Maßnahmen getroffen werden, die übermäßige Risiken ausschließen.

Vom leistbaren Invest sprechen wir in unserer Beratungsarbeit zu beruflichen Übergängen, weil wir davon ausgehen, dass Menschen danach streben, trotz Veränderung eine Stabilität aufrecht zu erhalten. Das heißt, sie sind bereit, etwas auszuprobieren oder an den Stellschrauben ihrer eigenen persönlichen Rahmenbedingungen zu drehen, allerdings wollen sie damit auch etwas erreichen. Beispielsweise kann es sein, dass jemand einen weiteren Fahrweg für eine neue Stelle auf sich nimmt, wenn er die Erfahrung macht, dass er mit dieser Aufgabe mehr Zufriedenheit und Sinnstiftung erreicht. Dabei ergibt sich beim Effektuieren häufig erst im Prozess, wo der Invest und wo auch der Gewinn liegen kann, sodass das eigene innere Bezugssystem in Balance bleibt (s. entsprechende Übungen im Kapitel 9).

4.6 Das Prinzip der Umstände und Zufälle

Ich beschreibe Ihnen ein persönliches Beispiel, das die Auswirkung von Umständen deutlich machen soll:

Beispiel   !

Zum Ende meines Studiums habe ich ein Praktikum in der Personalauswahl der Deutschen Flugsicherung absolviert und hatte die Gelegenheit, über dortige Kontakte einen Anschlussvertrag bei der Lufthansa zu erhalten. Ziel war es, eine Anstellung in der Personalauswahl zu finden und dort Erfahrungen aufzubauen und mich weiterzuentwickeln. Mein Berufsstart im Personalmanagement schien gesichert und war für November 2001 geplant und erschien mir so verbindlich, dass ich bereits Vorbereitungen für einen Umzug traf und keine weiteren Bemühungen unternahm, weitere Optionen für mich zu prüfen. Was im Sommer 2001 von niemandem vorhergesehen werden konnte, war die Tragödie des Terroranschlags vom 11. September 2001, die die Menschen weltweit betroffen machte und Werte, auf die wir uns bisher berufen hatten, völlig infrage stellte. Was ich direkt nach diesem Ereignis aber sicher nicht ahnte, war, welche weitreichenden Folgen dieses Ereignis auf meine berufliche Entwicklung nehmen sollte. Ende Oktober 2001, also kurz vor Antritt der neuen Stelle, wurde mein Vertrag aus besonderem Grund gekündigt und man berief sich auf die wirtschaftlichen Auswirkungen des 11. Septembers 2001.

Ich war kurzfristig gezwungen, mir eine Alternative zu suchen, da auch meine finanzielle Absicherung mit der neuen Stelle verbunden war. Zu diesem Zeitpunkt hatte ich noch mit einigen Studienkollegen Kontakt, von denen eine bereits eine Anstellung in einer Personalberatung gefunden hatte. Also telefonierte ich mit ihr, ursprünglich aus der Idee heraus, mich mit ihr auszutauschen, wie ich nun kurzfristig an Alternativen kommen könnte und der Hoffnung, dass sie bereits Kontakte zu Kunden geknüpft hatte, die mir evtl. hilfreich sein würden. Auch an dieser Stelle kam es mal wieder anders als ich dachte.

Zum Zeitpunkt meiner Anfrage hatte die Personalberatung meiner Studienkollegin gerade ein sehr großes Restrukturierungs-Projekt akquiriert und ihr Chef suchte händeringend nach Berater*innen und Projektmitarbeiter*innen, die die Prozessbegleitung der betroffenen Mitarbeiter*innen übernehmen sollten. Parallel zu meinem Anruf liefen erste Vorstellungsgespräche und meine Kollegin versprach mir, sich kurz mit ihrem Chef abzusprechen und sich dann wieder zu melden.

Was ich wieder nicht ahnen konnte, war, dass der Rückruf des Chefs und sein Angebot eines persönlichen Kennenlernens so schnell und unvermittelt kamen, dass ich weder Zeit hatte mich vorzubereiten noch mir klar zu werden, was die zukünftige Position überhaupt ausmachte. Dennoch schien es mir eine Gelegenheit zu sein, die ich nicht verstreichen lassen wollte. Das Gespräch mit dem Chef der Personalberatung verlief sehr unkonventionell, aber ebenso erfolgreich, sodass er mir bereits im Gespräch ein Angebot unterbreitete und ich völlig überrumpelt und auch überwältigt zusagte.

Der einzige Haken am Angebot war, dass die Beraterposition keine feste Stelle war, sondern nur mit freien Mitarbeiter*innen besetzt werden sollte. Er fragte mich, ob ich denn auch frei für sie arbeiten würde. So kurz nach dem Studium hatte ich mich noch überhaupt nicht mit der Frage der Selbstständigkeit beschäftigt und hätte dies niemals als Einstieg in das Berufsleben in Betracht gezogen, aber was hatte ich zu verlieren? Einen sehr lustigen Moment gab es bei der Frage nach meinen Honorarvorstellungen: Weil ich darauf ebenfalls nicht vorbereitet war, bat ich ihn, mir ein Angebot zu unterbreiten. Als er einen Betrag nannte, war ich schon so durch den Wind, dass ich ihn fragte, ob dieser Betrag für die Woche gemeint sei. Es war das Honorar pro Tag und ich nahm sprachlos an. Er bot mir einen Vertrag für drei Monate an und ich hatte innerhalb von einer Woche so viele Turbulenzen erlebt, Enttäuschungen und Glücksmomente und vieles erreicht, was bislang nicht in meinem Vorstellungsbereich lag, dass ich kaum realisieren konnte, wie es um mich geschah.

Selbstständigkeit war nie mein Plan. Doch nun dauert sie bis heute an und ich kann es mir kaum mehr anders vorstellen. In meiner ganzen Karriere sind mir viele weitere Zufälle und Umstände begegnet, die ich nie hätte vorhersehen oder gezielt herbeirufen können. Sie haben meinen Weg bereichert und immer wieder in völlig neue Richtungen geführt. Allein die Tatsache, Gelegenheiten entgegenzugehen, sich sichtbar zu machen und zuzugreifen, wenn sich eine Chance ergibt, halte ich für eine Aufgabe, die in meinem Handlungsspielraum liegt. Das bedeutet auch, mir eine offene Haltung und Wahrnehmung zu bewahren, meine Ziele und Vorstellungen nachzubessern und anzupassen, wenn neue Informationen hinzukommen.

Anhand des Beispiels ist die Unterscheidung zwischen kausalem Denken und Effectuation sichtbar. Das Fatale am kausalen Denken ist, dass die Aufmerksamkeit auf das gesetzte Ziel fokussiert wird und alles Unerwartete, alle Umstände und Zufälle eher als Störungen wahrgenommen werden, die es gilt, auszuschalten oder zu umgehen. Das heißt, sie werden in der Regel eher als Hindernisse bewertet, da sie das festgelegte Ziel eventuell beeinträchtigen. In meinem persönlichen Fall hätte das zufällige Angebot einer freiberuflichen Stelle somit zu meiner Absage führen müssen, da es weder inhaltlich noch von der Art der Beschäftigung dem festgelegten Ziel entsprach.

Menschen, die nach Effectuation handeln, unterscheiden sich darin, dass sie eine andere Haltung zu unerwarteten und zufälligen Begebenheiten haben. Sie prüfen Unerwartetes erst auf seine Auswirkungen und leiten daraus einen profitablen Nutzen für sich ab. Darüber hinaus bietet genau dieses Vorgehen die Möglichkeit, Kontrolle über die aktuell ungewisse Situation zu erlangen. Die Ungebundenheit an ein fixes Ziel bietet die Freiheit, die neuen Informationen einzuarbeiten und die veränderlichen Ziele und Optionen anzupassen und weiterzugestalten. Gehen wir zurück zu unserem Bild von den verschiedenfarbigen Bällen in einem Behälter aus Kapitel 4.2. Angenommen, Sie hätten sich in der kausalen Logik das Ziel gesetzt, einen roten Ball zu finden, ohne dass Sie wissen, wie viel Bälle in welchen Farben vorhanden sind. So führt das Ziehen eines andersfarbigen Balles zur Enttäuschung, da es die festgelegte Zielerreichung nicht erfüllt. In der Effectuation-Logik würde das Ziehen eines blauen Balles stattdessen eine neue Möglichkeit eröffnen und nicht als Fehlgriff gewertet werden.

Um zu hinterfragen, ob und in welchen Bereichen man bereits das Denken nach Effectuation anwendet, lassen sich folgende Fragen reflektieren:

- »Es kommt immer anders, als man denkt« – ist es eher eine Aussage, die Sie bedroht oder neugierig werden lässt?
- Machen Sie sich manchmal einen Plan vom Tag und passen diesen an, wenn neue Einflüsse und Umstände hinzukommen oder halten Sie an Ihrem Plan strikt fest?
- Welche Erfahrungen haben Sie in Ihrer eigenen Karriere bisher gemacht? Lief alles immer nach Plan und ohne Abweichungen oder gab es Einflüsse, die Ihren Weg verändert haben und Ihnen neue Möglichkeiten boten? Wie bewerten Sie Einflüsse, die unerwartet auf Sie zukommen?
- Wie häufig gibt es zufällige Begegnungen in Ihrem Berufsalltag und wie fördern sie diese? Worüber kommen Sie ins Gespräch? Nehmen Sie sich Zeit für »absichtslose« Pausen mit Kollegen?
- Sind Sie in ihren Job schon einmal auf eine Antwort gestoßen, nach der Sie gar nicht gesucht haben, die sich aber als äußerst nützlich herausgestellt hat?
- Würden Sie zufälligen Ereignissen in ihrem Leben eher eine positive oder eine negative Bewertung zuschreiben?

4.7   Das Prinzip der Partnerschaften und Vereinbarungen

Das vierte Prinzip der Effectuation-Logik ist das der Partnerschaften und Vereinbarungen. Um die Unterscheidung zwischen kausalem Denken und Effectuation in diesem Prinzip sichtbar zu machen, gehen wir zuerst auf das Vorgehen im kausalen Denken ein. Hier werden für die Zielerreichung Partner*innen nach Rollen und Funktionen festgelegt, deren Einsatz notwendig im Sinne des Ziels ist. Das sind u. a.

- Mitarbeiter*innen,
- Kund*innen und Lieferanten als auch
- andere Marktteilnehmer*innen und
- öffentliche Bereiche.

In ihrer Rolle festgelegt können diese Gruppen erst werden, wenn das Ziel fixiert ist. Übertragen auf die berufliche Neuorientierung würde das z. B. bedeuten, sich auf eine

bestimmte Tätigkeit festzulegen und danach entsprechende Firmen und Ansprechpartner*innen auszuwählen, Bewerbungen zu versenden und gezielt andere Netzwerkkontakte außen vor zu lassen.

Erinnern Sie sich an die Frage »Wen kenne ich?« Das heißt, andere bereits zu Beginn
des Prozesses einzubeziehen, um zu erkennen, welchen Beitrag sie leisten könnten.
An dieser Stelle sind mögliche Ziele noch verhandelbar. Erst durch die Vereinbarungen
kreieren sie einen Teil der Zukunft, was dazu führt, dass Ungewissheit reduziert wird.
Nehmen wir mein persönliches Beispiel nach dem 11. September 2001. Die Unterhal-
tung mit meiner Studienkollegin brachte Informationen und neue Ziele/Optionen zu-
tage, die vorher nicht in meiner Vorstellung vorhanden waren. Die Vereinbarungen
mit dem Chef der Personalberatung führten dazu, dass es einen Plan gab für die
nächsten drei Monate. Die Partner waren nicht bewusst für diesen Zweck von mir aus-
gewählt worden, sondern hatten ebenfalls einen Bedarf, den wir im gemeinsamen Gespräch verhandelten.

Mit anderen Worten: Wir können sagen, dass im kausalen Denken die richtigen Partner*innen gesucht werden und in Effectuation diejenigen als Partner*in gelten, die
bereit sind, sich einzubringen und Vereinbarungen einzugehen.

Bei beruflichen Übergängen ist es häufig so, dass wir mit Menschen Kontakt aufnehmen, von denen wir glauben, dass sie uns unserem Ziel ein Stück näherbringen können. Beim Handeln im Ungewissen würden wir damit allerdings Chancen ausschließen, die sich ergeben würden, wenn wir auch diejenigen ansprächen, die wir nicht
sofort mit unserem Ziel in Verbindung bringen. Dies wiederum bedeutet, Gelegenheiten und Chancen zu schaffen, durch die Kontaktaufnahme zu allen Personen im eigenen Umfeld, auch zu denen, denen nicht zwangsläufig eine Verbindung zum eigenen
Bedarf eingeräumt wird. Eine neugierige, offene Haltung und das Schaffen von Transparenz über eigene Ideen und Themen können hier für neue Informationen möglicher
Partner*innen sorgen, mit denen gemeinsam Zukunft gestaltet werden kann. Hierdurch entstehen nicht nur ungeahnte Möglichkeiten, sondern die eigene Sichtbarkeit
wird größer und der Austausch mit anderen führt dazu, dass eigene Gedanken und
Ziele permanent überprüft und angepasst werden können (s. entsprechende Übungen im Kapitel 9).

Ein Erfahrungsbericht meiner Coaching-Klientin, Frau K., 27 Jahre, Journalistin und Kommunikationspsychologin: Meine berufliche (Neu-)Orientierung mithilfe des Effectuation-Ansatzes

Im Zuge meiner beruflichen (Neu-)Orientierung haben wir mit dem Effectuation-
Ansatz gearbeitet. Ich kam aus dem Journalismus, hatte in dem Feld schon einige
Erfahrung gesammelt, dann allerdings Zweifel, inwiefern ich mich in dem System

der Branche wiederfinde. Zudem musste ich zum Zeitpunkt meiner Entscheidung Rücksicht auf akute gesundheitliche Schwierigkeiten nehmen.

Zunächst ging es darum, herauszufinden, wer ich eigentlich bin, was ich kann, wen ich kenne und was ich will? Wir haben ganz spezifische Charaktermerkmale, aber auch persönliche Stärken herausgearbeitet. Dabei wurde z. B. deutlich, dass ich immer schon eine sehr gute Interviewerin war, dass Menschen mit ihren Geschichten und Anliegen aktiv auf mich zukamen, ich gut zuhören konnte, im Journalismus aber immer eine Grenze gesetzt war, wie weit ich darauf eingehen konnte. Als wir überlegt haben, wen ich kenne und was ich will, habe ich auch von meinen Nachbarn erzählt, die Psychologen waren und deren Welt- und Menschenbild mir sehr nah an meinem schien und die eben diese Grenzen in Gesprächen nicht setzen mussten, sondern stattdessen hilfreich agieren konnten. Gleichzeitig war und wurde mir aber auch nochmal bewusst, wie gerne ich meiner journalistischen Tätigkeit nachging. Als wir darüber gesprochen haben, was ich möchte, war recht schnell klar, dass ich gerne in beiden Feldern aktiv werden wollte – allerdings zu meinen Bedingungen.

Wir haben deshalb überlegt, was ich bereit zu investieren und zu verlieren war und wie eine gute Arbeitssituation für mich aussehen könnte. Ich entschloss mich, eine Weiterbildung zur Kommunikationspsychologin zu machen und gleichzeitig für ein Magazin zu schreiben. Mit dem Chef des Magazins handelte ich statt einer Festanstellung eine freie Mitarbeit aus, die ich ortsungebunden ausführen konnte. Auf diese Weise konnte ich beiden Leidenschaften nachgehen, Rücksicht auf meine Gesundheit nehmen und mich auf ein System, in dem ich mich vorher nicht gesehen habe, ein Stück weit als freie Mitarbeiterin einlassen.

Über die Zeit ergaben sich neue Partnerschaften und ich lernte durch Zufall neue Menschen kennen, die an meiner Arbeit interessiert waren. So entwickele ich meine berufliche Situation immer weiter und versuche zunehmend, die Kombination beider Felder zu nutzen und dadurch etwas ganz Neues entstehen zu lassen. Ich schreibe beispielsweise sehr viel zu psychologischen Themen und auch speziell über Kommunikation und nutze andererseits diese Erkenntnisse für meine Beratungsarbeit, in der ich auch wahnsinnig gerne kreative Elemente und die Kraft der Geschichten einfließen lasse.

Durch die Arbeit mit dem Effectuation-Ansatz ist mir nochmal stark bewusst geworden, dass alles immer im Fluss ist und sich auch zyklisch erneuern/ verändern lässt. Dadurch stehe ich neuen Umständen, aber auch vermeintlichen Schwierigkeiten sehr viel offener und gelassener gegenüber.

4.8   Zusammenfassung

Häufig lernen wir in der Ausbildung und im Studium das kausale/lineare Denken als Handlungsstrategie für die Lösung vieler Probleme im beruflichen Alltag. Wir erleben

Situationen, in denen uns diese Strategie zeitweise auch zur Lösung führt. Intuitiv haben wir dennoch auch anderes Handwerkszeug angewandt, vielleicht auch gerade dann, wenn uns altherkömmliche Methoden nicht ans Ziel gebracht haben. Der berufliche Kontext, berufliche Übergänge und die Gestaltung der eigenen Karriere gehören unserer Erfahrung nach nicht zu den linear planbaren Bereichen. Wir gehen vielmehr davon aus, dass die Geschwindigkeit, mit der sich der Arbeitsmarkt, Rollen und Aufgaben verändern, dazu führt, dass andere Methoden greifen müssen, dass fixe Ziele zu riskant sind und dazu führen, dass wir an anderen Möglichkeiten vorbeiziehen. Der amerikanische Forscher *Mark Savickas* spricht davon, dass die Kernkompetenz von Menschen in beruflichen Übergängen darin besteht, sich anzupassen und sich in Wechselwirkung mit ihrer Umwelt immer wieder neu zu erfinden. Das bewusste Anwenden der Effectuation-Prinzipien ist aus unserer Sicht dafür eine Hilfestellung, die nach und nach dazu führt, dass Ungewissheit reduziert werden kann und klassische Denkstrategien wieder greifen.

4.9   Meine Reflexionsfragen

Welche Denkstrategien wende ich in welchem Kontext an? Woran erkenne ich sie?

_____

_____

_____

Welche ungeplanten Wege hat meine Karriere bisher eingeschlagen? Und welche Einflüsse und Umstände haben diese begünstigt?

_____

_____

_____

4.10   Literaturquellen

Bandura, Albert (1995): Self-Efficacy: The Exercise of Control; Worth Verlag

Faschingbauer, Michael (2013): Effectuation: Wie erfolgreiche Unternehmer denken, entscheiden und handeln, Schäffer-Poeschel Verlag

Sarasvathy, Sara (2009): Effectuation: Elements of Entrepreneurial Expertise (New Horizons in Entrepreneurship) Edward Elgar Publishing Ltd.

Savickas, Mark L. (2011): Career Counseling, American Psychological Association (APA)

Schmidt, Gunther (2017): Liebesaffären zwischen Problem und Lösung: Hypnosystemisches Arbeiten in schwierigen Kontexten (Hypnose und Hypnotherapie), Carl Auer Verlag

5 Der Talent Manager als Lotse in der VUCA-Arbeitswelt

(ein Beitrag von Torsten Bittlingmaier)

5.1 VUCA ist nicht ganz neu, aber ...

... volatil, unsicher, komplex und ambivalent.

Wir leben in der VUKA-Welt. Aber seit wann eigentlich? Mit Blick auf die letzten 100 Jahre unserer Geschichte kann man sich kaum ein Jahrzehnt vorstellen, das man als stabil, sicher, klar strukturiert und frei von Widersprüchen erlebt hätte. Schon immer erleben wir gesellschaftliche, politische oder ökonomische Veränderungen als verunsichernd und irritierend – die Zukunft lockt uns schon immer aus unserer Komfortzone heraus.

Aber auch wenn wir glücklicherweise in Europa seit Langem keine Kriege mehr führen, ist doch das subjektive Empfinden für die Stabilität der Verhältnisse um uns herum auf einem gefühlt sehr niedrigen Stand. Der Begriff der »disruptiven Veränderung« macht die Runde: Die Dinge ändern sich schneller, überraschender und grundlegender, als wir es bisher kannten. Während »klassische Innovationen« typischerweise keine grundlegenden Veränderungen mit sich brachten, sondern auf Fortentwicklungen beruhten bzw. evolutionär waren, gehen mit disruptiven Veränderungen (to disrupt – zerstören, unterbrechen) komplette Umstrukturierungen einher: Bisher etablierte Vorgehensweisen, Prozesse, Geschäftsmodelle oder Märkte funktionieren ab diesem Moment nicht mehr wie gewohnt.

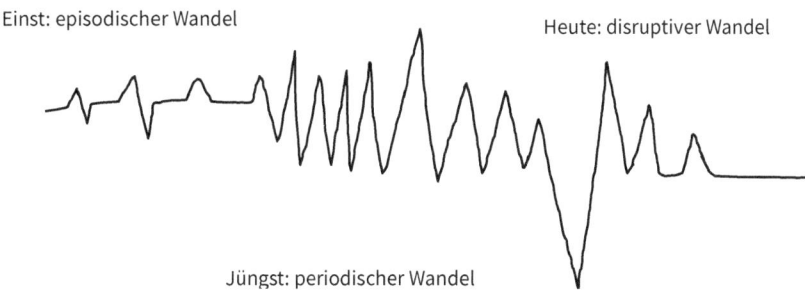

Abb. 13: Vom episodischen Wandel zum disruptiven Wandel (Quelle: Torsten Bittlingmaier)

Mit Blick auf das Wirtschaftsleben lässt sich sagen, dass sich die Art, wie sich Dinge wandeln, immer weiter verändert. Über Jahrzehnte hinweg kannten wir einen episodischen Wandel. Den Phasen hoher Konjunktur folgten Flauten. Lief das Geschäft weniger gut, so wurde einfach etwas mehr auf Lager produziert: eine relativ stabile – man könnte kritisch anmerken: unflexible – Produktion als Ausgangslage. Über die Kosten für die »Pufferhaltung« in den Lagern machte man sich damals keine Gedanken. Erst später änderten sich die Verhältnisse: als Lagerkosten bzw. die eingelagerten (und damit nicht flexibel einsetzbaren) Werte in den Fokus wirtschaftlicher Betrachtungen gerieten, als Just-in-time-Produktion und immer enger verzahnte Lieferketten möglich machten, eine Produktion punktgenau und vergleichsweise flexibel zu gestalten. Wandel geschah in kürzeren Zyklen, die Auswirkungen wurden spürbarer. Und gleichzeitig gelang es mit Ansätzen wie KVP (Kontinuierlicher Verbesserungs-Prozess), die Veränderung, sprich Innovation oder Prozessanpassung, zum Teil des Prozesses zu machen. In jüngster Zeit erleben wir Veränderung als zunehmend disruptiv, was sinngemäß bedeutet, dass mit einer Neuerung von grundlegender Natur gleichermaßen die Zerstörung oder zumindest Ablösung einer bisher durchaus etablierten bzw. erfolgreichen Vorgehensweise oder eines Geschäftsmodelles einhergeht.

Für die besondere Intensität, mit der Veränderungen heute auf uns wirken, sind eine Reihe von Faktoren verantwortlich (s. auch Kapitel 2).

Beispielhaft seien hier genannt:

Globalisierung

Die Notwendigkeit und damit einhergehenden Vorteile der Globalisierung sind unbestritten – aber natürlich werden Geschäfte schwieriger im Handling, wenn verschiedene Sprachen, Kulturen, Zeitzonen usw. ins Spiel kommen. Die Belastung für alle beteiligten Personen und Organisationen wächst, und die Anfälligkeit der Abläufe ebenso.

Vernetztes Wirtschaften/Just-in-time-Produktion

Je präziser Prozesse und Lieferketten ineinander greifen, desto größer wird die Abhängigkeit vom reibungslosen Funktionieren aller Beteiligten. Das heißt, je kleiner die Puffer, desto größer das Risiko, wenn das schwächste Glied in der (Produktions-)Kette reißt.

Zunehmende Komplexität

Nicht nur die vorgenannten Punkte, auch zunehmend regulatorische Eingriffe der Gesetzgeber, die teilweise hoch spezialisierte Arbeitsaufteilung, Matrix-Organisationen oder komplizierte, manchmal auch widersprüchliche Rechtsräume (z. B. Tarifrecht vs. Beamtenrecht) – um nur einige Beispiele zu nennen – haben die Komplexität unseres Wirtschaftens in den letzten Jahren massiv erhöht.

Digitalisierung

Der Veränderungstreiber unserer Zeit ist die Digitalisierung. Die besondere Kraft der Erneuerung hat zwar einen technischen Anlass, kommt aber mit weitreichenden strukturellen und – zumeist unterschätzt – kulturellen Transformationsprozessen daher. Am Beispiel der Digitalisierung wird das disruptive Element besonders deutlich, da bisher erfolgreiche analoge Prozesse schlagartig ihre Wettbewerbsfähigkeit einbüßen. Eine Besonderheit der Digitalisierung ist, dass so ziemlich jede Branche betroffen ist, ja, jeder Lebensbereich von ihr betroffen sein wird. Aktuell ist der Umbruch massiv in der gesamten Finanzwirtschaft zu beobachten, wo Fintechs mit raffinierter Technik und teilweise viel eingesammeltem Wagniskapital den etablierten Banken und Versicherungen Furcht und Schrecken einjagen. Und an diesem Beispiel wird auch klar: Wer als Arbeitnehmer mit dieser Entwicklung nicht Schritt halten kann oder will, hat möglicherweise bald nicht mehr die benötigte Qualifikation, um am Arbeitsmarkt gefragt zu sein. Aber auch in alle scheinbar privaten Lebensbereiche dringt die Digitalisierung vor: Denken Sie an Online-Handel oder fragen Sie mal Ihre Eltern, wie die früher ihren Urlaub gebucht haben?

»Mono-Kulturen« – Mangel an Vielfalt

Der auf den ersten Blick vielleicht am wenigsten einleuchtende Faktor: Über viele Jahre hinweg haben wir unsere Geschäfte immer weiter auf die profitabelsten Teile hin zugeschnitten: Mit der Prämisse »Shareholder Value schaffen« wurden weniger profitable Unternehmensbereiche verkauft oder geschlossen, »Konzentration auf das Kerngeschäft« war die Devise, aus der heraus begründet nur noch das gemacht wurde, womit die höchsten Renditen erzielt werden konnten. Im Ergebnis entstanden Mono-Kulturen von Unternehmen, die einerseits in hohem Maße von einem bestimmten Konjunkturzyklus abhängig waren und andererseits nicht mehr die interne Vielfalt hatten, disruptive Veränderungen frühzeitig zu erspüren und rechtzeitig darauf reagieren zu können.

Skandale/gebrochene Regeln

Ob Diesel-Gate, Kinderarbeit in der Textilindustrie, Massentierhaltung, Lebensmittelskandale, Bespitzelung von Mitarbeiter*innen oder Manipulationen in der Arzneimittelindustrie: (Gesetzes-)Verstöße, die publik werden, Skandale, die aus der Vertraulichkeit eines Unternehmens nach draußen dringen, sorgen – medial entsprechend verstärkt – für enormes Aufsehen und teilweise für grundlegend neue Spielregeln: So folgen Fahrverbote in den Innenstädten aus den Betrügereien rund um das Thema Dieselmotoren oder neue Gesetze. Compliance aus Korruptionsskandalen in mehreren Branchen und allzu sorglosem Umgang mit Daten von Mitarbeiter*innen und Kunden.

Ein zusätzlicher Faktor dabei ist die Tatsache, dass wir heute Nachrichten aus aller Welt wie selbstverständlich jeden Tag serviert bekommen. – unsere Medien sind heute in der Lage, Informationen (ob nun für den Leser wichtig oder unwichtig) in Sekundenschnelle rund um den Globus zu verbreiten. Für uns entsteht so die Herausforderung, diese Masse an Informationen – und oftmals sind es eben auch schlechte Nachrichten – zu verarbeiten, ohne davon überlastet zu sein und darunter zu leiden. Wir sind tendenziell von dieser Flut überfordert und halten die Welt heute für schlechter, als sie es früher war. Dabei sind wir womöglich nur viel umfassender informiert – frei nach dem Comedian *Nico Semsrott:* »Freude ist nur ein Mangel an Information«... (so der Titel seines Programmes beim 3SAT-Festival vom 14.10.2017).

(Natur-)Katastrophen

Wenn auch aus anderer Ursache, so gelten hier die gleichen Mechanismen wie oben beschrieben: Denken Sie nur an das Atomunglück von Fukushima und den daraus resultierenden Atomausstieg in Deutschland – die gesamte Energiebranche im disruptiven Wandel: nahezu unvorbereitet von heute auf morgen ...

Poltische Neuausrichtung

Wenn der Präsident einer befreundeten Nation Handelsabkommen bricht oder Zölle androht, darf man getrost von unvorhergesehenen Ereignissen sprechen, deren disruptive Kraft enorme Auswirkungen haben kann – auf einzelne Unternehmen, ganze Länder oder sogar den Welthandel. Kriege, Annexionen, Embargos und Boykotte belasten und verändern angesichts einer globalisierten Wirtschaft massiv und teilweise ohne lange Vorlaufzeiten den Markt.

Tipping Point – Der Punkt, an dem die Sache kippt ...

Manchmal entwickeln sich die Dinge zwar stetig, aber unterhalb unserer Wahrnehmungsschwelle. Dies geschieht bis hin zu einem Punkt, an dem die kritische Masse erreicht ist. Der Tropfen, der dann letztendlich das Fass zum Überlaufen bringt – und plötzlich sehen bzw. spüren wir den Effekt. Obwohl längst (logisches) Ergebnis einer längeren Entwicklung, nehmen wir die dann plötzlich aufgetretene Veränderung doch als überraschend und disruptiv wahr. *Malcom Gladwell* hat dies in seinem Buch »Tipping Point: Wie kleine Dinge Großes bewirken können« wunderbar beschrieben.

Zudem hat sich die Halbwertzeit von Wissen in den letzten Jahren massiv reduziert. Halbwertzeit von Wissen ist die Anzahl an Jahren, nach denen ein bestimmtes Wissen nur noch zur Hälfte anwendbar, d. h. die Hälfte wert, ist. Bei Schulwissen setzen wir üblicherweise 15–20 Jahre an, bei berufsspezifischem Wissen vier bis sieben Jahre, in der Informationstechnik sprechen wir von über zwei Jahren und bei speziellen IT-Kenntnissen nur noch von sechs Monaten.

An einem konkreten Beispiel erläutert, bedeutet das:

Beispiel

IT-Kenntnisse, die im Studium erlangt wurden, können bereits zum Ende des Studiums überholt sein. Das bedeutet zuweilen auch, dass in früheren Zeiten – d. h. in einem anderen Kontext – gemachte Erfahrungen nicht nur an Bedeutung verlieren, sondern geradezu kontraproduktiv sein können. Der Effekt wird zusätzlich dadurch befeuert, dass die Menge verfügbarer Informationen seit Jahren fast exponentiell zunimmt. Die Herausforderung liegt also nicht mehr so sehr darin, an relevante Informationen zu gelangen, sondern vielmehr, sie aus der Masse an verfügbaren Informationen herauszufiltern.

5.2   Eltern fallen als Ratgeber zunehmend aus

Dass früher (alles) besser war (vgl. Kapitel 5.5), ist natürlich Blödsinn – darauf kommen wir später noch einmal ausführlich zurück. Was aber mit Sicherheit stimmt, ist die Tatsache, dass sich die Prägung im Hinblick auf eine spätere berufliche Entwicklung durch die Eltern in sehr viel höherem Maße vollzog, als das heutzutage der Fall ist. Einerseits ist die soziale Herkunft heute in geringerem Maße bestimmend bei der Frage, wohin sich ein Mensch beruflich entwickeln kann – auch wenn unstrittig ist, dass Herkunft bei der Frage gesellschaftlichen (und damit verbunden meist auch beruflichen) Aufstiegs eine große – wahrscheinlich zu große – Rolle spielt. Die Kehrseite dieser positiven Tendenz ist allerdings, dass die Eltern als Ratgeber heute weitgehend ausscheiden. Die heutige Elterngeneration versteht nur noch bedingt, was ihre Kinder studieren bzw., welche Art Berufe sie ergreifen. Unternehmen verändern sich derart schnell, dass selbst die Erfahrungen der Eltern in einer ähnlichen Branche nur noch bedingt von Nutzen sind.

Gibt man bei Wikipedia den Begriff »Informationsexplosion« (https://de.wikipedia.org/wiki/Informationsexplosion) ein, dann erfährt man, dass sich – je nach Sicht und Messgröße (denkbar sind u. a. die Anzahl wissenschaftlicher Publikationen oder die Anzahl an Menschen, die wissenschaftlich arbeiten usw.) – das Wissen der Welt alle fünf bis zwölf Jahre verdoppelt – mit eindeutig steigender Tendenz. Über die daraus resultierende Halbwertzeit von Wissen konnten Sie bereit im vorherigen Absatz lesen.

Überlegen Sie einmal, wie viele Menschen der heutigen Elterngeneration Sie kennen, die

- sich nicht mehr mit dem Internet auseinandersetzen wollen,
- weitestgehend auf Reisen in bisher unbekannte Regionen verzichten,
- ihr Netzwerk aus Freunden und Bekannten eher verkleinern als erweitern,

so kommen Sie schnell zu der Erkenntnis, dass diese Menschen als Ratgeber hinsichtlich einer künftigen beruflichen Entwicklung nur noch bedingt infrage kommen. Das führt zu der These, dass Erfahrungshintergrund und Wissenshorizont vieler Eltern nicht mehr ausreichen, um ihren Kindern aus fachlicher Sicht ein guter Ratgeber in Sachen Studien- oder Berufswahl zu sein.

Glücklicherweise nimmt die soziale Durchlässigkeit unseres Bildungssystems weiter zu – auch wenn der aktuelle Status noch nicht befriedigen kann. Noch immer bestimmt die Herkunft ein gutes Stück weit die berufliche Zukunft. Aber gerade dort, wo Jugendliche aus Nicht-Akademiker-Familien oder bildungsfernen Strukturen ein Studium aufnehmen wollen, sind die Eltern als Berater weitestgehend überfordert. Aber fragen Sie sich doch einmal selbst, ob Sie in wenigen Worten erläutern können, was die wesentlichen Inhalte eines Studiums in den Bereichen

- Bionik,
- Friedensforschung,
- Photonik oder
- Nanotechnologie

sind? Oder was ein Feel Good Manager, ein Instructional Designer/E-Learning-Konzepter, ein SEO-Manager oder Data Scientist den ganzen Tag so macht?

5.3   Warum dann nicht einen Lotsen?

Ganz offensichtlich gibt es einen Trend zur Individualisierung, während die Welt, in der wir leben, immer komplizierter und komplexer und damit immer intransparenter für uns erscheint. Das wirkt auf den ersten Blick widersprüchlich, weil man sich nach einfachen Antworten und Lösungen sehnt. Mit zunehmender Anzahl an möglichen richtigen Antworten oder guten Lösungen aber entsteht der Wunsch nach einem Ratgeber, einer Vertrauten, einer Person, der man den besseren Überblick zutraut. Der man sich also anvertraut, auf die man sich berufen kann: einen Impulsgeber, eine Sparringspartnerin, Ratgeberin oder eben … einen Lotse.

> **!   Beispiel**
>
> Als Beispiel nehmen wir einmal den Kauf eines neuen Autos – und einen Käufer, für den das Auto nicht nur Mittel zur Fortbewegung, sondern auch Statussymbol und Ausdruck eines besonderen Wohlstandes, einer Lebensweise oder eines Lebensgefühls sind. Für einen solchen Käufer kommt nur eine – vorzugsweise deutsche – Nobelmarke infrage. Dieses Fahrzeug wird aber niemals »von der Stange gekauft«, sondern nach wochenlangem Abwägen, Begutachten, Diskussionen mit der Familie, den Freunden oder Kollegen maßgeschneidert, individuell konfiguriert und dann bestellt. »One size fits all« ist hier definitiv keine Option. Am Ende sitzen wir mit dem Fahrzeugverkäufer am PC und entwerfen »unseren« Mercedes, BMW, Porsche usw. …

Dinge, die uns wichtig erscheinen, wollen wir also in perfekter Weise auf uns zuge-schnitten wissen.

> *»Ein Lotse ist in der Seefahrt meist (in Deutschland grundsätzlich) ein erfahrener*
> *Nautiker (Kapitän) mit mehrjähriger praktischer Erfahrung, der bestimmte*
> *Gewässer so gut kennt, dass er die Führer von Schiffen sicher durch Untiefen,*
> *vorbei an Schifffahrtshindernissen und dem übrigen Schiffsverkehr geleiten*
> *kann. Sie üben ihre Tätigkeit als Berater des Kapitäns eines Schiffes aus.«*
> Definition eines Lotsen laut Wikipedia vom 04.07.2018:
> https://de.wikipedia.org/wiki/Lotse

Eigentlich genau das, was wir alle suchen: den Partner, der sich auskennt und uns in-dividuell berät.

Dabei erfasst der Trend, sich individuell begleiten und beraten zu lassen, viele Bereiche unseres privaten, aber auch beruflichen Lebens: Neben dem bereits erwähnten Bei-spiel »Autokauf« seien hier Individualreisen, private Tour-Guides, persönliche Ein-kaufsberater*innen oder -begleiter*innen genannt. Auch im beruflichen Kontext setzt sich Coaching immer mehr durch: die maßgeschneiderte, persönliche und in höchstem Maße effiziente Beratung und Begleitung in Sachen beruflicher und persönlicher Ent-wicklung. Unsere Lotsen sind überall – wir nennen Sie nur nicht so – bisher jedenfalls.

Ein weiterer Grund für den Bedarf nach einem Lotsen in eigener Sache ist für viele, insbesondere jüngere Menschen, eine an den jeweiligen Lebensphasen orientierte Le-bens- und Karriereplanung. Sehr klar unterscheiden sich heute und besonders mor-gen berufliche Werdegänge von den bisher üblichen, »klassischen« Erwerbsbiogra-fien. Der eingetretene Wertewandel, eine gewisse materielle Grundzufriedenheit und sicherlich auch der Wunsch, manche Dinge im Leben anders zu gestalten, als es die eigenen Eltern getan hatten, führen beispielsweise dazu, dass junge Menschen das Thema »Familie« bereits sehr viel früher priorisieren, als das die Generation ihrer El-tern tat. Während sich diese – und das gilt vor allen Dingen für die Männer dieser Gene-ration – häufig bis in die 40er Lebensjahre hinein weitgehend über Arbeit definierten, steht bei jungen Menschen – männlich wie weiblich fast gleichermaßen – Familie sehr viel früher auf der Agenda. »Ich will für meine Kinder da sein«, hört man mit schöner Regelmäßigkeit auch von jungen Männern. Elternzeit oder Teilzeitarbeit sind längst keine reinen »Frauenthemen« mehr. Gesellschaftlich gesehen eine sehr schöne Ent-wicklung, für die Arbeitgeber wird es angesichts des demografischen Wandels und eines Arbeitsmarktes, der in einigen Segmenten bereits die Tendenz zur Vollbeschäfti-gung zeigt, nicht gerade leichter. Wie angenehm war es da für die Unternehmen, als typische Lebensläufe in etwa so aussahen:

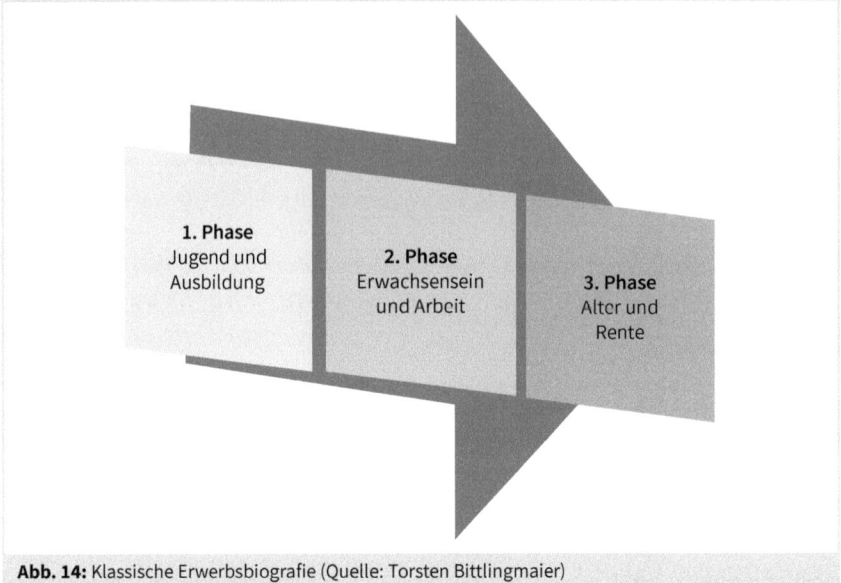

Abb. 14: Klassische Erwerbsbiografie (Quelle: Torsten Bittlingmaier)

Nach einer mehr oder weniger klar definierten Phase von Jugend und Ausbildung schloss sich typischerweise nahtlos und weitgehend homogen die Phase des Erwachsenseins und des Berufslebens an. Häufige Wechsel des Jobs oder gar des Arbeitgebers waren eher ungewöhnlich, galten als unstet und waren eher verpönt als im Sinne eines Erfahrungsgewinnes geschätzt. Nicht selten wurde das gesamte Erwerbsleben bei ein und demselben Arbeitgeber verbracht – von der Ausbildung bis zur Rente. Arbeitsverträge wurden – zumindest in der Vorstellung der meisten Arbeitnehmer*innen, aber auch der Unternehmen, im wahrsten Sinne des Wortes unbefristet geschlossen. Der Wechsel in die Phase danach, das Rentendasein, war dann eher abrupt und für viele Arbeitnehmer*innen mit Blick auf ihr bisheriges (Berufs-)Leben nur schwer zu bewältigen, da plötzlich wesentliche Lebensinhalte fehlten und neue gefunden werden mussten. Loriot hat uns das in seinem Film »Pappa ante portas« auf wunderbare und liebevolle Weise vorgeführt.

Heutige – und besonders künftige – Erwerbsbiografien sehen völlig anders aus:

Schon Jugend und Ausbildung verlaufen nicht mehr so gleichförmig wie früher. Die Anzahl der Wahlmöglichkeiten, die heutigen Jugendlichen zur Verfügung stehen, ist bei Weitem größer als noch vor 30 oder 40 Jahren: völlig neue Ausbildungsberufe und Studiengänge, durch neue Technologien erst entstehende Berufsbilder … die Wahlmöglichkeiten nehmen zu, die Komplexität auch – und damit die Schwierigkeit, sich für »das Richtige« zu entscheiden.

Richtig turbulent aber wird es danach, wo sich Phasen hohen beruflichen Engagements mit Phasen der Neuorientierung, der Selbstfindung, Regenerierung abwechseln – bis hin zu beruflichen Auszeiten für Reisen oder Zeiten der umfänglichen Zuwendung zur Familie.

Einige Trends zeichnen sich bereits heute deutlich ab:
- Familienplanung wird zeitiger wichtig – auch für Männer.
- Die Bereitschaft, den Beruf der Familie unterzuordnen, ist deutlich höher ausgeprägt.
- Aus »Leben, um zu arbeiten« wird immer häufiger »Arbeiten, um zu leben«.
- Die »Brüche« in den Erwerbsbiografien nehmen sehr deutlich zu: berufliche Auszeiten oder völlige Neuorientierung.
- Die Menschen werden nicht nur viel häufiger den Arbeitgeber wechseln – sie werden auch immer wieder völlig neue Berufe ergreifen.
- Die Bindung an Unternehmen nimmt dramatisch ab, die Identifikation mit der Tätigkeit und die Frage nach ihrer Sinnhaftigkeit nehmen signifikant zu.

Anders als in Zeiten von Massenarbeitslosigkeit, hat die kommende Generation angesichts des demografischen Wandels und des Fachkräftemangels (auch wenn der wiederum zum Teil wohl durch nicht angepasste Personalstrategien hausgemacht ist) die Fähigkeit, sich zu verweigern. So beobachten wir bereits heute zunehmend Kündigungen von Arbeitnehmer*innen aus Unzufriedenheit mit den bestehenden Verhältnissen, obwohl sie noch keine Anschlussbeschäftigung gefunden haben. Personaler*innen können von diesen Veränderungen ein Lied singen, denn potenzielle und tatsächliche Mitarbeiter*innen bestimmen zunehmend selbstbewusst die Arbeitsbedingungen. Die Frage nach einem möglichen Sabbatical wird heute mit größter Selbstverständlichkeit bereits im ersten Job-Interview gestellt. Früher undenkbar oder in den meisten Fällen zumindest das sofortige Aus für die Bewerbung.

Beispielhaft sehen die neuen Werdegänge in etwa so aus:

Eine weitere Besonderheit dieser Lebens(ver)läufe ist der Gegensatz zwischen dem Wunsch nach Sicherheit, Berechenbarkeit und Kontinuität auf der einen sowie Flexibilität, Rastlosigkeit und Veränderung auf der anderen Seite.

In jeder Phase ist es aufs Neue von Bedeutung, eine gute »Vorstellung von sich selbst« zu gewinnen, eine Standortbestimmung, Selbstjustierung und Neuausrichtung vorzunehmen. Die früher vergleichsweise stringente und planbare Karriere ist damit endgültig obsolet (s. Kapitel 3).

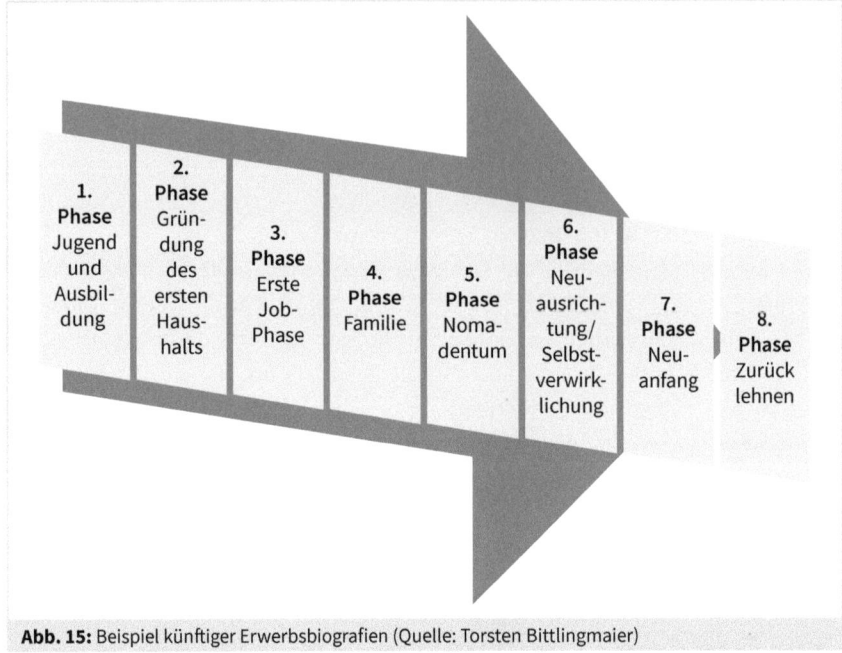

Abb. 15: Beispiel künftiger Erwerbsbiografien (Quelle: Torsten Bittlingmaier)

5.4 Die Führungskraft als Talent Manager

Tatsächlich wird jede Personalabteilung – gefragt nach der Verantwortung für die Talententwicklung im Unternehmen – immer dieselbe Antwort geben: »*Bei uns ist die Führungskraft der oder die oberste Talent Manager*in.*« Und dennoch sagen uns aktuelle Studien (zuletzt vom 30.01.2018: http://www.harvardbusinessmanager.de/blogs/kein-haendchen-fuer-talentmanagement-a-1190471.html) mit schöner Regelmäßigkeit, dass der überragende Kritikpunkt der Talente am Talent Management ihres Unternehmens die fehlende »Quality Time« mit ihren Vorgesetzten ist – also genau die Zeit für Gespräche, in denen es um die eigene Weiterbildung und Entwicklung, das Fortkommen und schließlich die Karriere geht. Ganz offenbar betrachtet die überwiegende Mehrheit der Führungskräfte Talent als seinen Privatbesitz, den es für den eigenen Bereich zu nutzen gilt. Ein Verständnis von Talent als Kapital des Unternehmens, das es zu entwickeln, vermehren und an weiterführender Stelle einzusetzen und zu nutzen gilt, findet man dagegen selten. Kritisch muss man die Frage stellen: Warum auch? Denn bei genauem Hinsehen findet sich das Thema Talententwicklung weder in Führungsleitbildern oder -richtlinien noch wird es in Führungstrainings vermittelt oder gar in Zielvereinbarungen aufgenommen. Es bleibt damit weitgehend dem Goodwill der Führungskraft überlassen, ob das anvertraute Talent entsprechend seines Potenzials gefördert wird – oder eben nicht. Aus Sicht des Talentes ziemlich riskant, sich darauf zu verlassen.

Obgleich die Führungsinstrumente eigentlich vorhanden sind, zeigen einschlägige Untersuchungen immer wieder, dass der Zeitanteil, den Führungskräfte tatsächlich für Führung aufwenden, nur etwa 20 bis 30 % ihrer gesamthaft verfügbaren Zeit ausmacht – und in den meisten Unternehmen wird das zugelassen oder ist sogar gewollt. Kein Wunder also, wenn Führungskräfte immer noch aufgrund des besten Fachwissens ernannt werden, statt die Fähigkeit zur Führung zu betrachten. Kein Wunder demnach auch, dass mangelnde Führungsqualität immer wieder aufs Neue beklagt wird und das Geschäft mit Führungstrainings Jahr für Jahr boomt ...

5.5   Früher war (alles) besser ...

Natürlich nicht! Allerdings waren die Verhältnisse weniger volatil, sondern deutlich stabiler. Unternehmen waren gefestigte Organisationen, Produktlebenszyklen erheblich länger, der Innovations- und Wettbewerbsdruck spürbar geringer. Was heute funktionierte, tat es am nächsten Tag mit sehr hoher Wahrscheinlichkeit immer noch. Aufgaben und Verantwortung waren in, wenn auch sehr hierarchischen, Systemen klar zugeordnet, Ambiguität war ein Fremdwort. Daher waren Entwicklungen vorhersehbarer, Karrieren planbarer und einmal angeeignetes Wissen war natürlich für viele Jahre anwendbar. Die Prägung von zu Hause auch für die weiterführende berufliche Entwicklung war der typische Fall; sich zu orientieren fiel in diesen Verhältnissen aus heutiger Sicht vergleichsweise leicht. Ein Talent Manager oder Lotse hätte sicher Mühe gehabt, Kundschaft mit entsprechendem Unterstützungsbedarf zu gewinnen.

5.6   Die Rolle des Vorgesetzten – Der Idealfall

Vielleicht haben sie ihn noch erlebt? Den Chef, der sich wirklich für seine Mitarbeiter*innen interessierte. Der viele Freiheiten gewährte, aber dennoch nah genug am Geschehen war, um hilfreich zur Seite zu stehen und Rückendeckung zu geben, wann immer das nötig war. Der Spielfelder eröffnete, auf denen man sich ausprobieren konnte – und der verhinderte, dass ein Fehler schwerwiegende Folgen hatte. Einer, der vor echtem Scheitern bewahrte. Und der Kritik ertragen konnte, ja, den selbst unangemessene Kritik nicht dazu brachte, mit seinem Mitarbeiter zu brechen.

Diesen »väterlichen Kümmerer« gab es früher öfter, als der Veränderungsdruck geringer und Organisationen noch stabiler waren – und Führungskräfte ihre Positionen eine längere Zeit innehatten und damit an nachhaltigem Erfolg mehr interessiert waren als an Quick Wins oder Quartalsergebnissen. Die Spezies ist heute rar – aber wer gibt einem dann Feedback im beruflichen Umfeld? Wer berät, wer hat relevante Erfahrungen und vor allem die Kontakte, die für eine Karriere ja so eminent wichtig sind? Wer öffnet Türen auch außerhalb des eigenen Erfahrungsbereiches?

Auch diese Rolle kann der Talent Manager als Lotse ausfüllen.

5.7   Wie es klappen könnte

Klug geführte Unternehmen versuchen, den geschilderten Entwicklungen Rechnung zu tragen, indem Sie sich als attraktive Arbeitgeber präsentieren, die Ihren Mitarbeiter*innen einerseits Sicherheit, andererseits Flexibilität und Perspektive bieten. Dass der direkte Vorgesetzte dabei eine entscheidende Rolle spielt, ist klar: Es gilt, eine Talentkultur im Unternehmen zu etablieren, und jede einzelne Führungskraft ist kulturprägend in der einen oder anderen Weise. Typische Indizien für das Vorhandensein einer Talentkultur sind u. a.:

Ein einheitliches Verständnis von Talent
Talente und ihre Potenziale zu fördern und richtig einzusetzen, gehört zu den wichtigsten Aufgaben einer Organisation. Führungskräfte sind in der Potenzialerkennung geschult und insbesondere willig, Talente um sich zu scharen, die in bestimmten Gebieten besser sind als die Führungskraft selbst. So bringen sie die Organisation ganz nach vorne.

Eine bewusst erzeugte und gesteuerte Vielfalt in der Belegschaft
Aus vorgenannter Erkenntnis ergibt sich, dass die Strategie »noch mehr vom selben« langfristig nicht erfolgreich sein kann. Jenseits von Quoten ist die entscheidende Frage bei jeder neuen Stellenbesetzung: »Was bereichert uns am meisten? Homosoziale Reproduktion, bei der Führungskräfte nur Abbilder ihrer selbst einstellen – frei nach dem Motto: »keiner darf etwas besser können als ich« – gehört der Vergangenheit an. Oder weniger wissenschaftlich: »Schmitt sucht Schmittchen« ist Geschichte.

Talententwicklung als klar benannte Führungsaufgabe und Selbstverständnis einer jeden Führungskraft
Es existiert ein Führungsleitbild mit der klaren Botschaft, dass Talententwicklung eine der wichtigsten Führungsaufgaben überhaupt ist. Entsprechende Inhalte finden sich in sämtlichen Trainings für Führungskräfte aller Ebenen sowie den Führungsnachwuchs.

Unternehmen mit Talentkultur haben entsprechende Zielvereinbarungen, KPI und Führungsinstrumente aufgebaut

Im Unternehmen ist bekannt, welche Führungskraft sich für die Talente engagiert – und welche nicht. Führungskräfte investieren Zeit und Geld in die Potenzialentfaltung ihrer Mitarbeiter*innen, auch, um diese später in weiterführende Positionen möglicherweise eines anderen Bereiches abzugeben. Die Verantwortung gilt dem ganzen Unternehmen, nicht nur einem seiner vielen Silos.

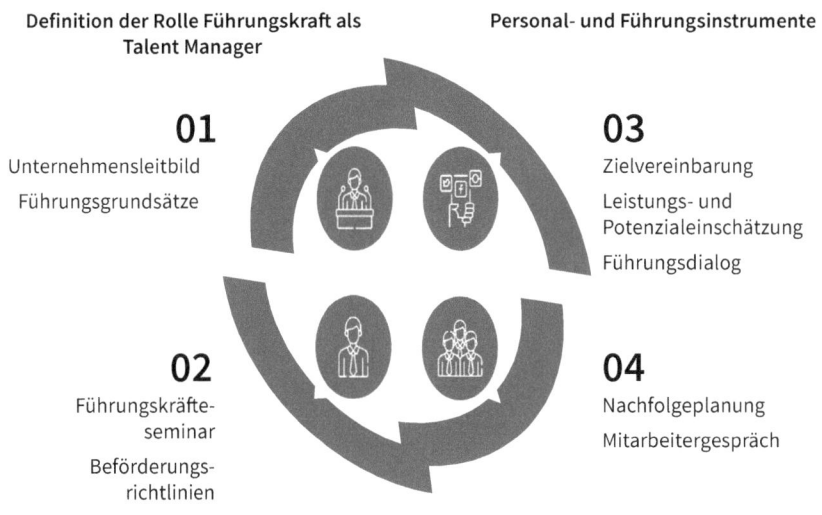

Abb. 16: Die Führungskraft als Talent Manager (Quelle: Torsten Bittlingmaier)

5.8   Sein eigener Herr (und Talent Manager) sein

Mit der ausführlich beschriebenen Veränderung der Erwerbsbiografien geht eine gravierende Veränderung in Bezug auf die Selbstverantwortung für die eigene Beschäftigungsfähigkeit (Employability) einher (s. auch Kapitel 3). Die Sicherheit des Arbeitsplatzes, die man früher als Angestellte in Konzernen oder Mittelstand genoss, ist mehr oder weniger dahin. Und selbst wenn man aus diesem Sicherheitsgefühl heraus zuweilen blind war für Entwicklungen am Markt und die daraus resultierenden Qualifizierungsnotwendigkeiten, so trugen in der Vergangenheit sehr häufig die Unternehmen Sorge für eine erforderliche Anpassungsqualifizierung. Gut beraten war schon immer, wer selbst Ideen in eigener Sache entwickelte, sich der eigenen Stärken und der Markttrends bewusst war. Aber wer das nicht tat, hatte dennoch lange Zeit einen sicheren Job. Gerade aber das Beispiel Digitalisierung zeigt gravierend, wie riskant eine solche Strategie des Vertrauens auf die Verantwortung des Unternehmens heutzutage ist.

Und so geht der deutlich wahrnehmbare Trend, dass sich immer mehr Menschen eine höhere Selbstbestimmtheit in ihrem beruflichen Umfeld wünschen, einher mit der Erkenntnis, dass damit auch die entsprechende Verantwortung für die eigene Employability auf den einzelnen Menschen übergeht. Sein eigener Herr sein – das ist der Wunsch, die Kür sozusagen. Für die eigene Beschäftigungsfähigkeit zu sorgen, wird demzufolge zur Pflicht.

Dazu gehört neben einem am Arbeitsmarkt mittelfristig gefragten Spektrum an Kenntnissen und Erfahrungen auch, sich die soziale Freiheit zu bewahren, einen anderen Job überhaupt anzunehmen. Bereits heute haben viele Arbeitnehmer*innen scheinbar gute Gründe, den Arbeitgeber nicht zu wechseln. Einige davon sind:

- das Risiko, in der Probezeit gekündigt zu werden,
- die Familie, die nicht umziehen will,
- die Kinder in der Ausbildung, denen das Auslandsstudium finanziert werden muss,
- die Hypothek auf das Haus,
- das Freunde-Netzwerk am Wohnort,
- die Bequemlichkeit der eigenen Komfortzone,
- das hohe Gehalt (oder Schmerzensgeld für den ungeliebten Job)
- ...

Und obwohl ein attraktives Angebot vorliegt oder der bisherige Job eigentlich zur Qual geworden ist, halten viele Arbeitnehmer*innen an der aktuellen Position fest: bis zur Kündigung durch den Arbeitgeber, bis zum Burnout oder bis zum bitteren Ende eines langen Berufslebens mit vielen freudlosen Jahren. Jahr für Jahr belegen die einschlägigen Studien von Gallup (https://www.gallup.de/183104/engagement-index-deutschland.aspx) dies mit dem hohen Anteil an Arbeitnehmer*innen, die eigentlich innerlich längst gekündigt haben. Daher gilt es, sich die soziale Freiheit zu bewahren, nicht leichtfertig, aber doch jederzeit einen neuen Job übernehmen zu können. Perfekt ist, wenn Sie zum Gehen jederzeit in der Lage sind, aber Ihren Job aus Überzeugung gerne machen.

Fragen Sie sich ganz ehrlich einmal selbst, ob Sie alle guten Ratschläge, die Sie anderen geben, immer selbst beherzigen? Sie müssen – wie wir vermutlich alle – ein klares »Jein« konstatieren. Das eigene Talent zu managen, verlangt neben der Zeit zur Selbstreflexion und neben der Kenntnis relevanter Marktentwicklungen vor allem die enorme Disziplin, sich regelmäßig kritisch zu hinterfragen und neu zu justieren.

In jedem Falle ist dabei ein professioneller, vertrauter, aber dennoch externer Sparringspartner eine große Hilfe.

5.9   Mein Berater, mein Agent, mein Talent Manager

Die neuen HR-Strategien gelten als Antwort auf einen gedrehten Arbeitsmarkt – in einigen Segmenten reden wir bereits über einen Arbeitnehmermarkt – und der Trend geht in Richtung Vollbeschäftigung. Man darf getrost davon ausgehen, dass Unternehmen zwar viele Maßnahmen im Sinne der Mitarbeiterbindung (Retention Management) ergreifen werden, die Fluktuationsraten in bestimmten Bereichen mit 20 bis 30 % eher die Regel als die Ausnahme sein werden.

Den Job zu wechseln, wird eine weit größere Selbstverständlichkeit als bisher. Das heißt, in gleicher Weise, wie die Unternehmen sich daran anpassen (müssen), werden sich auch die Arbeitnehmer*innen darauf einstellen (müssen).

In Kapitel 5.3 wurde bereits auf die scheinbaren Widersprüche hingewiesen, die sich in heutigen und noch stärker künftigen Erwerbsbiografien spiegeln:
* dem Streben nach Sicherheit und Kontinuität einerseits,
* dem Wunsch nach Flexibilität und Veränderung andererseits,
* den Phasen der Zuwendung zur Familie und
* Zeiten höchsten beruflichen Engagements im Gegenzug.

Ein Lotse bzw. Talent Manager, der
* zwischen diesen scheinbaren Widersprüchen vermitteln und sie auflösen kann,
* gleichermaßen Feedback wie Orientierung gibt,
* die jeweiligen Lebensphasen einschätzen und einordnen kann,

wird sich in diesem Kontext mit hoher Wahrscheinlichkeit als wertvoller Helfer bewähren.

5.10   Der persönliche Talent Manager

Die persönliche Einkaufsberaterin, der Tour-Guide oder auch der Coach wurden schon genannt – wie naheliegend ist es dann, auch eine umfassende Dienstleistung für die eigene mittel- oder langfristige berufliche Entwicklung in Anspruch zu nehmen. Der persönliche Talent Manager arbeitet dabei nicht an einer speziellen Lösung, sondern beginnt mit einer Bestandsaufnahme bzw. Standortanalyse. Typische Fragen dabei sind:
* Was hat die Klientin bisher erfolgreich gemacht?
* Was sind ihre Stärken?
* Was ist der USP (Unique Selling Point)?
* Was zeichnet sie besonders aus oder macht sie gar einzigartig?
* Welche Misserfolge mussten bisher bewältigt werden und wie ist das gelungen?

Vom Ist zum Soll:

Im Anschluss an die Standortbestimmung folgt die Frage nach dem mittelfristigen Ziel oder richtigerweise nach dem Zielportfolio:

- Welche Art Job will die Klientin in einigen Jahren machen? Wie will sie dann arbeiten?
- Welche Branchen, Regionen, Länder kommen infrage?
- Was sind mittelfristig interessante Zielunternehmen?

Schließlich geht es um die Strategie, den Weg zum ferneren Ziel:

- Was ist ein sinnvoller erster Schritt in die richtige Richtung?
- Welche Kontakte sind dafür nutzbar, welche müssen erst entwickelt werden?

Möglicherweise hat die Klientin bereits einige Ideen bezüglich ihres weiteren Weges. Andere entstehen wiederum im Gespräch mit dem Talent Manager. Auf diese Weise entsteht ein Portfolio der Optionen, aus dem sich die Zielrichtungen ablesen lassen, die es aufgrund höherer Erfolgswahrscheinlichkeit mit Priorität zu verfolgen gilt. Dabei analysiert man zunächst Erfahrungen und Interessengebiete der Klientin anhand folgender zwei Fragen, die sie beantwortet:

- Was kann ich gut?
- Was macht mir Spaß?

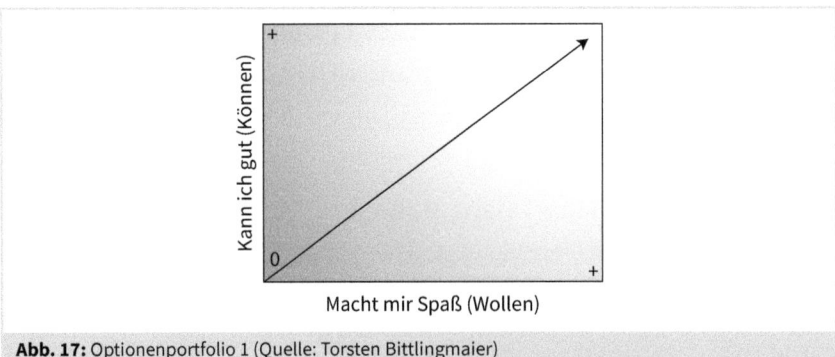

Abb. 17: Optionenportfolio 1 (Quelle: Torsten Bittlingmaier)

Hohe Werte bei Wollen und Können erlauben dann – natürlich grob vereinfacht ausgedrückt – die Schlussfolgerung, dass es sich um Themen handelt, die die Klientin für sich interessant ansieht und in denen sie für den Markt attraktiv sein müsste. Der Talent Manager stellt diese Themen dann der aktuellen bzw. zu erwartenden Marktsituation gegenüber und ermittelt, ob es für diese Themen eine Nachfrage am Arbeitsmarkt gibt:

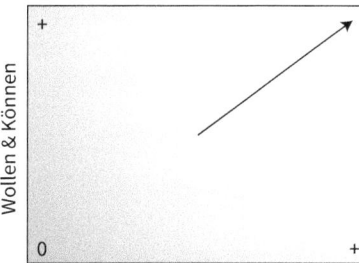

Abb. 18: Optionenportfolio 2 (Quelle: Torsten Bittlingmaier)

Im Zielquadrant der Portfolios liegen einerseits das höchste Interesse und die besten Erfahrungen der Klientin, andererseits die besten Marktchancen. Die dort sichtbaren Themen gilt es mit Priorität anzusteuern, die Suchstrategie entsprechend auszurichten.

Im Sinne einer langfristig erfolgreichen Entwicklung wird der persönliche Talent Manager auch ein guter Diskussionspartner zu der Frage sein, welche »Verluste« man sich für eine bestimmte Zeit oder in einer bestimmten Phase seines (Erwerbs-)Lebens leisten kann bzw. will:

- Ist es vertretbar, die Familie eine gewisse Zeit hinten anzustellen (z. B. eine Wochenend-Beziehung zu führen oder nie vor 22 Uhr nach Hause zu kommen), wenn beruflich eine interessante Herausforderung bevorsteht?
- Ist ein Job annehmbar, der zwar schlechter bezahlt ist, aber inhaltlich eine Herausforderung und breitere Aufstellung mit sich bringt?
- Soll ich eine Familienphase oder Selbstfindungsphase einlegen – oder behindert das meine berufliche Entwicklung?
- Ist angesichts einer familiären Bindung ein weniger gut bezahlter, dafür aber sicherer Job möglicherweise die bessere Wahl?
- Kann ich es mir leisten, ein internes Job-Angebot auszuschlagen – oder stelle ich mich damit ins Abseits?

In einer von zunehmender Komplexität geprägten Welt ist »Vielfalt erzeugen« eine mögliche Antwort auf die Frage nach der Beherrschbarkeit und Klarheit. Menschen mit anderen Erfahrungen und Talenten als den eigenen um sich zu versammeln, ist daher eine kluge Strategie. Ein persönlicher Talent Manager wird mit der nötigen Weitsicht an der Struktur des Netzwerkes seines Klienten arbeiten. Je diverser diese ist, desto höher der Nutzen als »Nervensystem« zur Erkennung von Trends und Veränderungen. Sich mit Menschen zu umgeben, die genau das Gleiche denken, nützt dafür logischerweise wenig. Auch im beruflichen Umfeld strukturieren weitsichtige Führungskräfte ihr eigenes Team möglichst vielseitig. Statt sich mit Ja-Sagern zu umgeben, holen sie sich kritische Mitarbeiter*innen in das eigene Umfeld. Die sorgen nicht nur für eine Vielfalt an Meinungen und Blickwinkeln, sondern auch für die nötige kreative Unruhe, um innovativ zu bleiben und nicht der Gefahr zu erliegen, dass der aktuelle Erfolg von heute blind macht für die Frage, was notwendig wäre, um morgen weiterhin erfolgreich zu sein. Ein Talent Manager berät entsprechend und stellt wertvolle Kontakte her.

5.11   Rollen des Talent Managers

Zusammenfassend lässt sich feststellen, dass der persönliche Talent Manager im Hinblick auf die berufliche Entwicklung seines Klienten verschiedene Rollen spielen kann:

1. Frühwarnsystem
Der persönliche Talent Manager dient sozusagen als Erweiterung des eigenen Nervensystems zur frühzeitigen Erkennung anstehender Veränderungen im beruflichen Umfeld (Branche, Unternehmen, Region …). Sensibel nimmt er sich abzeichnende Tendenzen wahr, reflektiert die mögliche Bedeutung für einen Klienten, weist ihn darauf hin und diskutiert mit ihm individuelle Schlussfolgerungen daraus.

2. Netzwerkverstärkung
Zahlreiche Studien belegen, dass das persönliche Netzwerk eine überragende Rolle für das berufliche Fortkommen spielt. Eine professionelle Talent Managerin setzt hier auf zwei Arten an: Erstens stellt sie der Klientin ihr eigenes Netzwerk zur Verfügung, indem sie Kontakte herstellt, Treffen organisiert, Türen öffnet. Zweitens wird sie mit der Klientin an der gezielten Erweiterung von deren persönlichem Netzwerk arbeiten:
- beginnend mit einer Analyse bereits vorhandener und beruflich hilfreicher Personen,
- Herausarbeiten der Potenziale im Sinne aktivierbarer bzw. reaktivierbarer Kontakte,
- Herausarbeiten der white spots
- bis hin zum konkreten Handlungsplan.

Je strategischer der Ansatz, desto besser – denn Netzwerken braucht Zeit.

3. Diversity-Manager*in
Beim Analysieren des Netzwerkes eines Klienten und der strategischen Ausrichtung achtet ein professioneller Talent Manager besonders darauf, eine Vielfalt unter den Kontakten des Klienten herzustellen – denn wem nutzt es schon, vielfach die gleiche Meinung zu hören. Vielfalt an (Ein-)Sichten erzeugt Vielfalt an Ideen und Vielfalt an Optionen für den Klienten. Es gilt also, diverse Kulturen, Branchen, Unternehmen, Hierarchieebenen usw. einzubeziehen.

4. Strategieberater*in
Ein Kern der Arbeit mit einer Talent Managerin liegt in der Entwicklung der persönlichen wie beruflichen Strategie. Beginnend mit der Frage nach mittel- bis langfristigen

Zielsetzungen werden denkbare Wege in Richtung dieser Ziele identifiziert: interessante Branchen, Unternehmen und Jobs, aber auch Menschen, die auf dem Weg behilflich sein können. Die persönliche und berufliche Strategiearbeit ist angesichts schnell wandelnder Rahmenbedingungen ein kontinuierlicher und iterativer Prozess, den die Talent Managerin inhaltlich, strukturell und steuernd begleitet.

5. Sparringspartner *in

Im Idealfall begleitet der Talent Manager seinen Klienten über einen längeren Zeitraum und wird für ihn Sparringspartner in ganz vielen Situationen rund um die eigene Karriere, aber auch das berufliche Tagesgeschäft. Ein kurzer telefonischer Austausch, ein persönliches Gespräch über eine akut kritische Situation – der Talent Manager bietet eine externe Sicht auf ein Thema, versetzt sich dabei in die Lage seines Klienten, ohne ein Eigeninteresse an der Situation zu haben. Er wird so zum gesuchten Sparringspartner seines Klienten.

6. Hofnarr

Wenn das Vertrauensverhältnis sehr gut entwickelt und die Beziehung zwischen Talent Manager und seinem Klienten eine belastbare geworden ist, dann kann der Talent Manager auch die Rolle des Hofnarren spielen. Gemeint ist dabei, dem Klienten gnadenlos »den Spiegel vorzuhalten«, sein Verhalten zu reflektieren, kritisches Feedback zu geben und permanent »die Störung im System zu sein«. Diese Rolle lässt beim Klienten eine betäubende Ruhe und Selbstzufriedenheit gar nicht erst aufkommen und verkörpert so eine in höchstem Maße vertrauenswürdige Person, die frei, offen und ungefragt Feedback geben darf und weiß, dass das Verhältnis zwischen beiden dadurch nicht beschädigt wird.

7. Vertraute

Mit wem bespricht eigentlich eine Personalchefin ihre kritischen Führungssituationen? Probleme mit »ihrer« Geschäftsführerin kann sie kaum mit einem ihrer Mitarbeiter*innen erörtern. Und Probleme mit ihren Mitarbeiter*innen vor der Geschäftsführerin auszubreiten, könnte als Zeichen von Schwäche interpretiert werden. Es braucht also die Vertraute: eine Beraterin, die die Klientin und ihr berufliches – vielleicht sogar privates – Umfeld gut kennt und einschätzen kann, die zuhört, als Coach die richtigen Fragen stellt und als Beraterin aus eigener Erfahrung Hinweise geben kann.

Zusammenfassend wird deutlich, warum das Bild des Lotsen ein so passendes ist – wenn auch der Talent Manager nach dem Durchqueren der schwierigen Passagen idealerweise an Bord bleibt und die kommenden Hindernisse früh erkennt und zu umschiffen hilft.

5.12   Gibt es ja schon!

Das Konzept der Beraterin oder noch weitgehender des Managers bzw. Agenten ist in vielen Berufsfeldern längst etabliert: Im Profisport, wo die Themen Talentsuche (Scouting), Begleitung und Entwicklung von vielen Vereinen weit professioneller betrieben werden, als das aufseiten vieler Unternehmen geschieht, hat sich sehr früh schon die Dienstleistung des Spielerberaters herausgeprägt – auch weit über den Bereich des professionellen Sports hinaus. In gleicher Weise bedienen sich Schauspieler*innen, Maler*innen oder Künstler*innen jedweder Richtung ihrer Agentin oder ihres Managers.

So erscheint das Konzept des persönlichen Talent Managers für Arbeiter*innen und Angestellte aus zuvor beschriebenen Gründen als geradezu logische Entwicklung. Schaut man sich die Welt professioneller Sportler*innen an, so findet man auf den ersten Blick erstaunliche, bei genauerem Nachdenken aber fast zwangsläufige Parallelen zum Arbeitsmarkt:

Wechsel werden häufiger, Bindung geht verloren, veränderte Erwerbsbiografien entwickeln sich zu ähnlichen Verhältnissen wie am Markt für Profisportler*innen (Fußball, Handball, Eishockey, Basketball ...), wo typischerweise mit hoher Frequenz personelle Wechsel (Transfers) stattfinden.

So erscheint es naheliegend, dass bei einer strukturellen Annäherung der Märkte für Sportler*innen einerseits und Arbeitnehmer*innen andererseits sich auch die dahinterliegenden Abläufe und Dienstleistungen ähnlich ausprägen. Und genau das ist der Fall.

Aus der Analogie zu Agenten, Berater*innen oder Manager*innen in Sport, Kunst oder Schauspiel entstehen vier typische Szenarien für den Einsatz eines Talent Managers im Umfeld des Arbeitsmarktes für Absolventen, Arbeiter*innen, Angestellte oder aber auch Freelancer:

1. Einstieg
Hier geht es um erste Orientierung:
- Was sind meine Stärken und Neigungen?
- Wie komme ich an die richtigen Kontaktpersonen?
- Wie verhalte ich mich professionell?

Idealerweise noch während des Studiums oder der Ausbildung werden denkbare Szenarien für die ersten beruflichen Schritte erarbeitet und die Klienten sehr eng begleitet: Feedback, Coaching, Netzwerken sind wesentliche Bestandteile der Zusammenarbeit.

2. Akute Suche
Hier dominiert die konkrete Notwendigkeit, eine neue berufliche Tätigkeit zu finden, die Zusammenarbeit zwischen Talent Managerin und Klient. Strategisches Netzwerken ist in dieser Situation weniger relevant als das Nutzen real existierender Kontakte. Der Talent Manager hilft bei der richtigen Suchstrategie, den passenden Bewerbungsunterlagen und dem richtigen Auftreten im Interview. Eine langfristige Zusammenarbeit zwischen Klient und Talent Managerin zielt u. a. darauf ab, erst gar nicht in die Situation zu kommen, »akut« suchen zu müssen.

3. Plan B

Angesichts zunehmender Veränderungsgeschwindigkeit und entsprechendem Unwohlsein der Beschäftigten setzen sich immer mehr Menschen mit der Frage auseinander, was für Sie konkrete berufliche Alternativen im Fall der Fälle sein könnten – und erarbeiten mit Ihrem Talent Manager ein Portfolio der Optionen (vgl. Kapitel 10.4.1). Selbst Top-Manager*innen gut aufgestellter Unternehmen beschäftigen sich mit dieser Frage, da beispielsweise Unternehmensverkäufe, Eigentümerwechsel oder auch der Druck von Investoren für eine drastisch sinkende Halbwertzeit von CEOs (s. manager magazin online vom 04.09.2018: http://www.manager-magazin.de/finanzen/artikel/karriere-deutsche-vorstandchefs-immer-kuerzer-im-amt-a-1226398.html)   und damit regelmäßiges Stühle-Rücken bis in die Führungsetagen sorgen. Die Arbeit mit dem Talent Manager ist sehr strategisch und von höchster Diskretion geprägt, soll doch in keiner Weise das aktuelle (und hoffentlich intakte) Arbeitsverhältnis gefährdet werden.

4. Full Service Management

Die Analogie zur professionellen Sportlerin, die sich von ihrer Managerin außerhalb von Training und Wettkampf vollumfänglich betreuen lässt, ist besonders groß bei gut qualifizierten, sozial kompetenten und noch dazu aufgabenbezogen wie regional mobilen Arbeitnehmer*innen. Sie sind erfolgreich im Beruf, haben gar nicht die Zeit, darüber nachzudenken, was ein sinnvoller nächster Schritt ist – und bekommen gleichzeitig regelmäßig Angebote von Unternehmen oder Headhuntern.

Insbesondere die junge, jetzt auf den Arbeitsmarkt strömende Generation wird sich vermutlich des »Full-Service-Modells« bedienen. Diese Menschen haben doch häufig neben einer gewissen materiellen Sicherheit auch die Erfahrung gemacht, dass in einer komplexen Welt professionelle Unterstützung ihren Preis wert ist (Haushaltshilfe, Wartungsarbeiten, Gärtner ...) – warum also nicht auch auf dem so wichtigen Feld der persönlichen wie beruflichen Entwicklung? Hinzu kommt, dass diese Generation erleben musste, dass Firmen diese Rolle nicht mehr übernehmen: Anders noch als bei ihren Eltern haben unbezahlte Praktika und befristete Verträge die Erfahrungen dieser Arbeitnehmergeneration geprägt. Als Konsequenz entwickeln sie deutlich weniger Bindung an ihren Arbeitgeber und verfügen demzufolge weitgehend über eine höhere Bereitschaft zum Wechsel des Arbeitgebers. Und in einem Arbeitnehmermarkt (War for Talents) folgt dieser Bereitschaft bei entsprechenden Angeboten auch der regelmäßige Job-Wechsel – in weit kürzeren Intervallen, als wir das aus der Vergangenheit her kennen.

In der Konsequenz sehen wir deutlich veränderte Erwerbsbiografien, die von ihrer Struktur her denen von Profisportlern ähneln. Und logischerweise werden die Arbeitnehmer*innen von morgen sich dann der Dienstleistung eines Talent Managers bedienen, so wie sich die Sportlerin ihrer Agentin bedient.

5.13   Beispiele aus der Praxis

Zur Verdeutlichung der Vorgehensweise und des Nutzens eines persönlichen Talent Managers sind nachfolgend fünf typische Anwendungsbeispiele beschrieben. Sie sind alle authentisch, verkürzt dargestellt und ohne Namensnennung.

Case 1 – Geplanter Unternehmenswechsel

Ausgangslage:
Der Manager eines großen Pharmaunternehmens sucht eine neue Herausforderung. Er verlässt das Unternehmen nach langjähriger Betriebszugehörigkeit und findet eine leitende Stelle bei einem mittelständischen Familienunternehmen der gleichen Branche, wo man ihm mittelfristig eine Position in der Geschäftsführung in Aussicht stellt. Nach einem Jahr dort werden aber die Weichen anders gestellt: Ein der Familie nahestehender Manager blockiert seither die in Aussicht gestellt Position.

Zielsetzung:
- Erarbeiten möglicher Handlungsoptionen
- mittelfristig: Wechsel des Unternehmens

Was ein Talent Manager bewirken kann:
- Situationsanalyse/berufliche Neuausrichtung/persönliche Strategie
- Kontaktanbahnung zu interessanten Zielunternehmen
- konkrete Unterstützung im Bewerbungsprozess: Unterlagen, Gesprächsvorbereitung, Verhandlungsstrategie
- Aufzeigen neuer möglicher Richtungen/Branchen

Case 2 – Rückkehr aus dem Ausland

Ausgangslage:
Als Projektleiter für zwei Jahre ins Ausland abgeordnet, plant ein Mitarbeiter frühzeitig seine Rückkehr nach Deutschland. Zwar hat ihm der Arbeitgeber eine Job-Garantie gegeben, aber in diesen zwei Jahren hat sich das Unternehmen organisatorisch wie personell stark verändert. Der Mitarbeiter ist sich unsicher, ob die Aufgabe, die ihn nach seiner Rückkehr erwartet, seinen Ansprüchen hinsichtlich Inhalt und Gehalt entspricht.

Zielsetzung:
- Handlungsoptionen ausarbeiten
- eine Alternative oder zumindest Perspektive (Plan B) für den Zeitpunkt der Rückkehr haben

Was ein Talent Manager bewirken kann:

- Situationsanalyse
- persönliche Such-Strategie
- Kontaktanbahnung zu interessanten Zielunternehmen; während des Auslandsaufenthaltes, z. T. auch stellvertretend für den Klienten
- verdeckte Recherche/anonyme Bewerbungen/Ausloten des Interesses möglicher Zielunternehmen

Case 3 – (Akute) Suche nach einem Job

Ausgangslage:
Der Manager eines Industriekonzerns erkennt frühzeitig eine anstehende Restrukturierung seines Verantwortungsbereiches samt drohendem Job-Verlust. Als das Unternehmen eine recht großzügige Abfindung anbietet, möchte er zugreifen – und möglichst schnell in eine verantwortungsvolle neue Position in einem anderen Unternehmen wechseln.

Zielsetzung:

- einvernehmliches Ausscheiden beim bisherigen Arbeitgeber mit angemessener Abfindung und sehr gutem Zeugnis
- zeitnahes Finden einer anspruchsvollen Anschlussfunktion
- Branchenwechsel

Was ein Talent Manager bewirken kann:

- persönliche Standortbestimmung, Einschätzen des eigenen »Marktwertes«
- Zielunternehmen festlegen, auch jenseits der aktuellen Branchenerfahrung
- Herausarbeiten der »Story« für den Wechsel in eine andere Branche
- Kontaktaufbau in Zielbranchen und -unternehmen
- Begleitung im Trennungsprozess/Beratung zur Verhandlungsstrategie bzgl. einer Abfindung
- Unterstützung bei der Gestaltung des Arbeitszeugnisses
- Beratung bezüglich der Vertragsgestaltung mit dem neuen Arbeitgeber
- Onboarding-Begleitung für die ersten 100 Tage in der neuen Position

Case 4 – Onboarding und mittelfristige Perspektive

Ausgangslage:
Durch eine betriebliche Reorganisation wurde die Führungskraft eines großen Konzernunternehmens in eine neue Position versetzt, mit der sie von Anfang an nicht einverstanden war. Zum einen war die aktuelle Aufgabe wenig fordernd, zum anderen fehlte jede Perspektive zur eigenen beruflichen Entwicklung.

Zielsetzung:
- trotz kritischer persönlicher Einstellung ein erfolgreiches Onboarding im neuen Verantwortungsbereich
- eine positive Haltung einnehmen
- berufliche Alternativen erarbeiten

Was ein Talent Manager bewirken kann:
- Umfeldanalyse: Herausarbeiten positiver Aspekte der neuen Aufgabe
- Onboarding-Begleitung als strategischer und taktischer Ratgeber
- Netzwerkanalyse: wer kann bei beruflichem Fortkommen hilfreich sein?
- Netzwerkentwicklung – gezielter Aufbau karriererelevanter Kontakte
- Kontaktaufbau in mögliche Zielbranchen
- Aufbau virtueller Profile in Social Media; Gestaltung des Images und Bekanntheitsgrades
- Vermittlung von Auftritten auf Kongressen
- Gesprächsanbahnung in mögliche Zielunternehmen

Case 5 – Berufseinsteiger/erster Jobwechsel

Ausgangslage:
Ein Naturwissenschaftler ist nach der Promotion über eine Zeitarbeitsfirma bei einem Pharmaunternehmen eingestiegen. Er hatte sich aufgrund der guten Arbeitsmarktlage nicht frühzeitig um einen Job bemüht, hielt Zeitarbeit für eine gute Option, selbst einen Überblick zu gewinnen. Schon bald erlebt er die Nachteile dieses Ansatzes: Das Unternehmen besetzt spannende Projekte eher mit internen denn externen Kräften. Der Naturwissenschaftler verliert die Nähe zu den Themen, die ihn wirklich interessieren. Dazu fühlt er sich in viele Entscheidungen und betriebliche Abläufe nicht oder nur unzureichend eingebunden.

Zielsetzung:
- Klarheit gewinnen bzgl. des eigenen beruflichen Weges
- Wechsel in ein Anstellungsverhältnis/raus aus der Zeitarbeit

Was ein Talent Manager bewirken kann:
- Standortbestimmung: Welche Möglichkeiten (Industrie, Wissenschaft, Beratung ...) gibt es?
- Einschätzung des »Marktwertes«/Klarheit schaffen bezüglich realistischer Gehaltsvorstellungen
- Erarbeiten einer Suchstrategie und Zielfirmenliste
- Nutzung von Suchmaschinen und Social Media
- Kontaktaufbau zu Zielunternehmen

- Überarbeitung von Lebenslauf, Kurzprofil, Anschreiben und Social-Media-Profil(en)
- Vorbereitung von Job-Interviews und Gehaltsverhandlungen
- Blick in Richtung mittelfristiger Perspektiven samt strategischer Kontaktanbahnung

5.14   Fazit und Ausblick

Mit hoher Wahrscheinlichkeit wird sich das Konzept *Talent Manager* als Dienstleistung am Arbeitsmarkt etablieren. Dieses Profil wird mit einem erweiterten Leistungsspektrum im Vergleich zu Coaches, Outplacement- oder Karriereberater*innen ergänzt. In Analogie zum Sport wird erwartet, dass Talent Manager künftig beispielsweise auch Gehalts- bzw. Vertragsverhandlungen für ihre Klienten führen.

Anfallende Kosten werden zunehmend die Unternehmen tragen, da qualifizierte und mobile Arbeitnehmer*innen ein gesuchter Faktor sind und damit die Vertrags- und Arbeitsbedingungen in weit höherem Maße bestimmen können als bisher. Den Unternehmen wird es egal sein, ob sie einen Headhunter für seine Arbeit bezahlen oder einen Talent Manager. Die Mitarbeiter*innen profitieren von der Begleitung durch eine Talent Managerin aber in deutlich höherem Maße.

5.15   Zusammenfassung

In den meisten Unternehmen hat der Begriff »Talent Management« in den letzten Jahren gewaltig an Bedeutung gewonnen. Während traditionell Personal- und Organisationsentwicklung eher reaktive und eher veranstaltungsorientierte Funktionen waren, bedeutet ernsthaft betriebenes Talent Management sehr viel mehr, nämlich, präzise Fortschritte und Ergebnisse zu messen, Entwicklungen in Richtung klar definierter Ziele zu steuern und wenn nötig an den richtigen Stellschrauben zu regeln. Es ist ein funktionsübergreifender Ansatz, der auf einheitliche Vorgehensweisen, Prozesse und Systeme abzielt und dabei dennoch individuelle Entwicklung von Potenzialen sowie deren Nutzung in den Vordergrund stellt.

Die Rolle der obersten Talent Manager – und da ist sich die personalwirtschaftliche Szene weitgehend einig – spielen aus Unternehmenssicht die jeweiligen Führungskräfte.

Gleichzeitig wird deutlich, wie wichtig es künftig sein wird, die Verantwortung für die eigene berufliche wie persönliche Entwicklung selbst zu übernehmen. Und wie klug es sein kann, sich dafür professionelle Partner*innen zu suchen.

Karrierebegleiter*innen oder Coaches, die diese Rolle spielen können, gibt es nicht erst seit gestern. Wir sehen aber deutlich, wie sich das Spektrum der sinnvollen Unterstützung erweitert, weil sich die Welt der Unternehmen und ihrer Mitarbeiter*innen mit bisher nicht gekannter unbekannter Geschwindigkeit und mit enormen Auswirkungen für die einzelnen Beschäftigten verändert. Für diese erweiterte Rolle des externen Beraters haben wir den Begriff des Talent Managers verwendet. Er begleitet langfristig statt punktuell, antizipiert relevante Entwicklungen in Unternehmen und Gesellschaft sowie die daraus resultierenden Bedarfe, stellt sein eigenes Netzwerk zur Verfügung, um seinen Klient*innen spannende Kontakte zu ermöglichen. Dabei arbeitet sie/er unabhängig von einer konkreten Suche bzw. Vakanz mit mittel- oder gar langfristiger Zielsetzung und betreut ihre/seine Klient*innen sehr umfassend.

5.16   Meine Reflexionsfragen

Wie zufrieden bin ich mit meiner aktuellen beruflichen Situation?

_____

_____

_____

Welche Vorstellungen habe ich von meiner beruflichen Zukunft?

_____

_____

_____

Was sind meine nächsten beruflichen Entwicklungsschritte?

_____

_____

_____

5.17   Literaturquellen

Gallup: https://www.gallup.de/183104/engagement-index-deutschland.aspx

Gladwell, Malcom (2002): Tipping Point: Wie kleine Dinge Großes bewirken können. Goldmann Verlag

Harvard Business Manager: Studie http://www.harvardbusinessmanager.de/blogs/kein-haendchen-fuer-talentmanagement-a-1190471.html

6 Workbook Teil I – »Wer bin ich?«

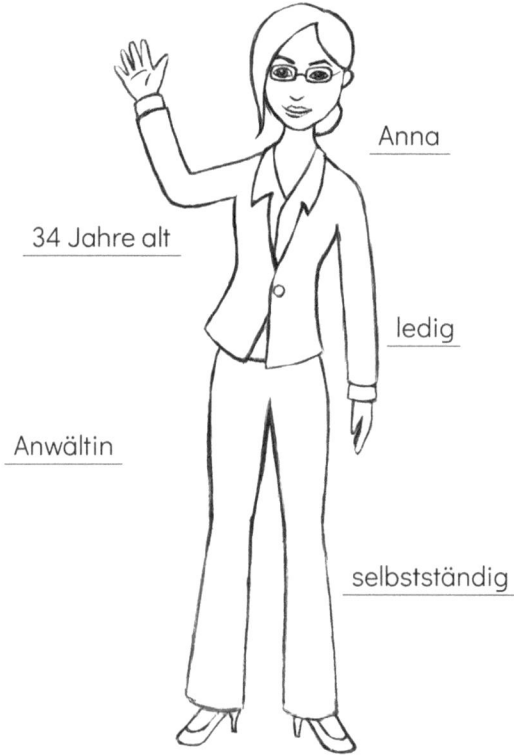

Abb. 19: Anna (Quelle: Corinna Arauner)

Auf die Frage »Wer bin ich?« antworten die meisten Menschen mit einer ähnlichen Sammlung von Stichworten wie Anna in der obigen Abbildung. Dies ist ein guter Anfang, um Ihre agile Karriere zu gestalten, benötigen Sie jedoch darüber hinaus ein tieferes Verständnis, was Sie als Persönlichkeit ausmacht.

Wie Sie in den vorherigen Kapiteln gesehen haben, ist die beste Voraussetzung, um sich auf eine ungewisse Zukunft vorzubereiten, ein reflektiertes Wissen um sich selbst: sprich, die eigenen Stärken, Fähigkeiten, Talente, Begabungen und Interessen.

Im Folgenden finden Sie eine Reihe von Übungen, die sich bei der Beratung von Menschen in der beruflichen Neuorientierung bewährt haben. Einige der Übungen kommen aus dem Kontext des Coachings bzw. der Persönlichkeitsentwicklung, andere aus der klassischen Karriereberatung und einige adaptieren die Methoden des agilen Projekt-Managements, des Design Thinkings oder des Effectuations auf die Karrieregestaltung.

In dem ersten Teil des Workbook geht es für Sie darum, ein klares Bild von sich selbst zu entwickeln. Denn jeder Mensch ist in seiner Persönlichkeit einzigartig, da die individuelle Kombination von Eigenschaften, Erfahrungen, Werten und Verhalten kein zweites Mal existiert. Und da dies eine sehr persönliche Auseinandersetzung ist, braucht es auch einige Zeit, um diese Aspekte in Ruhe und somit ein klares Bild von sich selbst zu erarbeiten.

Nehmen Sie sich dafür vielleicht ein besonders schönes Arbeitsheft zur Hand oder nutzen Sie dieses Buch und den vorgesehenen Raum für Notizen. Suchen Sie sich ein ruhiges Umfeld, nehmen Sie sich Zeit für die Bearbeitung der einzelnen Aufgaben und füllen Sie Ihren Optionenkoffer.

Die Arbeitsmaterialien können Sie sich auch im Download-Bereich auf meiner Homepage www.agile-karriere.de mit dem **Code Karriere 4.0** herunterladen.

Ich wünsche Ihnen viel Spaß dabei.

6.1   Lebenslinien

Blicken Sie als ersten Einstieg zurück, wie sich Ihr bisheriges berufliches und privates Leben entwickelt hat. Das Beschreiben der beruflichen und privaten Lebenslinien soll Ihnen die Chance geben, sich selbst besser kennenzulernen. Es dient dazu, neben den fachlichen Kompetenzen auch Ihre persönlichen Merkmale, wie besondere Stärken, ideales Arbeitsumfeld etc., in den Fokus zu nehmen.

Es soll darüber hinaus erkennbar werden, ob und wie stark Änderungen im beruflichen und privaten Umfeld Einfluss auf Ihre Zufriedenheit haben bzw. wovon diese abhängig ist.

Zur Vorbereitung dieser Aufgabe bitte ich Sie:
* Auf dem Arbeitsblatt oder einem Flipchart in einem Koordinatensystem auf der X-Achse (der waagerechten) Ihre beruflichen Stationen (ab der Ausbildung) grob zu erfassen.
* Es kommt dabei nicht auf die kleinste Genauigkeit an.
* Entscheidend sind vielmehr Veränderungen, hervorgerufen etwa durch Wechsel der Position, der Vorgesetzten, des Aufgabengebiets (möglicherweise trotz »gleicher« Position), des Umfelds (Kolleg*innen, Organisationsstruktur, Verkauf des Unternehmens, Zusammenlegung Ihrer Abteilung etc.)
* Entscheidend sind immer »Wendepunkte«, die auf Ihre Zufriedenheit mit Ihrer jeweiligen Situation einen Einfluss hatten.

- Auf der Y-Achse (der senkrechten) bilden Sie bitte Ihren »gefühlten« Grad der Zufriedenheit mit der Situation ab.
- Machen Sie das Gleiche für Ihren privaten Lebensweg.
- Tragen Sie auch hier die Wendepunkte, »Höhen« und »Tiefen« ein.
- Machen Sie sich bei beiden Linien Stichpunkte, was dort jeweils Faktoren, Auslöser, Umstände für Ihre Zufriedenheit bzw. Unzufriedenheit waren.

Hilfreiche Fragen können dabei sein:
- Was hat mich in meinem Leben geprägt?
- Was war ein wichtiger Wendepunkt für mich?
- Worauf bin ich besonders stolz?
- Was war ein besonders schwieriger Lebensabschnitt?
- Welche Muster sind für mich im Hinblick auf Zufriedenheit und Unzufriedenheit erkennbar?

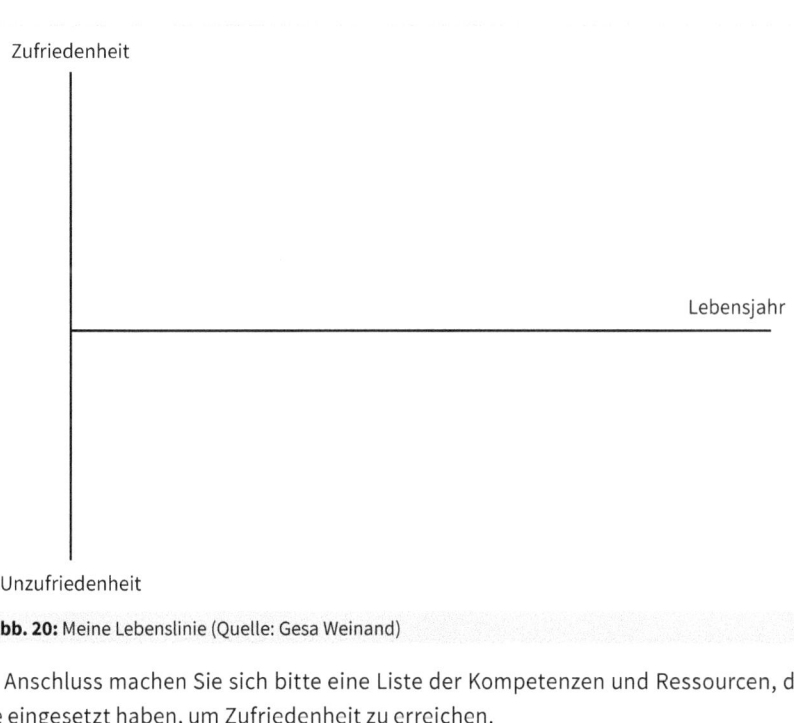

Abb. 20: Meine Lebenslinie (Quelle: Gesa Weinand)

Im Anschluss machen Sie sich bitte eine Liste der Kompetenzen und Ressourcen, die Sie eingesetzt haben, um Zufriedenheit zu erreichen.

Meine eingesetzten Kompetenzen/Ressourcen

_____

_____

_____

6.2   Selbst- und Fremdwahrnehmung

6.2.1   Selbstreflexion »Wie ich mich sehe«

Im nächsten Schritt geht es darum, herauszufinden, welche Eigenschaften Sie besonders ausmachen. Die Selbstreflexion soll Sie dabei unterstützen, Ihr eigenes Persönlichkeitsprofil zu schärfen. Grundsätzlich gibt es keine absoluten Stärken und Schwächen: Dies hängt immer vom situativen Kontext ab. Wenn Sie nicht sicher sind, ob Sie stark oder schwach ankreuzen sollen, denken Sie jeweils an konkrete Situationen und entscheiden dann, ob diese Eigenschaft bei Ihnen eher stark oder schwach ausgeprägt ist.

Fragebogen zur Selbsteinschätzung

		Schwach				Stark
		1	2	3	4	5
Anpassungsfähigkeit	Ich komme mit ganz unterschiedlichen Menschen klar.					
Auffassungsvermögen	Ich verstehe schnell, wenn mir jemand etwas Neues erklärt.					
Aufgeschlossenheit	Ich höre interessiert zu, wenn jemand eine andere Meinung hat als ich.					
Auftreten	Ich habe ein sicheres Auftreten und gute Umgangsformen.					
Ausdauer	Ich kann so lange an einer Aufgabe sitzen, bis ich mit dem Ergebnis zufrieden bin.					
Begeisterungsfähigkeit	Es fällt mir leicht, mich für etwas zu begeistern.					
Belastbarkeit	Ich kann gut mit schwierigen Situationen und Stress umgehen.					
Durchsetzungsvermögen	Ich verfolge meine Interessen selbst dann, wenn andere dagegen sind.					
Eigeninitiative	Ich setze mir eigene Ziele und verwirkliche sie auch ohne Anstöße von außen.					
Entscheidungsfähigkeit	Mir fällt es leicht, mich schnell für etwas zu entscheiden.					

		Schwach			Stark	
		1	2	3	4	5
Flexibilität	Ich finde mich schnell in verschiedenen Situationen zurecht.					
Kommunikationsfähigkeit	Mir fällt es leicht, Gespräche mit Menschen unterschiedlicher Persönlichkeiten, Charakteren, Hintergründen etc. zu führen.					
Kompromissbereitschaft	Ich muss nicht immer Recht haben.					
Kontaktfähigkeit	Ich lerne schnell fremde Menschen kennen.					
Kreativität	Ich habe immer neue Ideen.					
Kritikbereitschaft	Ich lasse mir auch mal sagen, wenn ich etwas falsch gemacht habe.					
Kundenorientierung	Mir ist es wichtig, Kunden zufriedenzustellen.					
Leistungsbereitschaft	Ich habe den Ehrgeiz, auch harten Anforderungen gerecht zu werden.					
Lernbereitschaft	Ich lerne gern Neues hinzu.					
Neugier	Ich bin wissbegierig und bereit, mich neuen, ungewohnten Situationen auszusetzen.					
Organisationsfähigkeit	Ich behalte auch bei komplexen Aufgaben den Überblick bei der Planung.					
Risikobereitschaft	Ich gehe bei Entscheidungen gerne mal ein Risiko ein.					
Selbstständigkeit	Ich arbeite lieber nach meinen Regeln als nach Anweisungen anderer.					
Selbstbewusstsein	Ich weiß, was ich kann und will.					
Selbstdisziplin	Ich kann mich zum Arbeiten zwingen, auch wenn ich keine Lust habe.					
Selbstsicherheit	Ich denke, dass ich in allen Situationen zurechtkomme.					
Sprachgewandtheit	Ich kann gut reden und formulieren.					

		Schwach				Stark
		1	2	3	4	5
Teamfähigkeit	Ich arbeite gut und gerne mit anderen zusammen.					
Überzeugungsfähigkeit	Andere akzeptieren gerne meine Vorschläge.					
Verantwortungsbereitschaft	Bei einer Fehlentscheidung stehe ich auch zu dieser.					
Zielstrebigkeit	Was ich mir vorgenommen habe, versuche ich konsequent zu erreichen.					
Zuverlässigkeit	Auf mich kann man sich 100 % verlassen.					

Tab. 1: Fragebogen zur Selbsteinschätzung (Quelle: Gesa Weinand)

6.2.2   Fremdeinschätzung »Wie andere mich sehen«

Den folgenden Fragebogen (Tabelle 2) geben Sie bitte drei bis fünf Personen aus Ihrem privaten und/oder beruflichen Umfeld und bitten diese um eine Einschätzung Ihrer Person. Bitten Sie sie, dabei jeweils an konkrete Situationen zu denken, in denen sie Ihr Verhalten erlebt haben. Lassen Sie sie unbedingt Beispiele für eine gemeinsame Auswertung notieren.

Fragebogen zur Fremdwahrnehmung

		Schwach				Stark
		1	2	3	4	5
Anpassungsfähigkeit	… kommt mit ganz unterschiedlichen Menschen klar.					
Auffassungsvermögen	… versteht schnell, wenn ihm/ihr jemand etwas Neues erklärt.					
Aufgeschlossenheit	… hört interessiert zu, wenn jemand eine andere Meinung hat als sie/er.					
Auftreten	… hat ein sicheres Auftreten und gute Umgangsformen.					
Ausdauer	… kann so lange an einer Aufgabe sitzen, bis er/sie mit dem Ergebnis zufrieden ist.					

		Schwach				Stark
		1	2	3	4	5
Begeisterungsfähigkeit	... kann sich leicht für etwas begeistern.					
Belastbarkeit	... kann gut mit schwierigen Situationen und Stress umgehen.					
Durchsetzungsvermögen	... verfolgt ihr/sein Interesse selbst dann, wenn andere dagegen sind.					
Eigeninitiative	... setzt sich eigene Ziele und verwirklicht sie auch ohne Anstöße von außen.					
Entscheidungsfähigkeit	... kann sich schnell und sicher für etwas entscheiden.					
Flexibilität	... findet sich schnell in verschiedenen Situationen zurecht.					
Kommunikationsfähigkeit	... kann leicht mit anderen Menschen Gespräche führen.					
Kompromissbereitschaft	... muss nicht immer Recht haben.					
Kontaktfähigkeit	... lernt schnell fremde Menschen kennen.					
Kreativität	... hat immer neue Ideen.					
Kritikbereitschaft	... lässt sich auch mal sagen, wenn er/sie etwas falsch gemacht hat.					
Kundenorientierung	... ist es wichtig, Kunden zufriedenzustellen.					
Leistungsbereitschaft	... hat den Ehrgeiz, auch harten Anforderungen gerecht zu werden.					
Lernbereitschaft	... lernt gerne Neues dazu.					
Neugier	... ist wissbegierig und bereit, sich neuen, ungewohnten Situationen auszusetzen.					
Organisationsfähigkeit	... behält auch bei komplexen Aufgaben den Überblick bei der Planung.					
Risikobereitschaft	... geht bei Entscheidungen gerne mal ein Risiko ein.					

		Schwach				Stark
		1	2	3	4	5
Selbstständigkeit	... arbeitet lieber nach ihren/seinen Regeln als nach Anweisungen.					
Selbstbewusstsein	... weiß, was er/sie kann und will.					
Selbstdisziplin	... kann sich zum Arbeiten zwingen, auch wenn sie/er keine Lust hat.					
Selbstsicherheit	... kommt in allen Situationen zurecht.					
Sprachgewandtheit	... kann gut reden und formulieren.					
Teamfähigkeit	... arbeitet gut und gerne mit anderen zusammen.					
Überzeugungsfähigkeit	... andere akzeptieren gerne seine/ihre Vorschläge.					
Verantwortungsbereitschaft	... versucht bei Fehlentscheidungen nicht, die Schuld auf andere zu schieben.					
Zielstrebigkeit	... versucht konsequent zu erreichen, was sie/er sich vorgenommen hat.					
Zuverlässigkeit	... ist ein Mensch, auf den ich mich 100 % verlassen kann.					

Tab. 2: Fragebogen zur Fremdwahrnehmung (Quelle: Gesa Weinand)

Stellen Sie im nächsten Schritt die Ergebnisse der Selbst- und Fremdwahrnehmung gegenüber und hinterfragen Sie bei Ihren Feedbackgeber*innen diejenigen Eigenschaften, bei denen eine hohe Deckung der Wahrnehmung besteht sowie diejenigen mit den stärksten Abweichungen.

! **Tipp**

Sie können sich im Download-Bereich auf meiner Homepage www.agile-karriere.de mit dem **Code Karriere 4.0** die Fragebögen sowie ein Excel-Sheet zur Auswertung der Selbst- und Fremdwahrnehmung herunterladen.

6.3   Wertehierarchie

Werte sind Dinge, die uns wichtig sind, die unser Denken, Fühlen und Handeln steuern. Bei Werten gibt es kein richtig oder falsch, wichtig ist nur das Erkennen, welche Werte für mich persönlich wichtig sind und mich steuern.

Viele Entscheidungen im beruflichen Alltag sowie im Hinblick auf die persönliche Karriereentwicklung treffen wir, häufig unbewusst, auf Basis unserer persönlichen Wertevorstellungen.

Die folgende Übung zur Reflexion der eigenen Wertehierarchie aus dem NLP ermöglicht es, bewusste Entscheidungen unter Einbeziehung der eigenen Werte zu fällen.

6.3.1   Auswahl Ihrer wichtigsten Werte

Schauen Sie die folgende Liste mit Werten durch und wählen Sie die für Sie wichtigsten Werte aus. In den leeren Zeilen haben Sie die Möglichkeit, weitere Werte zu ergänzen.

Werteliste

Wert	Sehr wichtig	Wichtig	Unwichtig
Abenteuer			
Anerkennung			
Aktivität			
Bildung			
Ehrlichkeit			
Einzigartigkeit			
Entwicklung			
Erfolg			
Familie			
Freiheit			
Freundschaft			
Frieden			
Gehorsam			
Geld			

Wert	Sehr wichtig	Wichtig	Unwichtig
Genauigkeit			
Genuss			
Gerechtigkeit			
Gesundheit			
Glück			
Harmonie			
Herausforderung			
Hilfsbereitschaft			
Humor			
Intensität			
Ideologie			
Klarheit			
Kongruenz			
Kreativität			
Leistung			
Liebe			
Loyalität			
Macht			
Mut			
Notwendigkeit			
Ordnung			
Originalität			
Perfektion			
Pflicht			
Qualität			
Ruhe			
Schnelligkeit			
Selbstständigkeit			
Sicherheit			
Spaß			

Wert	Sehr wichtig	Wichtig	Unwichtig
Spiritualität			
Status			
Toleranz			
Unabhängigkeit			
Veränderung			
Verantwortung			
Wahrheit			
Wissen			
Zugehörigkeit			

Tab. 3: Werteliste (Quelle: Gesa Weinand)

6.3.2   Rangfolge Ihrer wichtigsten Werte

Wählen Sie aus der Tabelle 3 Ihre zehn wichtigsten Werte in Bezug auf Ihr (berufliches) Leben aus und tragen Sie diese in der linken Spalte der nachfolgenden Tabelle ein. Dann bringen Sie diese zehn Werte auf der rechten Seite in eine Rangfolge Ihrer wichtigsten Werte.

Wertehierarchie

Meine 10 wichtigsten Werte	Hierarchie meiner 10 wichtigsten Werte
1.	
2.	
3.	
4.	
5.	

Meine 10 wichtigsten Werte	Hierarchie meiner 10 wichtigsten Werte
6.	
7.	
8.	
9.	
10.	

Tab. 4: Wertehierarchie (Quelle: Gesa Weinand)

6.4   Fünf Säulen der Identität

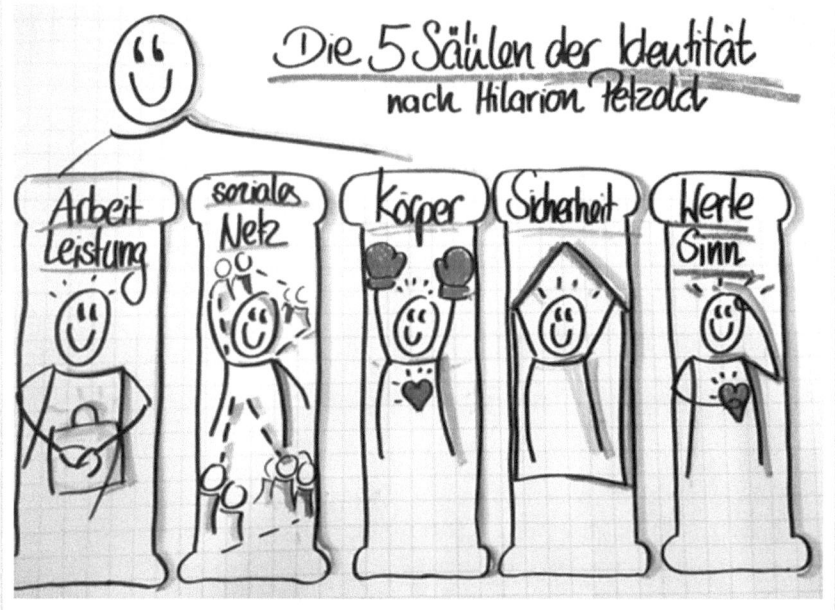

Abb. 21: Fünf Säulen der Identität (Quelle: Nadine Nierentz in Anlehnung an Hilarion Petzold)

Neben den Lebenserfahrungen (Lebenslinien), den persönlichen Eigenschaften (Selbst- und Fremdwahrnehmung) und den persönlichen Werten gibt es nach *Hilarion Petzold* fünf Bereiche, die die Grundpfeiler unseres »Selbst«, also unserer Identität, bilden. In seinem Konzept machen uns die Bereiche Arbeit/Leistung, materielle Sicherheit, soziales Netzwerk, Körper und Gesundheit, sowie Sinn/Glaube/Werte als Menschen aus. Diese Bereiche bzw. Säulen unserer Identität tragen uns und geben uns die Kraft, auch schwierige Situationen/Krisen zu überstehen. Häufig sind nicht alle Säulen gleich stark ausgebildet, wichtig ist jedoch, dass mehrere Säulen das »Haus« tragen und für eine innere Stabilität sorgen.

Die folgenden Fragen können Sie dabei unterstützen, sich ein besseres Bild über die jeweiligen Lebensbereiche zu machen, wobei nicht jede Frage beantwortet werden muss.

6.4.1   Fragen zur Säule Arbeit und Leistung

- Was macht mir Freude an der Arbeit?
- Was kann ich besonders gut? Was fällt mir leicht?
- Wofür werde ich von anderen geschätzt?
- In welchen anderen Bereichen leiste ich etwas (z. B. Ehrenamt, Pflege von Angehörigen, Sport etc.)?
- Was erfüllt mich besonders?
- Was möchte ich noch erreichen?
- Was würde ich gern lernen?
- Wie wichtig ist diese Säule auf einer Skala von 1 bis 5?

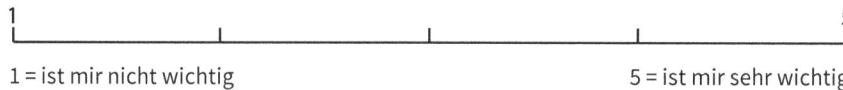

1 = ist mir nicht wichtig   5 = ist mir sehr wichtig

6.4.2   Fragen zur Säule Materielle Sicherheit

- Verdiene ich ausreichend für meinen Lebensstandard?
- Was leiste ich mir gerne?
- Was sichert mich finanziell ab?
- Auf welchen Luxus kann ich gut verzichten?
- Kümmere ich mich ausreichend um meine finanzielle Situation?
- Was würde ich mir gerne noch gönnen?
- Wie wichtig ist diese Säule auf einer Skala von 1 bis 5?

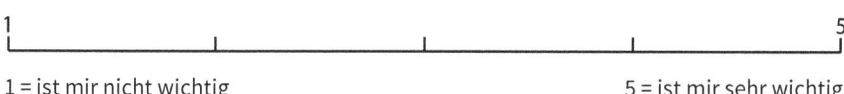

1 = ist mir nicht wichtig   5 = ist mir sehr wichtig

6.4.3   Fragen zur Säule soziales Netzwerk und Beziehungen

- Wer ist mein/e Vertraute/r?
- Wen spreche ich bei Problemen an? Mit wem tausche ich mich aus?
- Auf wen kann ich mich verlassen? Wer steht mir zur Seite?
- Wer unterstützt mich auch in schwierigen Zeiten?

- Von wem bekomme ich Anerkennung und Zuspruch?
- Wie pflege ich meine Kontakte?
- Wer bringt mich voran? Wer gibt mir ehrlich Feedback?
- Wie wichtig ist diese Säule auf einer Skala von 1 bis 5?

1 ⌐_____|_____|_____|_____⌐ 5

1 = ist mir nicht wichtig   5 = ist mir sehr wichtig

6.4.4   Fragen zur Säule Körper und Gesundheit

- Was mag ich besonders an meinem Körper?
- Wann macht sich mein Körpergefühl besonders bemerkbar?
- Wie beschäftige ich mich mit meinem Körper?
- Wann fühle ich mich besonders vital und angereichert mit Energie?
- Wie fühlt sich für mich körperliche Entspannung an? Und wie erreiche ich diese?
- Wie halte ich mich fit und gesund?
- Wie pflege ich meinen Körper am liebsten?
- Wo merke ich im Körper die größte Energie/Stärke?
- Wie wichtig ist diese Säule auf einer Skala von 1 bis 5?

1 ⌐_____|_____|_____|_____⌐ 5

1 = ist mir nicht wichtig   5 = ist mir sehr wichtig

6.4.5   Fragen zur Säule Werte und Sinn

- Welche Überzeugungen/Werte sind mir besonders wichtig?
- Wofür stehe ich? Woran glaube ich?
- Welche Lebensziele habe ich?
- Welche politischen Überzeugungen habe ich?
- Wie möchte ich sein und gesehen werden?
- Wofür engagiere ich mich?
- Welchen Sinn sehe ich in meinem Leben? Was bringe ich in die Welt?
- Welche meiner Grundhaltungen macht mich besonders aus?
- Wie wichtig ist diese Säule auf einer Skala von 1 bis 5?

1 ⌐_____|_____|_____|_____⌐ 5

1 = ist mir nicht wichtig   5 = ist mir sehr wichtig

Bitte tragen Sie Ihre wichtigsten Erkenntnisse in der Tabelle ein:

Übersichtstabelle Säulen der Identität

Arbeit & Leistung	Materielle Sicherheit	Körper & Gesundheit	Soziales Netzwerk	Werte & Sinn

Tab. 5: Säulen der Identität (Quelle: Gesa Weinand)

Tipp   ❗

Für diejenigen, die noch mehr Interesse an der Erforschung der eigenen Persönlichkeit haben, kann ein Persönlichkeitsinventar wie der Golden Profiler of Personality (GPOP, mehr unter http://www.gpop.info/) oder das Ich-Entwicklungs-Profil (I-E-Profil, mehr unter http://i-e-profil.de/Ich-Entwicklung,2,de.html) interessante Einblicke geben.

6.5   Literaturquellen

Petzold, Hilarion Gottfried (2012): Transversale Identität und Identitätsarbeit. In: Identität. Ein Kernthema moderner Psychotherapie – interdisziplinäre Perspektiven. Wiesbaden Springer VS Verlag

7   Workbook Teil II – »Was kann ich?«

Nachdem Sie sich ein Bild über Ihre Persönlichkeit gemacht haben und herausgefunden haben, was Sie in Ihrer Einzigartigkeit ausmacht, werden wir dieses Bild in den nächsten Übungen um Ihr Können, also Ihre Fähigkeiten, Talente bzw. Begabungen, Ihre Stärken und Kompetenzen anreichern.

Laut DUDEN unterscheidet sich die Fähigkeit, womit das Vermögen, etwas zu tun, gemeint ist, von einem Talent, das die Begabung beschreibt, die jemanden zu ungewöhnlichen bzw. überdurchschnittlichen Leistungen auf einem bestimmten Gebiet befähigt. Auch der Begriff Stärke beschreibt die besondere Leistungsfähigkeit.

Bei der Frage »Was kann ich?« geht es also darum, einerseits diejenigen Fähigkeiten zu identifizieren, die Sie besonders gut können, also Ihre Talente und Begabungen, und diese im Hinblick auf die Freude und Erfüllung, die Sie Ihnen bringen, anzuschauen. Darüber hinaus sind auch die erworbenen Erfahrungen und Kompetenzen von großem Interesse für die Optionenentwicklung.

7.1   Meine Lieblingstalente

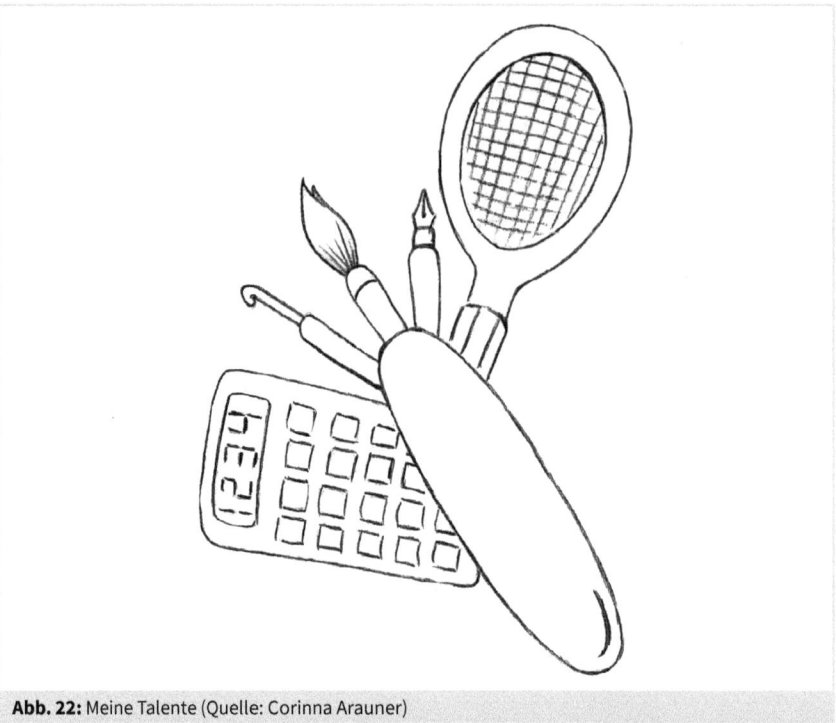

Abb. 22: Meine Talente (Quelle: Corinna Arauner)

In der folgenden Übung geht es darum, Ihre Lieblingstalente zu identifizieren. Dazu finden Sie unten, in Anlehnung an *Richard N. Bolles* (Durchstarten zum Traumjob, 2012), eine Auflistung verschiedener Fähigkeiten aus unterschiedlichen Bereichen. Welche dieser Fähigkeiten als Talent bezeichnet werden, hängt davon ab, wie gut Sie die jeweilige Fähigkeit können. Es reicht also nicht, sie einfach zu beherrschen, sondern sie wirklich gut bzw. sehr gut zu können.

7.1.1   Auswahl Ihrer Talente

Schauen Sie bitte die folgende Liste mit Talenten durch und wählen Sie die für Sie passenden aus, unabhängig davon, wie sehr Sie diese Aktivität mögen. Beschreiben Sie Ihr Talent an einem konkreten Beispiel. Möglicherweise müssen Sie auch ein paar Talente/Fähigkeiten ergänzen.

Liste der Fähigkeiten und Talente

Talent/Fähigkeit	... kann ich besonders gut	... weil (Beispiel)
A. Die Hände benutzen		
etwas zusammenbauen		
etwas erbauen, gestalten		
etwas errichten, konstruieren		
Werkzeug bedienen		
Maschinen bedienen		
Fahrzeuge bedienen		
manuelle Geschicklichkeit oder Fingerfertigkeit zeigen		
präzise und schnell arbeiten		
reparieren		
andere Fähigkeiten		
B. Körpereinsatz		
Muskelkoordination		
körperlich aktiv sein		
Outdoor-Aktivitäten		
andere Fähigkeiten		
C. Sprachliche Gewandtheit		
lesen		
Texte abschreiben		
Texte selbst schreiben		
sprechen oder vortragen		
unterrichten, ausbilden		
redigieren, bearbeiten		
gutes Gedächtnis für Worte haben		
andere Fähigkeiten		
D. Einsatz der Sinne (Augen, Ohren, Nase, Geschmacks- oder Tastsinn)		

Talent/Fähigkeit	... kann ich besonders gut	... weil (Beispiel)
beobachten, begutachten		
überprüfen, inspizieren		
erkennen, diagnostizieren		
Details Aufmerksamkeit widmen		
andere Fähigkeiten		
E. Umgang mit Zahlen		
Bestandsaufnahme machen		
zählen		
rechnen, berechnen		
Finanzen schriftlich nachhalten, Buchführung		
mit Geld umgehen		
Finanzplan entwerfen		
Zahlengedächtnis		
schneller Umgang mit Zahlen		
andere Fähigkeiten		
F. Intuition nutzen		
Weitblick beweisen		
schnelle und genaue Einschätzung von Personen und Situationen		
Einblick haben		
aus dem Bauch heraus handeln		
sich eine dritte Dimension vorstellen können		
andere Fähigkeiten		
G. Analytisches und logisches Denken		
forschen, Informationen sammeln		
analysieren, zergliedern		
organisieren, einteilen		
Probleme lösen		
sich auf das Wesentliche konzentrieren können		

Talent/Fähigkeit	... kann ich besonders gut	... weil (Beispiel)
diagnostizieren		
systematisieren, Ordnung und Reihenfolge herstellen		
vergleichen, Ähnlichkeiten erkennen		
prüfen und aussondern		
bewerten und einschätzen		
andere Fähigkeiten		
H. Kreativität		
einfallsreich, fantasievoll sein		
erfinden, erschaffen		
entwerfen und entwickeln		
improvisieren, experimentieren		
anpassen, verbessern		
andere Fähigkeiten		
I. Hilfsbereitschaft		
helfen, sich in den Dienst der anderen stellen		
einfühlsam mit den Gefühlen anderer umgehen		
zuhören		
ein gutes Verhältnis zu Mitmenschen aufbauen		
Warmherzigkeit und Fürsorge zeigen		
Verständnis haben		
anderen Menschen helfen, sich zu öffnen		
anderen Unterstützung anbieten		
Einfühlungsvermögen beweisen		
die Wünsche der Mitmenschen genau wiedergeben		
motivieren		

Talent/Fähigkeit	... kann ich besonders gut	... weil (Beispiel)
Vertrauen schenken und Wertschätzung ausdrücken		
das Selbstwertgefühl anderer steigern		
heilen, kurieren		
beraten, anleiten		
andere Fähigkeiten		
J. Künstlerische Fähigkeiten		
Musik komponieren		
Instrumente spielen		
singen		
Dinge oder Materialien formen und gestalten		
kreativer Umgang mit Symbolen oder Bildern		
kreativer Umgang mit Raum, Form oder Gesichtern		
kreativer Umgang mit Farben		
Gefühle und Gedanken vermitteln durch den Körper, das Gesicht und/oder die Stimme		
Gefühle und Gedanken durch Zeichnungen und Malerei etc. vermitteln		
Worte auf sehr hoher, abstrakter Ebene benutzen		
andere Fähigkeiten		
K. Führungsqualitäten		
neue Aufgaben, Ideen und Projekte ins Leben rufen		
in Beziehungen den ersten Schritt machen		
organisieren		
führen, andere leiten		
Veränderungen fördern		
Entscheidungen treffen		

Talent/Fähigkeit	... kann ich besonders gut	... weil (Beispiel)
Risiken eingehen		
einer Gruppe etwas vortragen		
verkaufen, werben, verhandeln, überreden		
andere Fähigkeiten		
L. Dinge zu Ende führen		
die Entwicklungen anderer einsetzen und nutzen		
Pläne oder Anleitungen befolgen		
Details beachten und umsetzen		
einordnen, aufzeichnen, ablegen, wiederfinden		
andere Fähigkeiten: —		
—		
—		
—		

Tab. 6: Liste der Fähigkeiten und Talente (Quelle: Gesa Weinand in Anlehnung an Richard N. Bolles)

7.1.2 Meine Lieblingstalente

Wählen Sie aus der Tabelle diejenigen Talente aus, die Ihnen besonders viel Freude und Spaß machen:

Meine 10 Lieblingstalente

Meine 10 Lieblingstalente
1.
2.
3.
4.
5.
6.

Meine 10 Lieblingstalente
7.
8.
9.
10.

Tab. 7: Meine 10 Lieblingstalente (Quelle: Gesa Weinand in Anlehnung an Richard N. Bolles)

7.2   Erfolgsgeschichten

Abb. 23: Erfolgsgeschichten (Quelle: Corinna Arauner)

Der nächste Schritt hilft Ihnen, aufzuzeigen, wie und wo Sie Ihre Talente/Begabungen und Ihre erworbenen Kompetenzen erfolgreich einsetzen, wo also Ihre Stärken liegen.

Beschreiben Sie dafür bitte mindestens drei Erlebnisse, bei denen

- Sie sich richtig gut gefühlt haben,
- Sie Spaß hatten,
- Sie sich selbst als erfolgreich erinnern (Erfolg im Sinne des Erreichens persönlicher Ziele, nicht der Bewertungsmaßstäbe anderer) bzw. zu deren Erfolg Sie maßgeblich beigetragen haben.

Tipp zur Inspiration   **!**

Es können Geschichten/Situationen aus allen Lebensbereichen (Freizeit, Arbeit, Privatleben)
und Lebensphasen sein, etwa die

- in irgendeiner Weise besonders für Sie sind,
- Ihre Fähigkeiten in besonderer Weise herausstellen,
- eine Herausforderung dargestellt haben,
- Sie gerne nochmals erleben würden,
- besonders aufregend waren,
- Sie besonders geliebt haben,
- Ihnen einfallen, weil diese viel von Ihnen erzählen bzw. zeigen.

Es ist wichtig, dass Sie die Situation und die Tätigkeit, die Sie ausgeübt haben, relativ detailliert beschreiben. »*Ich* habe diesen wichtigen Wettkampf gewonnen« oder »dann haben wir uns wieder versöhnt«, würde hier nicht ausreichen. Was haben Sie konkret gemacht, um den Wettkampf gewinnen zu können oder um sich wieder zu versöhnen? Welche einzelnen Schritte führten zum Erfolg?

Strukturierung Ihrer Erfolgsgeschichte

1. Ihr Ziel: Was wollten Sie erreichen?
2. Eine kurze Zusammenfassung der Hindernisse, Erschwernisse oder Herausforderungen, denen Sie begegnet sind (falls es sie gab).
3. Eine kurze Ausführung dessen, was Sie getan haben, Schritt für Schritt. Hier ist es wichtig, dass Sie die Geschichte in der Ich-Form schreiben und den Schwerpunkt darauf legen, was Ihr besonderer Stil, Ihre persönliche Art war.
4. Eine kurze Zusammenfassung des Erfolges, wenn möglich mit messbarem/quantifizierbarem Ergebnis (sofern vorhanden).
5. Welche Stärken/Kompetenzen/Fähigkeiten haben Sie dafür eingesetzt?

Ihre Erfolgsgeschichte

1. Ziel:
2. Mögliche Hindernisse/Erschwernisse/Herausforderungen:
3. Aktion/Handlung
4. Ergebnis/Erfolg:
5. Eingesetzte Stärken/Kompetenzen/Fähigkeiten:

Tab. 8: Ihre Erfolgsgeschichte (Quelle: Gesa Weinand)

Reflektieren Sie abschließend folgende Fragen:
- Was sind wichtige Bedingungen, damit Sie erfolgreich sind?
- Wo zeichnen sich zentrale persönliche Stärken ab?
- Wo sehen Sie noch Entwicklungsbedarf?

Tragen Sie hier Ihre Erkenntnisse hinsichtlich Ihrer Talente, Kompetenzen und Stärken zusammen und ordnen Sie diese dem zwischenmenschlichen Bereich (Soziale Kompetenzen), den fachlichen Kompetenzen, wie z. B. ein Jura-Studium oder den methodischen Kompetenzen, wie z. B. Organisationsfähigkeit zu. Ergänzen Sie die Tabelle mit den Erkenntnissen der nächsten beiden Kapitel:

Meine Kompetenzen, Stärken und Talente

Soziale Kompetenzen	Fachliche Kompetenzen	Methodische Kompetenzen

Tab. 9: Übersicht Kompetenzen, Stärken und Talente (Quelle: Gesa Weinand)

7.3 Fachlicher Kompetenz-Check

Bei dieser Übung geht es darum, die eigenen Stärken und Kompetenzen im beruflichen sowie im privaten Bereich konkreter zu reflektieren.

Hierzu zählen sowohl die Dinge, in denen Sie besonders gut sind als auch die Dinge, die Ihnen sehr viel Spaß machen bzw. die Sie mit Leidenschaft machen.

7.3.1 Berufliches Umfeld

Was sind Ihre Lieblingsaufgaben?

_____

_____

_____

Was fällt Ihnen in Ihrem Job leicht?

_____

_____

_____

Was gibt Ihnen Energie und macht Ihnen Spaß?

_____

_____

_____

Was haben Sie in der Vergangenheit als Ihren größten Erfolg erlebt?

_____

_____

_____

Welche Kenntnisse und Fähigkeiten können Sie anderen gut erklären?

_____

_____

_____

Mit wem arbeiten Sie oft und gerne zusammen und warum?

_____

_____

_____

In welchen Bereichen gelten Sie als Expert*in? Bei welchen Themen bittet man Sie um Rat oder Hilfe?

_____

_____

_____

Wenn Sie Ihre Kolleg*innen nach Ihren größten Stärken fragen würden, was würden diese sagen?

_____

_____

_____

Was halten Sie selbst für Ihre größte Stärke?

_____

_____

_____

7.3.2 Außerberufliches Umfeld

Was schätzen Ihre Familie/Freunde/Bekannten an Ihnen?

_____

_____

_____

Was machen Sie gerne in Ihrer Freizeit?

_____

_____

_____

In welchen Bereichen außerhalb der Arbeit gelten Sie als Expert*in?

_____

_____

_____

Bei welchen Themen/Dingen bittet man Sie um Rat?

_____

_____

_____

7.3.3 Zukunftskompetenzen

Wie wir im Kapitel 3.4 gesehen haben, werden bestimmte Kompetenzen in Zukunft eine besondere Bedeutung haben. Dazu gehören Digitalkompetenz, Datenkompetenz, Kollaborationskompetenz und Lernkompetenz. Finden Sie in der folgenden Tabelle heraus, wo Sie in Bezug auf diese Zukunftskompetenzen stehen bzw. wo Sie noch Entwicklungsbedarf haben.

Zukunftskompetenzen

Kompetenz	... kann ich/ habe ich bereits	... habe ich Entwicklungsbedarf
A. Datenkompetenz		
statistisches Grundwissen		
Datenanalyse		
Nutzung intelligenter Software		
kritisches Denken		
B. Digitalkompetenz		
Digitalverständnis		
Nutzung digitaler Tools und Medien		
digitale Soft Skills		
Visualisierungskompetenz		
C. Kollaborationskompetenz		
Kompetenz sichtbar machen		
hohe Rollenflexibilität		
gute Kommunikationsfähigkeit		
Community Management		
D. Lernkompetenz		
Einschätzung des eigenen Lernbedarfs		
selbstorganisiert lernen		
Weiterentwicklung des Gelernten mit anderen		
Integration des Gelernten in Arbeitsalltag		

Tab. 10: Zukunftskompetenzen (Quelle: Gesa Weinand in Anlehnung an Andree Martens, manager Seminare, 2018)

Tragen Sie auch diese Erkenntnisse in die obige Tabelle ein.

7.4   Lebensfelderanalyse

Aufbauend auf der Stärkenreflexion werfen Sie bitte noch einen vertieften Blick auf die weiteren Lebensfelder neben Arbeit und Beruf.

Überlegen Sie, welche anderen Kompetenzen, Stärken und Fähigkeiten Sie in welchen Lebensfeldern einsetzen?

7.4.1   Hobbys (Freizeitbeschäftigungen aller Art)

Meine Kompetenzen:

_____

_____

_____

7.4.2   Familie (Herkunftsfamilie, eigene Familie, Partnerschaft)

Meine Kompetenzen:

_____

_____

_____

7.4.3   Freunde (freundschaftliche Beziehungen aller Art)

Meine Kompetenzen:

_____

_____

_____

7.4.4   Gesundheit (Sport, Wellness usw.)

Meine Kompetenzen:

_____

_____

_____

7.4.5   Sonstiges

Meine Kompetenzen:

_____

_____

_____

Tragen Sie auch diese Erkenntnisse in die obige Tabelle ein.

Die Sammlung Ihrer Kompetenzen benötigen Sie später für die Optionen-Matrix (Kapitel 9.2) und Ihr persönliches Karriere-Modell (Kapitel 9.6).

Tipp   **!**

Zur Vertiefung der Reflexion von beruflichen Kompetenzen und Stärken bieten sich zum einen das Bochumer Inventar zur berufsbezogenen Persönlichkeitsbeschreibung (BIP, mehr unter http://www.testentwicklung.de/testverfahren/BIP/index.html.de) sowie der Clifton-StrengthsFinder von *Tom Rath* und *Barry Conchie* (mehr unter https://www.gallupstrengthscenter.com/home/en-us/strengthsfinder) an.

7.5   Literaturquellen

Bolles, Richard Nelson (2012): Durchstarten zum Traumjob. Campus Verlag

Martens, Andree (2018): Upgrade 4.0, in: managerSeminare, Heft 238/2018

Neugebauer, Aljoscha (2018): Mach, was Du kannst. Deutsche Verlags-Anstalt

8 Workbook Teil III – »Was will ich?«/ »Was ist mir wichtig?«

Um die Fragen »Was will ich?« und »Was ist mir wichtig?« im Konkreten zu beantworten, ist es hilfreich, den größeren Zusammenhang anzuschauen und eine Vorstellung davon zu entwickeln, was der Sinn meines Lebens, meiner Existenz sein könnte. Auch in agilen und New-Work-Kontexten wird häufig von *Purpose* (deutsch: Absicht, Zweck) gesprochen, um den Bezugspunkt des eigenen Handelns zu beschreiben.

8.1 Sinn meines Lebens und Big Five for Life

In der Übung zu den Säulen Ihrer Identität haben Sie schon die Frage nach dem Sinn Ihres Lebens gefunden. In der folgenden Übung geht es darum, diese Fragestellung zu vertiefen, da die Antwort als Leitstern in der beruflichen Veränderung bzw. der persönlichen Karrieregestaltung dienen kann. *John Strelecky* hat in seinem Buch »Das Café am Rande der Welt« eine schöne Geschichte rund um die Sinnfindung erzählt, in deren Zentrum die folgenden Fragen stehen, die ich um einige weitere ergänzt habe. Lassen Sie die Fragen auf sich wirken und finden Sie heraus, vielleicht auch im Gespräch mit anderen, was Ihr persönlicher Sinn des Lebens ist.

8.1.1 Fragen zum Sinn des Lebens

Warum bin ich hier? Was ist der Zweck meiner Existenz? Welchen Beitrag will ich leisten?

_____

_____

_____

Führe ich ein erfülltes Leben? Lebe ich mein volles Potenzial? Was will ich in meinem Leben noch erleben bzw. erreichen?

_____

_____

_____

Habe ich Angst vor dem Tod? Was würde ich am Ende meines Lebens bedauern, nicht getan zu haben?

_____

_____

_____

Ergebnis: Mein Sinn des Lebens ist ...

_____

_____

_____

8.1.2   Big Five for Life

Jeder Mensch hat eine eigene Vorstellung davon, wann er sein Leben als erfolgreich ansieht. In dieser Übung geht es darum, herauszufinden, welches die fünf wichtigsten Dinge sind, die ich vor meinem Tod getan, gesehen oder erlebt haben muss, um von meinem Leben am Ende sagen zu können, dass es erfolgreich war.

Ich will folgende fünf Dinge vor meinem Tod tun, sehen oder erleben:

1. _____

2. _____

3. _____

4. _____

5. _____

Diese Erkenntnisse, also was ist der Sinn meines Lebens und welche fünf Dinge will ich in meinem Leben noch tun, sehen oder erleben, fließen später (Kapitel 9.3) in die Auswahl der Optionen ein.

8.2   Museum meines Lebens

Um ein noch klareres Bild davon zu bekommen, was Ihnen im Leben wichtig ist und was unter Umständen noch fehlt, kann es hilfreich sein, sich in eine fernere Zukunft zu denken, um von dort aus auf Ihr Leben zurückzuschauen. In der Übung »Museum meines Lebens«, ebenfalls angelehnt an die Geschichten von *John Strelecky*, geht es darum, sich vorzustellen, Sie würden in dieser fernen Zukunft durch ein Museum gehen, in dem die verschiedenen Abschnitte Ihres Lebens dargestellt sind.

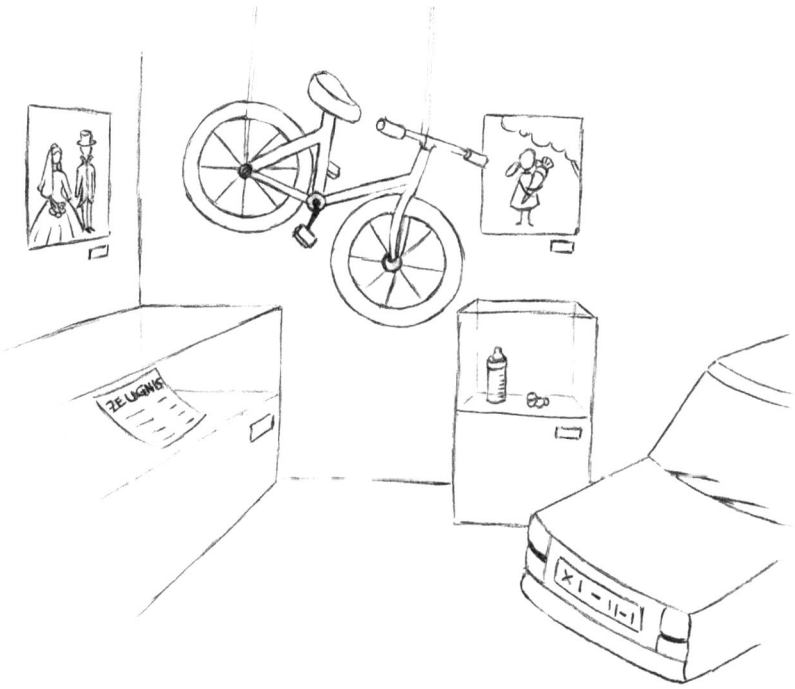

Abb. 24: Museum meines Lebens (Quelle: Corinna Arauner)

Zur Vorbereitung bitte ich Sie:
- Stellen Sie sich dieses Museum möglichst konkret vor und nutzen Sie ein großes Blatt Papier, um die verschiedenen Räume Ihres Museums darauf einzuzeichnen. Sie können es auch gerne dreidimensional mit tatsächlichen Räumen aus Karton oder Papier basteln. Lassen Sie Ihrer Kreativität freien Lauf.
- Überlegen Sie sich, wie viele Räume Ihr Museum hat und was eine mögliche Überschrift/ein Thema für den jeweiligen Raum sein könnte.
- Nun gestalten Sie jeden Raum mit Bildern von den für Sie wichtigen Ereignissen, Begegnungen, Orten und Menschen. Sie können tatsächliche Fotos verwenden, selber die »Kunstwerke« gestalten, skizzieren oder nur mit Worten beschreiben.

- Stellen Sie sich auch vor, mit welchen Bildern die nächsten Jahre und Jahrzehnte Ihres Lebens dargestellt würden.
- Falls Sie noch mehr Räume benötigen: Die Grundfläche des Museums ist beliebig erweiterbar.

8.3   Motive & Bedürfnisse

Nachdem wir uns das große Gesamtbild Ihres Lebens angeschaut haben, zoomen wir unseren Fokus auf die aktuelle Situation und die naheliegende Zukunft. Wir wollen uns in dieser Übung einen Eindruck verschaffen, welche Bedürfnisse und Motive in Ihrer aktuellen Arbeitssituation eine Rolle spielen und welche Bedeutung diese auch für einen zukünftigen Arbeitsplatz haben. Denn sind meine Grundbedürfnisse im beruflichen Kontext erfüllt, hat dies einen positiven Einfluss auf meine Arbeitszufriedenheit

8.3.1   Sicherheit und Kontinuität

Eines der existenziellen Grundbedürfnisse ist das Bedürfnis nach Sicherheit und Kontinuität. Dazu gehören sowohl die Sicherheit des Arbeitsplatzes und damit die finanzielle Absicherung als auch Sicherheit in Form von Transparenz und Klarheit der Aufgabe.

Meine Reflexion

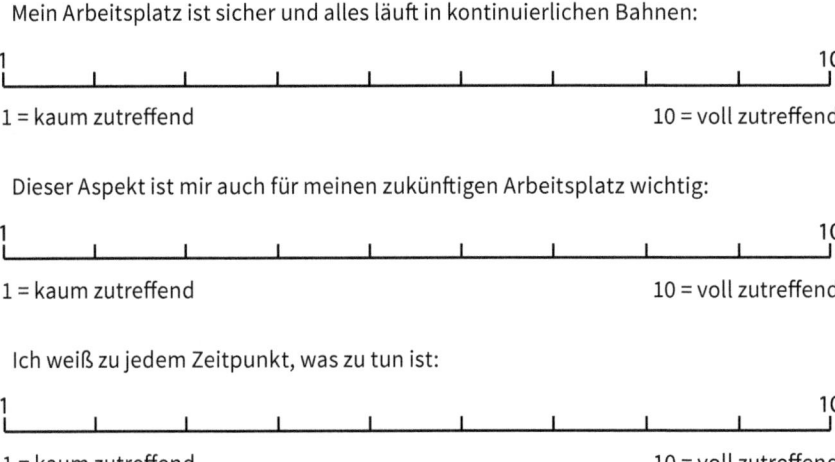

Mein Arbeitsplatz ist sicher und alles läuft in kontinuierlichen Bahnen:

1   10

1 = kaum zutreffend   10 = voll zutreffend

Dieser Aspekt ist mir auch für meinen zukünftigen Arbeitsplatz wichtig:

1   10

1 = kaum zutreffend   10 = voll zutreffend

Ich weiß zu jedem Zeitpunkt, was zu tun ist:

1   10

1 = kaum zutreffend   10 = voll zutreffend

Dieser Aspekt ist mir auch für meinen zukünftigen Arbeitsplatz wichtig:

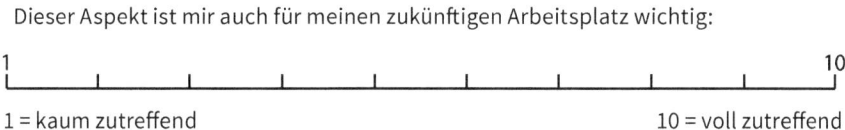

1 = kaum zutreffend   10 = voll zutreffend

8.3.2 Selbstbestimmtheit und Autonomie

Ein weiteres Grundbedürfnis ist das Bedürfnis nach Selbstbestimmtheit und Autonomie. Dies bedeutet, Gestaltungsmöglichkeiten zu haben, etwas bewirken zu können und auch ausreichend Zeit für die Aufgaben zur Verfügung zu haben.

Meine Reflexion

Ich habe ausreichend Zeit für meine Aufgaben:

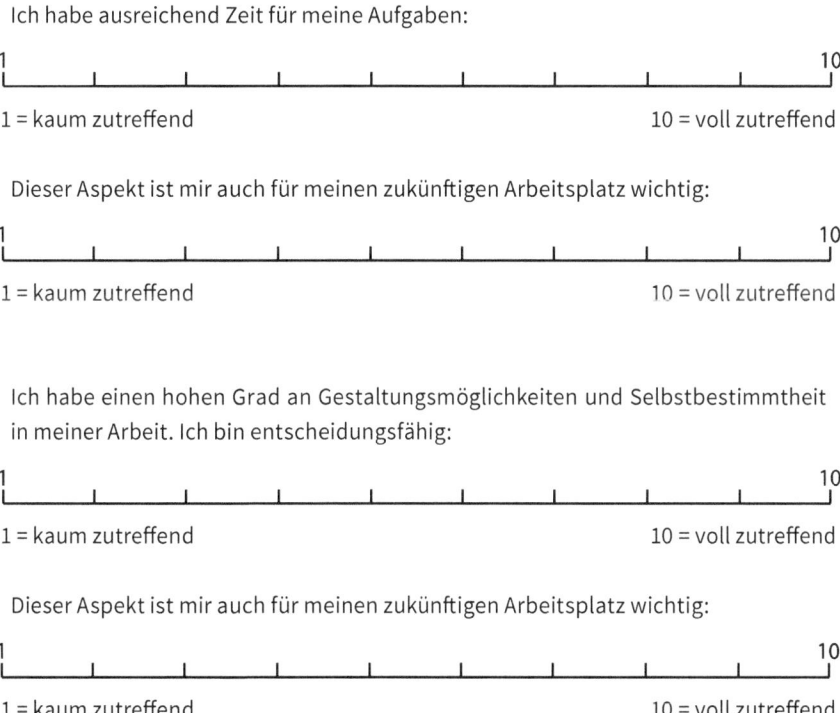

1 = kaum zutreffend   10 = voll zutreffend

Dieser Aspekt ist mir auch für meinen zukünftigen Arbeitsplatz wichtig:

1 = kaum zutreffend   10 = voll zutreffend

Ich habe einen hohen Grad an Gestaltungsmöglichkeiten und Selbstbestimmtheit in meiner Arbeit. Ich bin entscheidungsfähig:

1 = kaum zutreffend   10 = voll zutreffend

Dieser Aspekt ist mir auch für meinen zukünftigen Arbeitsplatz wichtig:

1 = kaum zutreffend   10 = voll zutreffend

8.3.3   Leistungsmotiv

Das Leistungsmotiv beschreibt das Streben nach Effizienz. Es wird durch herausfordernde Aufgaben angeregt und durch fortschreitende Verbesserungen der entsprechenden Leistungen befriedigt.

Meine Reflexion

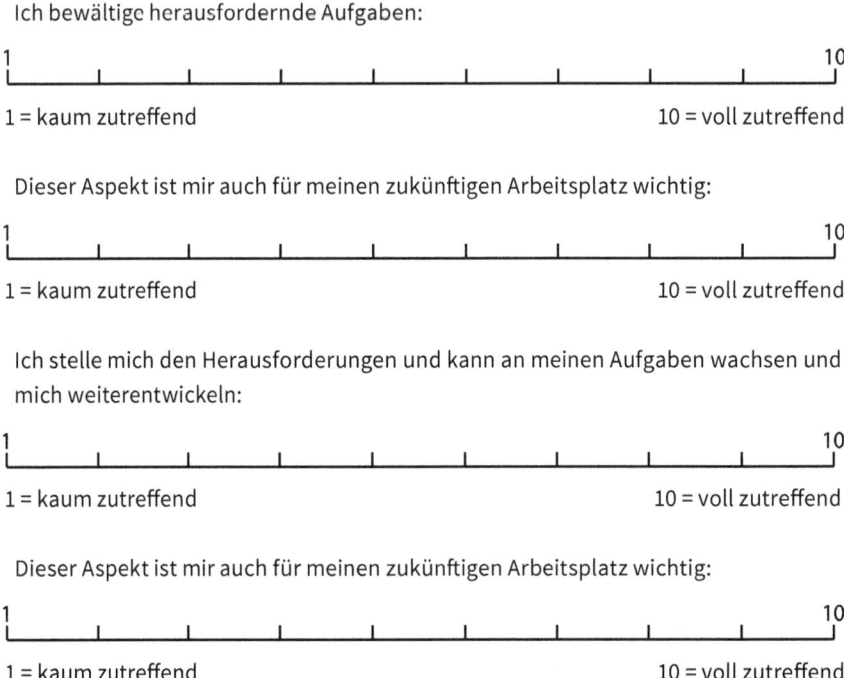

Ich bewältige herausfordernde Aufgaben:

1   10

1 = kaum zutreffend   10 = voll zutreffend

Dieser Aspekt ist mir auch für meinen zukünftigen Arbeitsplatz wichtig:

1   10

1 = kaum zutreffend   10 = voll zutreffend

Ich stelle mich den Herausforderungen und kann an meinen Aufgaben wachsen und mich weiterentwickeln:

1   10

1 = kaum zutreffend   10 = voll zutreffend

Dieser Aspekt ist mir auch für meinen zukünftigen Arbeitsplatz wichtig:

1   10

1 = kaum zutreffend   10 = voll zutreffend

8.3.4   Zugehörigkeit

Das Grundbedürfnis nach Zugehörigkeit meint einerseits, einer Organisation anzugehören und sich mit dieser zu identifizieren als auch gute wechselseitige Beziehungen zu haben, die tragfähig und verlässlich sind.

Meine Reflexion

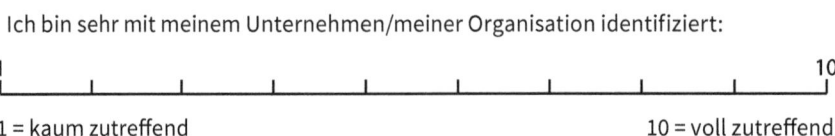

Ich bin sehr mit meinem Unternehmen/meiner Organisation identifiziert:

1   10

1 = kaum zutreffend   10 = voll zutreffend

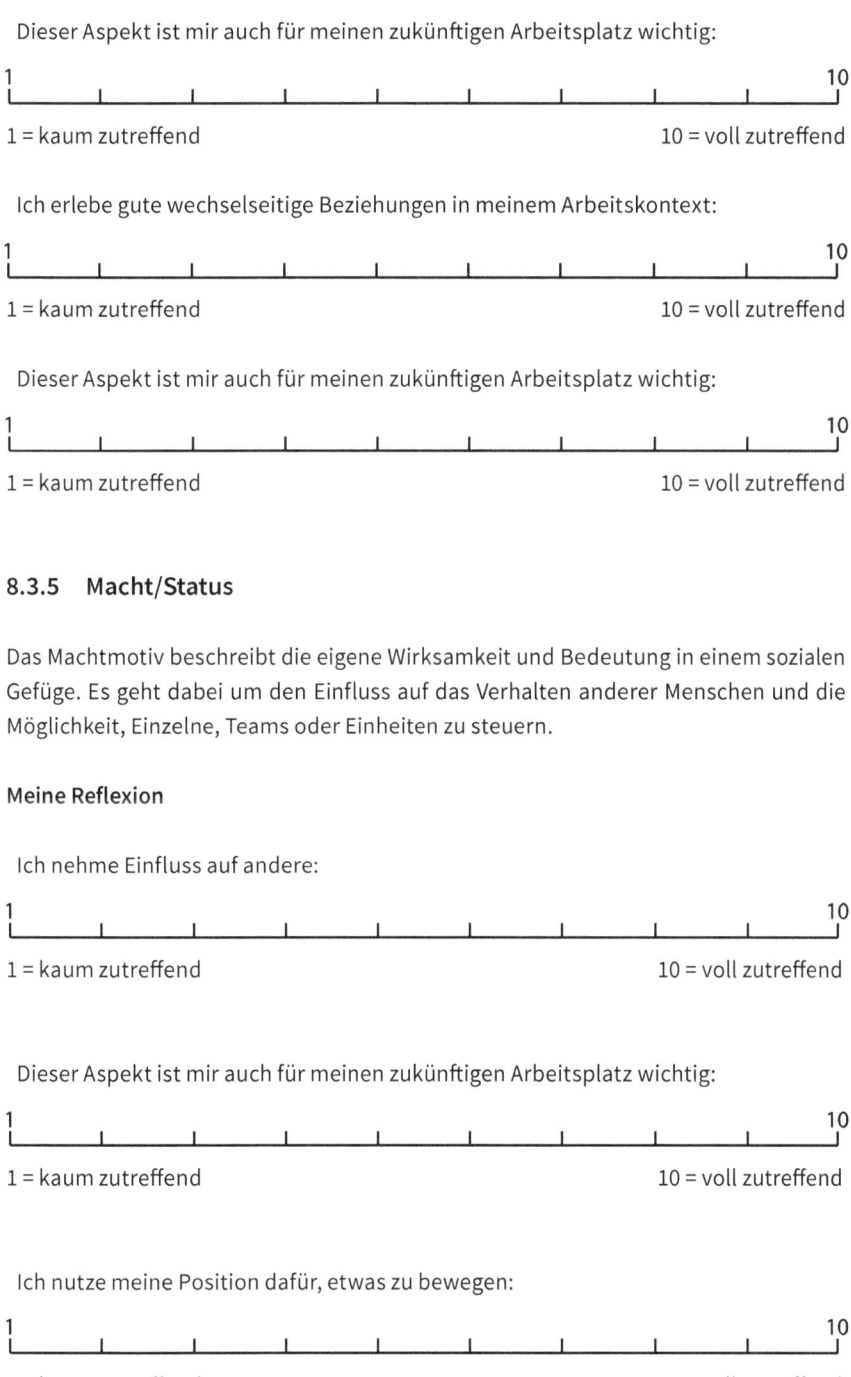

Dieser Aspekt ist mir auch für meinen zukünftigen Arbeitsplatz wichtig:

1   10

1 = kaum zutreffend   10 = voll zutreffend

Ich erlebe gute wechselseitige Beziehungen in meinem Arbeitskontext:

1   10

1 = kaum zutreffend   10 = voll zutreffend

Dieser Aspekt ist mir auch für meinen zukünftigen Arbeitsplatz wichtig:

1   10

1 = kaum zutreffend   10 = voll zutreffend

8.3.5 Macht/Status

Das Machtmotiv beschreibt die eigene Wirksamkeit und Bedeutung in einem sozialen Gefüge. Es geht dabei um den Einfluss auf das Verhalten anderer Menschen und die Möglichkeit, Einzelne, Teams oder Einheiten zu steuern.

Meine Reflexion

Ich nehme Einfluss auf andere:

1   10

1 = kaum zutreffend   10 = voll zutreffend

Dieser Aspekt ist mir auch für meinen zukünftigen Arbeitsplatz wichtig:

1   10

1 = kaum zutreffend   10 = voll zutreffend

Ich nutze meine Position dafür, etwas zu bewegen:

1   10

1 = kaum zutreffend   10 = voll zutreffend

Dieser Aspekt ist mir auch für meinen zukünftigen Arbeitsplatz wichtig:

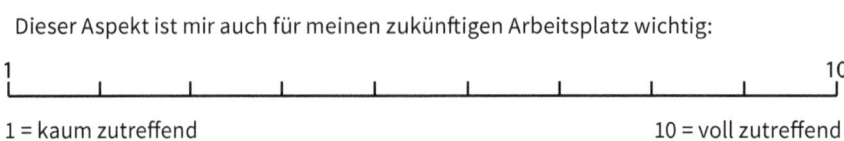

1 = kaum zutreffend   10 = voll zutreffend

8.3.6   Selbstverwirklichung und Sinn in der Arbeit

Das Motiv Selbstverwirklichung und Sinn in der Arbeit wird durch interessante Aufgaben und das Gefühl, einen sinnhaften Beitrag zu leisten, befriedigt.

Meine Reflexion

Ich habe interessante Aufgaben und erlebe viel Abwechslung:

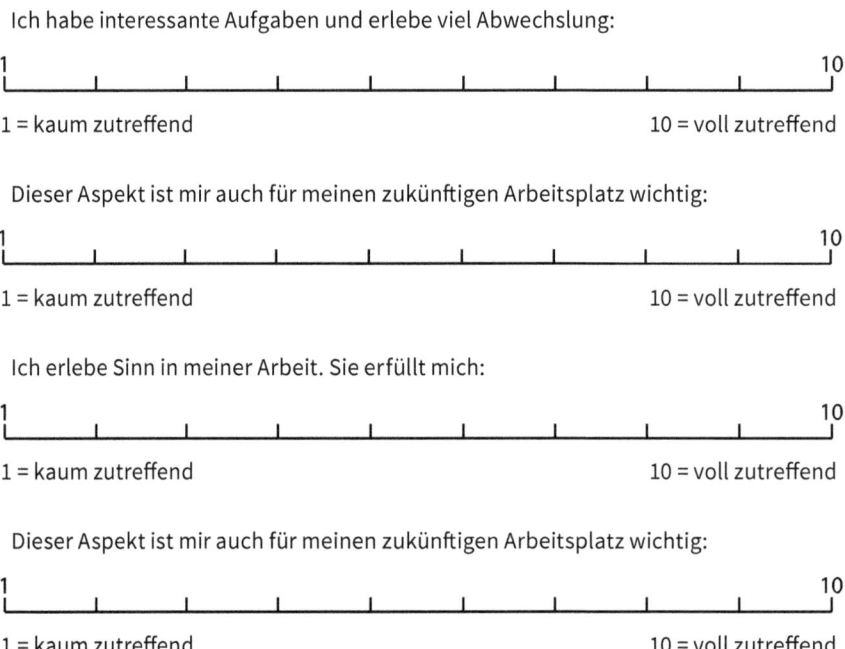

1 = kaum zutreffend   10 = voll zutreffend

Dieser Aspekt ist mir auch für meinen zukünftigen Arbeitsplatz wichtig:

1 = kaum zutreffend   10 = voll zutreffend

Ich erlebe Sinn in meiner Arbeit. Sie erfüllt mich:

1 = kaum zutreffend   10 = voll zutreffend

Dieser Aspekt ist mir auch für meinen zukünftigen Arbeitsplatz wichtig:

1 = kaum zutreffend   10 = voll zutreffend

In der folgenden Tabelle kreuzen Sie alle Motive an, die Sie höher als 5 bewertet haben:

Auswertung Reflexion

	Sicherheit	Autonomie	Leistung	Zugehörig-keit	Macht	Sinn
Bisher vor-handen						
Zukünftig wichtig						

Tab. 11: Auswertung Reflexion (Quelle: Gesa Weinand)

Tipp   !

Wenn Sie der Frage nach Ihren Motiven und Bedürfnissen intensiver nachgehen wollen, bieten sich das Reiss-Profil (mehr unter http://www.persoenlichkeitstest.org/info/lebens-motive.php) und der Karriereanker von *Edgar Schein* (mehr unter https://de.wikipedia.org/wiki/Karriereanker) an.

8.4   Rahmenbedingungen

Neben den fachlich/inhaltlichen Aspekten einer Tätigkeit spielen zusätzliche Faktoren, wie z. B. die Nähe zum Wohnort oder die Höhe des Gehaltes oder auch die Unternehmenskultur bei der Wahl einer beruflichen Option eine Rolle.

Überlegen Sie bitte, welche Aspekte Ihnen in Bezug auf ihre berufliche Tätigkeit wichtig sind?

Wie groß soll das Unternehmen/die Organisation sein?

_____

_____

_____

In welcher Branche wollen Sie tätig sein?

_____

_____

_____

Welche Art von Betriebsklima ist Ihnen wichtig?

_____

_____

_____

Wie sollte die Organisation beschaffen sein (Konzern, Mittelstand, Kleinunter-nehmen, Behörde, Non-Profit-Organisation)?

_____

_____

_____

Wie wichtig sind Entwicklungsmöglichkeiten für Sie?

_____

_____

_____

Möchten Sie international tätig sein?

_____

_____

_____

Möchten Sie Vollzeit oder Teilzeit arbeiten und wenn ja, wie viele Stunden?

_____

_____

_____

Wie hoch sollte Ihr Gehalt in Euro sein (Mindestbetrag/Wunschbetrag) und welche weiteren Gehaltsbestandteile (wie z. B. Dienstwagen, Aktienpakete etc.) sollten noch dazugehören?

_____

_____

_____

Wie weit von Ihrem Wohnort entfernt darf Ihr Arbeitsplatz liegen (Radius)?

_____

_____

_____

Was ist Ihnen sonst noch wichtig?

_____

_____

_____

Und was kommt für Sie gar nicht infrage?

_____

_____

_____

8.5 Mein perfekter Tag

Abb. 25: Mein perfekter Tag (Quelle: Corinna Arauner)

Um ein inneres Bild davon zu entwickeln, wie Sie zukünftig arbeiten möchten, was Ihnen dabei wichtig ist und wie Ihr Tagesablauf aussehen soll, haben Sie jetzt die Möglichkeit, sich Ihren perfekten Tag zu gestalten.

Sie können den perfekten Tag Stunde für Stunde befüllen oder in größere Einheiten aufteilen, wie Vormittag, Nachmittag, Abend, Nacht.

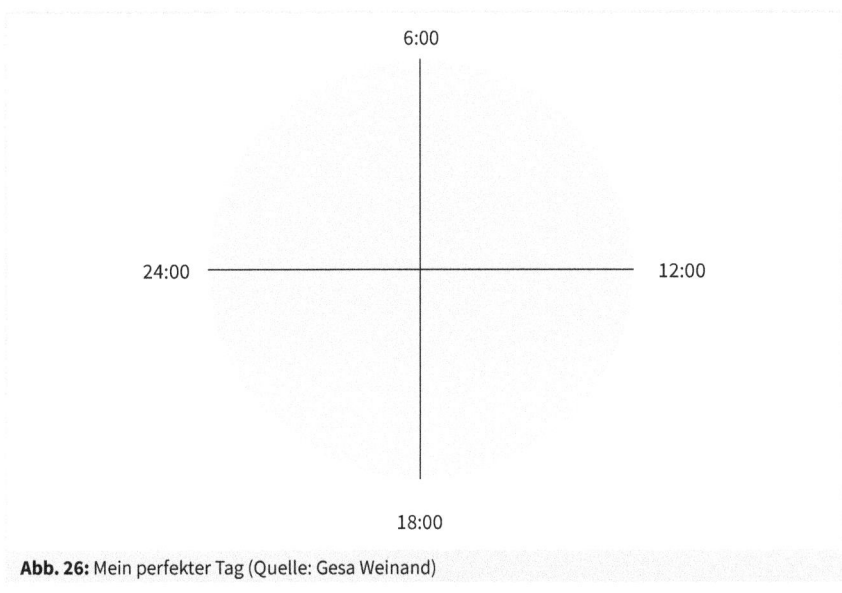

6:00

24:00 ———————————|——————————— 12:00

18:00

Abb. 26: Mein perfekter Tag (Quelle: Gesa Weinand)

Mein perfekter Tag

Uhrzeit	Aktivitäten
0:00	
6:00	
12:00	

Uhrzeit	Aktivitäten
18:00	
24:00	

Tab. 12: Mein perfekter Tag – Arbeitsblatt (Quelle: Gesa Weinand)

Folgende Fragen (in Anlehnung an *R. Kötter* und *M. Kursawe*, Design Your Life, 2015) können bei der Beschreibung Ihres perfekten Tages helfen:

Wie komme ich in den Tag? Wann und wo wache ich auf? Stelle ich den Wecker oder wache ich von selbst auf? Ist jemand bei mir? Worauf freue ich mich schon an diesem Tag? Was mache ich als Nächstes?

_____

_____

_____

Womit starte ich meinen Tag? Nehme ich mir Zeit für mich (Yoga, Sport, Meditation etc.) oder für mein Frühstück? Bin ich dabei allein? Was sehe ich, wenn ich mich umschaue?

_____

_____

_____

Wie sieht mein Arbeitsort aus? Ist er in einem Gebäude oder draußen? Sitze ich in einem Einzel- oder offenen Büro? Wer ist noch dort?

_____

_____

_____

Arbeite ich im Team oder alleine? Begegne ich meinen Kolleg*innen vor Ort oder eher virtuell? Bin ich Teammitglied oder führe ich das Team?

_____

_____

_____

Wie verbringe ich meine Mittagspause? Bin ich allein oder in Gesellschaft?

_____

_____

_____

Wie verbringe ich meinen Abend? Habe ich Feierabend bzw. Freizeit oder arbeite ich noch? Womit beschäftige ich mich? Wo bin ich? Bin ich allein oder in Gesellschaft?

_____

_____

_____

Fazit

Wenn Sie Ihren perfekten Tag so anschauen, was fällt Ihnen besonders auf? Was ist Ihnen besonders wichtig?

_____

_____

_____

8.6   Literaturquellen

Kötter/Kursawe (2015): Design Your Life, Campus Verlag

Strelecky, John (2009): The Big Five for Life – Was wirklich zählt im Leben, dtv Verlag

Strelecky, John (2007): Das Café am Rande der Welt, dtv Verlag

9 Workbook Teil IV – Entwicklung von Karriereoptionen

Nachdem Sie sich jetzt ein umfassendes Bild über Ihre einzigartige Persönlichkeit, Ihre Stärken und Kompetenzen sowie Ihre Vorstellungen von Ihrem zukünftigen Leben gemacht haben, geht es nun darum, herauszufinden, welche beruflichen Optionen am besten dazu passen und damit die Grundlage für die Gestaltung Ihrer zukünftigen Karriere bilden.

9.1 Ideensammlung

Um möglichst viele Karriereoptionen zu entwickeln, ist es oft hilfreich, sich mehrere Menschen als Sparringspartner zu suchen und gemeinsam im Brainstorming (ungefilterte Ideensammlung) ohne vorherige Zensur alles auszusprechen und aufzuschreiben, was einem in den Sinn kommt.

Hierbei helfen Kreativitätstechniken, wie etwa in der Form, alle bisherigen Erkenntnisse, wie Stärken, Talente und Kompetenzen, auf Karten oder Post-it's zu schreiben und diese an eine Wand zu heften.
Im nächsten Schritt überlegt dann jede Person für sich, was für Optionen ihr/ihm zu den dargestellten Optionen einfällt und schreibt diese wiederum auf Karten oder Post-it's.

Als letzten Schritt werden die Optionen eingesammelt und thematisch sortiert. Abschließend sollte hinterfragt werden, welche Idee die jeweilige Person mit der Option verbunden hat, denn manchmal stellt sich gerade bei Überschneidungen heraus, dass ganz unterschiedliche Interpretationen der Option gemeint waren.

9.2 Optionenmatrix

Erstellen Sie nun eine strukturierte Übersicht über Ihre Stärken, Kompetenzen und Rahmenbedingungen und finden Sie heraus, welche Aspekte Sie in welcher Option wiederfinden. Zur besseren Bearbeitung finden Sie im Download-Bereich auf meiner Homepage www.agile-karriere.de ein Excel-Sheet.

Optionenmatrix

	Option 1	Option 2	Option 3
Fachliche Kompetenzen: —			
—			
—			
—			
Methodische Kompetenzen: —			
—			
—			
—			
Soziale Kompetenzen: —			
—			
—			
—			
Rahmenbedingungen: —			
—			
—			
—			

Tab. 13: Optionenmatrix (Quelle: Gesa Weinand)

9.3   Optionen-Retrospektive

Bei dieser Übung aus dem agilen Kontext geht es darum, herauszufinden, welche Ihrer Optionen Ihren Anforderungen ausreichend entsprechen und welche Sie davon im Prototyping ausprobieren wollen.

Zur Vorbereitung bitte ich Sie:

Nehmen Sie als Erstes auf der Grundlage der Optionenmatrix eine Bewertung der Optionen hinsichtlich der von Ihnen erarbeiteten Anforderungen vor. Überlegen Sie sich folgende Fragen pro Option:

Wie gut erfüllt diese Option meine Anforderungen hinsichtlich

- des Einsatzes meiner Talente & Stärken,
- dem Leben meiner Werte und Motive,
- der mir wichtigen Rahmenbedingungen,
- der Möglichkeit, meinen Sinn des Lebens zu erfüllen?

Dann ordnen Sie die jeweilige Option einer der drei Kategorien *Keep*, *Drop* oder *Try* zu.

Keep bedeutet: *»Ich bin mir sicher, dass diese Option eine Vielzahl meiner Anforderungen erfüllt und wert ist, verfolgt zu werden.«*

Drop bedeutet: *»Diese Option erfüllt zu wenige meiner Anforderungen und ist es daher nicht wert, weiterverfolgt zu werden.«*

Try bedeutet: *»Ich bin mir noch nicht sicher, ob diese Option genügend Anforderungen erfüllt und möchte ihr dennoch eine Chance geben.«*

Optionen-Retrospektive

Keep	Drop	Try
Option 1	Option 2	Option 3

Tab. 14: Optionen-Retrospektive (Quelle: Gesa Weinand)

9.4   Leistbarer Verlust/Prototyping

Um herauszufinden, welche Option eine wirkliche Perspektive für Sie darstellt, ist es möglich – ähnlich wie im agilen Projektmanagement– erst einmal sogenannte Prototypen des gewünschten Ergebnisses zu entwickeln. So wird z. B. im agilen Kontext ein

Produkt in einem sehr frühen Stadium der Produktentwicklung, also einer Beta-Version, schon an Kunden getestet, um herauszufinden, ob das Produkt grundsätzlich von Interesse ist bzw., welche Aspekte noch fehlen, noch entwickelt oder verbessert werden könnten.

In diesem Sinne muss vielleicht nicht gleich der Job gekündigt werden, wenn man sich mit den Möglichkeiten der Selbstständigkeit beschäftigt. Vielleicht reicht es auch erst mal aus, sich nebenberuflich selbstständig zu machen oder selbstständige Menschen in ihrem Job zu begleiten. Wenn Sie glauben, dass ein Jobwechsel eine gute Option wäre, kann z. B. eine Hospitanz in einem Unternehmen einer anderen Branche oder Ausrichtung große Aufschlüsse darüber geben, ob das Umfeld zu Ihnen und Ihren Vorstellungen passt.

Hierdurch wird das Risiko einer Fehlentscheidung oder einer zu frühen Entscheidung reduziert und der mögliche Preis/Verlust für jede Option auf seine Leistbarkeit hin überprüft.

Es gibt unterschiedliche Formen des Prototypings, die sich in ihrer Intensität, dem notwendigen zeitlichen und materiellen Invest/Einsatz sowie den möglichen Auswirkungen unterscheiden. In der folgenden Aufzählung (in Anlehnung an *R. Kötter* und *M. Kursawe*, Design Your Life, 2015) finden sich die verschiedenen Stufen des Prototypings diesbezüglich in aufsteigender Reihenfolge:

1. Ich sammle Informationen und betreibe Recherche (on- und offline)

Diese Recherche ist vom Schreibtisch oder Sofa aus möglich, vielleicht noch verbunden mit einem Gang in die Bibliothek.

Auf der Grundlage eines Rechercheplans werden die eigenen Fragen und Informationsbedarfe im Netz, per Telefon oder in Fachbüchern recherchiert.

Der Rechercheplan beinhaltet Fragen, wie:
- Was will ich wissen?
- Wen will ich fragen?
- Was will ich meine Ansprechpartner*innen konkret fragen?

2. Ich schaffe mir ein Abbild der Option(en) durch ein Modell oder ein Bild

Nehmen Sie sich noch einmal das Museum Ihres Lebens zur Hand (siehe Kapitel 8.2) und schauen Sie, wie sich die jeweilige Option in das Museum einfügt.

Sie können auch ein Modell davon basteln, um es etwas plastischer gestalten zu können – Ihrer Kreativität sind keine Grenzen gesetzt.

Beantworten Sie sich folgende Fragen:
- Wie passt die Option in mein Leben?
- Wie fühlt sich der imaginäre Rundgang in meinem Museum an und
- welche Rolle spielt die Option dabei?

3. Ich suche mir eine kleine Gruppe Sparringspartner und bearbeite mit ihnen die Optionen (s. auch Working Out Loud, Kapitel 9.5).

Manchmal braucht es unterschiedliche Köpfe und Sichtweisen, um eine Option auszuarbeiten und zu konkretisieren.

Nutzen Sie hierfür eine Gruppe von Freunden, Familie oder Menschen in einer ähnlichen beruflichen Veränderungssituation, um auf neue Ideen, Anregungen und konkrete Umsetzungsmöglichkeiten zu kommen.

4. Ich treffe Menschen, die meine Option leben.

Jetzt geht es darum, mit den Menschen, die Ihre Option tatsächlich leben, in Kontakt zu kommen.

Vereinbaren Sie entsprechende Termine.

Bereiten Sie diese Treffen gut vor, in dem Sie sich vorher Fragen überlegen und für sich klären, was Sie unbedingt wissen wollen.

Und keine Angst: Die meisten Menschen sprechen gern über das, was sie tun.

5. Ich hospitiere für ein paar Tage.

Die beste Möglichkeit, um konkret zu erfahren, wie der Alltag in einer Option ist, wie es sich anfühlt, die Option zu leben, ist eine Hospitanz.

Da der Invest von beiden Seiten gering ist, z. B. ein paar Urlaubstage, gibt es eine große Chance, schnell und unkompliziert den Reality-Check für Ihre Option zu machen.

6. Ich mache ein mehrwöchiges/-monatiges Praktikum

Im Unterschied zur Hospitanz ist der Einsatz etwas höher, vielleicht ein paar Urlaubswochen oder ein freier Tag pro Woche.

Allerdings lässt sich auf diesem Wege mehr Klarheit gewinnen, ob alle Facetten der Option für Sie passen.

7. Ich entwickle und betreibe die ausgewählte Option neben meiner jetzigen Tätigkeit.

Wenn Sie sich ganz sicher sind, dass Sie diese eine Option weiterverfolgen wollen, heißt das noch nicht, dass Sie Ihren alten Job kündigen bzw. aufgeben müssen.

Sie können die Option auch erst einmal nebenberuflich weiter verfestigen, abends, am Wochenende oder mit entsprechender Reduzierung Ihrer Wochenarbeitszeit.

Vielleicht wird dann am Ende ein Vollzeitjob daraus, der Sie ernährt oder es bleibt ein zweites Standbein im Sinne der Hybrid-Karrieren (s. Kapitel 3.1).

8. Ich nehme eine Auszeit von meiner jetzigen Tätigkeit, um mich ganz der Option widmen zu können.

Um wirklich die Freiheit zu haben, in etwas ganz anderes, Neues einzutauchen, ist eine Auszeit oder ein Sabbatical hilfreich.

Entsprechend vorbereitet, in Bezug auf den bisherigen Job, die Familie, die Organisation und nicht zuletzt die Finanzen, bietet die Auszeit die Möglichkeit, die Option auf Probe zu leben oder auch den Kopf freizubekommen, ganz neue Optionen zu entwickeln.

Prototyping-Regeln

Scheitere oft und frühzeitig, dann ist der verlorene Einsatz nicht so hoch!

Es geht ja gerade darum, Ungewohntes, Unbekanntes auszuprobieren: Da können Fehler bzw. Fehlentscheidungen leicht passieren und jedes Scheitern ist eine Chance, zu lernen.

Je weniger Zeit, Energie und Geld ich in den Prototyp investiert habe, bis mir klar wird, dass es das nicht ist, umso besser.

Es geht nicht um Perfektion, sondern um Geschwindigkeit.

Da ein Prototyp grundsätzlich unfertig ist, macht es keinen Sinn, Perfektion anzustreben.

Lieber schnell und direkt ausprobieren und sich durch Versuch und Irrtum dem Ziel annähern.

Probieren geht über Studieren – erst handeln, dann analysieren.

So manchem Plan kommt das Leben dazwischen – daher nicht zu lange denken und planen, die Analyse erfolgt erst im Nachhinein.

Machen Sie sich pro Option einen Plan oder eine MindMap, in dem/der Sie festhalten, welche Prototyping-Schritte Sie unternehmen wollen.

In diesem Sinne »Just do it!«

9.5 Netzwerken

Über die Bedeutung des Netzwerkens haben Sie ja schon an anderer Stelle in diesem Buch gelesen, trotzdem möchte ich hier noch einmal intensiver darauf eingehen. Denn nicht nur die Veränderung der Arbeitswelt basiert auf Netzwerk-Technologien, auch den agilen Arbeitskonzepten liegt die Nutzung von Netzwerken zugrunde. Zudem bin ich der Überzeugung, dass persönliche und berufliche Entwicklung nur durch Impulse von unterschiedlichen Menschen, aus verschiedenen Kontexten, erfolgen kann. Daher nutzen Sie die nächste Übung, um sich ein buntes, vielfältiges und spannendes Netzwerk aufzubauen.

Abb. 27: Netzwerken (Quelle: Corinna Arauner)

9.5.1 Working Out Loud

Vielen Menschen fällt es schwer, eine Idee davon zu entwickeln, wie der Aufbau eines tragfähigen Netzwerkes gelingen kann, wie sie da vorgehen sollen, was ganz konkret zu tun ist. Dafür hat *John Stepper* ein unglaublich spannendes Format entwickelt, das Menschen in einer kleinen Gruppe von bis zu fünf Personen über einen Zeitraum von zwölf Wochen ermöglicht, sich kontinuierlich weiterzuentwickeln und parallel ein großes Netzwerk aufzubauen. Seine Methode heißt »Working Out Loud« und die konkrete Anleitung ist in mehreren Sprachen unter www.workingoutloud.com zu finden.

Einen kleinen Einblick in die Zielsetzung der Methode finden Sie hier in einem Zitat von ihm:

> *»Working Out Loud ist ein Weg, um Beziehungen aufzubauen,*
> *die dir auf verschiedene Weise helfen können, ein Ziel zu erreichen,*
> *eine Fertigkeit zu entwickeln oder ein neues Thema zu erforschen.*
> *Anstatt sich zu vernetzen, um etwas zu bekommen,*
> *investierst du in Beziehungen, indem du im Laufe der Zeit Beiträge leistest,*
> *einschließlich deiner Arbeit und Erfahrungen, die du sichtbar machst.*
>
> *Wenn du »Working Out Loud« anwendest, bauen deine Beiträge im Laufe*
> *der Zeit Vertrauen auf und vertiefen ein Gefühl der Verbundenheit, wodurch sich*
> *die Chancen für Zusammenarbeit und Miteinander erhöhen. Du bist effektiver,*
> *weil du Zugang zu mehr Menschen, Wissen und Möglichkeiten hast,*
> *die dir helfen können. Außerdem fühlst du dich besser, weil dir dein größeres*
> *Netzwerk mit sinnvollen Beziehungen ein stärkeres Gefühl von Kontrolle,*
> *Kompetenz und Verbindung gibt. Mit hoher Wahrscheinlichkeit*
> *erfährst du mehr darüber, was du willst und was du zu bieten hast.*
>
> *All dies führt zu mehr Motivation für den Einzelnen und zu mehr Agilität,*
> *Innovation und Kooperation für ein Unternehmen.«*
> John Stepper www.workingoutloud.com

Wenn Sie sich also schon an früherer Stelle mehrere Menschen in ihrem Umfeld gesucht haben, um sich z. B. eine Fremdeinschätzung abzuholen oder sich zu den verschiedenen Optionen auszutauschen, dann schauen Sie doch mal, ob diese nicht auch Lust haben, gemeinsam mit Ihnen eine Zielsetzung in der eigenen Entwicklung zu verfolgen und parallel das eigene Netzwerk auszubauen. Und starten Sie gemeinsam eine Working-Out-Loud-Gruppe.

9.5.2   Netzwerkbeschreibung

Auf jeden Fall ist es hilfreich, sowohl im Sinne des Working Out Loud als auch des Effectuation-Ansatzes, sich einen Überblick über das eigene Netzwerk zu verschaffen und zu überlegen, wie dieses in den Prozess der agilen Karrieregestaltung einbezogen werden kann.

Machen Sie zunächst eine Analyse des persönlichen Umfelds:
- Wen kenne ich?
- In welcher (Arbeits-)Beziehung stehen wir?
- In welcher Situation hat mich die Person erlebt?

- Wie ist die Qualität der Beziehung?
- Zu welchen Personen, Unternehmen, Kreisen hat die Person Kontakt?

Teilen Sie mögliche Netzwerkpartner*innen in vier Kategorien ein:
- **Informationsgeber*innen** – Menschen, die mir Informationen über Unternehmen, Beschäftigungsmöglichkeiten, Personen u. a. geben können.
- **Aktive Referenzgeber*innen** – Menschen, die mich erlebt haben und mir eine persönliche Referenz geben würden.
- **Motivierte Multiplikator*innen** – Menschen, die meine Karrierepläne kennen und aktiv nach Umsetzungsmöglichkeiten suchen würden.
- **Potenzielle Arbeitgeber*innen** – Menschen, die eine Beschäftigungsmöglichkeit bzw. Partnerschaft bieten können.

Kontaktplanung:
- Wen spreche ich an (Priorität)?
- Wo gibt es gute Gelegenheiten bzw. wie schaffe ich eine gute Gelegenheit?
- Welches Thema bietet einen guten Einstieg?
- Wonach frage ich?
- Wo werden meine Fähigkeiten gebraucht?
- Was kann ich für meine(n) Kontaktpartner tun?

Tragen Sie Ihre Sammlung in die Tabelle ein:

Netzwerkübersicht

Name	Beziehung	Kategorie	Kontaktplanung

Tab. 15: Netzwerkübersicht (Quelle: Gesa Weinand)

9.6   Mein persönliches Karrieremodell

In dieser letzten Übung geht es darum, alle Erkenntnisse dieses Buchs in einer Übersicht zusammenzutragen.

In Anlehnung an das Business Model Canvas von *Alexander Osterwalder* (https://www.startplatz.de/startup-wiki/business-model-canvas/) soll das persönliche Karrieremodell Ihnen zum einen Klarheit und Übersicht über Ihre wichtigsten Erkenntnisse aus diesem Workbook ermöglichen, zum anderen kann es als Grundlage für Gespräche mit Netzwerk- und Kontaktpartner*innen oder potenziellen Arbeitgeber*innen dienen.

Füllen Sie dafür die Vorlage in Abb. 28 aus und beschränken sich dabei pro Feld auf die **zehn** wichtigsten Aspekte:

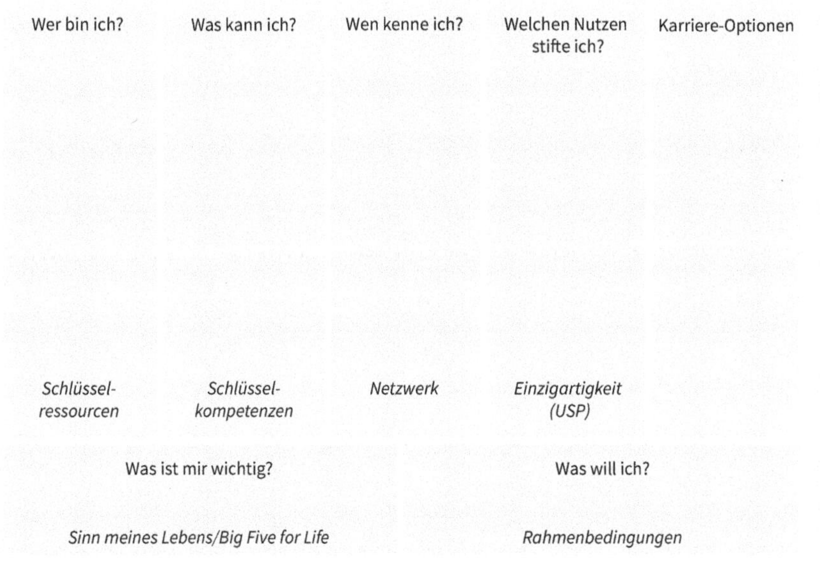

Wer bin ich?	Was kann ich?	Wen kenne ich?	Welchen Nutzen stifte ich?	Karriere-Optionen
Schlüssel-ressourcen	*Schlüssel-kompetenzen*	*Netzwerk*	*Einzigartigkeit (USP)*	
Was ist mir wichtig?			Was will ich?	
Sinn meines Lebens/Big Five for Life			*Rahmenbedingungen*	

Abb. 28: Mein persönliches Karrieremodell (Quelle: Gesa Weinand)

9.7   Literaturquellen

Clark/Osterwalder/Pigneur (2012): Business Model You, John Wiley & Sons, Inc.

Häusling/Römer/Zeppenfeld (2018): Praxisbuch Agilität, Haufe Verlag

Kötter/Kursawe (2015): Design Your Life, Campus Verlag

10 Schluss

Wenn Sie bis hierhin gekommen sind, liegt ein langer, intensiver Weg hinter Ihnen und ich danke Ihnen, dass Sie sich darauf eingelassen haben. Ich bin überzeugt, dass es sich für Sie gelohnt hat:

Sie haben ein besseres Verständnis dafür bekommen, wie sich die Arbeitswelt der Zukunft in ihren unterschiedlichen Facetten entwickeln wird und was das für Sie selbst, Ihre Art, zu arbeiten und Ihre beruflichen Perspektiven bedeutet.

Sie haben sich vielleicht in den verschiedenen Generationsbeschreibungen wiedergefunden, herausgefunden, welche Art von Karriere zu Ihnen am besten passen würde und wie Sie als Unternehmer*in in eigener Karriere unterwegs sein können.

Sie konnten für sich reflektieren, ob bzw. wie Sie im Hinblick auf die zukünftig gefragten Kompetenzen aufgestellt sind und ob Sie schon gut für Ihre Employability gesorgt haben.

Möglicherweise haben Sie erkannt, dass es manchmal hilfreich sein kann, sich bei der Karrieregestaltung Unterstützung zu suchen, sei es ein professioneller Coach oder eine Talent Managerin oder seien es Freunde und Familie, die dabei behilflich sein können.

Nach der intensiven Bearbeitung der verschiedenen Übungen in den Workbook-Teilen haben Sie zudem ein klares Bild davon, wie Sie in diese Arbeitswelt der Zukunft gehen wollen, da sie jetzt wissen,
*   wer Sie sind,
*   was Sie können,
*   welche Stärken und Talente Sie haben,
*   was Ihnen wichtig ist,
*   was Sie wollen und
*   wie Ihre ideale Arbeitsumgebung aussieht.

Sie haben Optionen für Ihre Zukunft entwickelt und Ihr Netzwerk zur Unterstützung der Umsetzung auf- bzw. ausgebaut. Vielleicht haben Sie auch schon die eine oder andere Option im Sinne des Prototypings ausprobiert und spannende, neue Erfahrungen gemacht.

Am Ende dieses Buches können Sie Ihren reich gefüllten Optionen-Koffer nehmen und sich auf die Reise begeben – in die Arbeitswelt und Karriere der Zukunft – und diese nach Ihren Vorstellungen gestalten. Dafür wünsche ich Ihnen alles Gute und viel Erfolg!

Abb. 29: Superwoman (Quelle: Corinna Arauner)

P.S. Ich bin neugierig auf Ihre Erfahrungen mit diesem Buch und freue mich über Ihr Feedback, Ihre Kommentare und Anregungen unter weinand@newperspectivecoaching.de oder auf Facebook, XING oder LinkedIn.

11 Über die Autorin

Gesa Weinand, Karriereberaterin und Coach, ist seit über 20 Jahren in der Personal- und Organisationsentwicklung tätig, davon 15 Jahre in Führungsfunktionen, u. a. bei der Deutschen Telekom AG. Ihre Leidenschaft ist die Begleitung von Menschen in Veränderungsprozessen und das Freisetzen von Potenzialen. Seit 2014 führt sie ihr eigenes Unternehmen, die New Perspective CC GmbH, mit den Schwerpunkten Executive Coaching, Führungskräfteentwicklung und Karriereberatung.

Mehr unter www.newperspectivecoaching.de oder www.agile-karriere.de.

Glossar

A

All-Hands-Calls: Telefonisches Zusammentreffen aller Beschäftigten einer Organisation

Ambidextrie: Organisationale Ambidextrie (aka. Ambidexterität, lat. »Beide rechts«) beschreibt die Fähigkeit von Organisationen, gleichzeitig effizient und flexibel zu sein. Ambidextrie (von lateinisch ambo »beide« und dexter »rechte Hand«) vom Wortursprung bedeutet somit Beidhändigkeit und soll im Rahmen der organisationalen Ambidextrie die Wichtigkeit der Integration von Exploitation (Ausnutzung von Bestehendem) und Exploration (Erkundung von Neuem) verdeutlichen. (Wikipedia: https://de. wikipedia.org/wiki/Organisationale_Ambidextrie, 30.10.2018)

Ambiguität: Terminus, der eine Entscheidungssituation charakterisiert, in der keine exakten Wahrscheinlichkeiten vorliegen bzw. keine eindeutigen subjektiven Wahrscheinlichkeiten bestimmt werden können. (Wirtschaftslexikon24.com, 30.10.2018)

B

Big Data: Der aus dem englischen Sprachraum stammende Begriff Big Data [ˈbɪg ˈdeɪtə] (von englisch big ›groß‹ und data ›Daten‹) bezeichnet Datenmengen, welche beispielsweise zu groß, zu komplex, zu schnelllebig oder zu schwach strukturiert sind, um sie mit manuellen und herkömmlichen Methoden der Datenverarbeitung auszuwerten. Im deutschsprachigen Raum ist der traditionellere Begriff Massendaten gebräuchlich. »Big Data« wird häufig als Sammelbegriff für digitale Technologien verwendet, die in technischer Hinsicht für eine neue Ära digitaler Kommunikation und Verarbeitung und in sozialer Hinsicht für einen gesellschaftlichen Umbruch verantwortlich gemacht werden. (Wikipedia: https://de.wikipedia.org/wiki/Big_Data, 30.10.2018)

Bionik: Die Bionik (auch Biomimikry, Biomimetik oder Biomimese) beschäftigt sich mit dem Übertragen von Phänomenen der Natur auf die Technik. Ein bekanntes Beispiel aus der Geschichte dafür ist Leonardo da Vincis Idee, den Vogelflug auf Flugmaschinen zu übertragen. Ein Beispiel aus dem modernen Alltag ist der von Kletten inspirierte Klettverschluss. Der Bionik liegt die Annahme zugrunde, dass die belebte Natur durch evolutionäre Prozesse optimierte Strukturen und Prozesse entwickelt, von denen der Mensch lernen kann. (Wikipedia: https://de.wikipedia.org/wiki/Bionik, 11.12.2018)

C

Cloud Computing: Cloud Computing (deutsch Rechnerwolke oder Datenwolke) beschreibt die Bereitstellung von IT-Infrastruktur, wie beispielsweise Speicherplatz, Rechenleistung oder Anwendungssoftware als Dienstleistung über das Internet. (Wikipedia: https://de.wikipedia.org/wiki/Cloud_Computing, 30.10.2018)

Community Management: Community Management (von engl. Community = Gemeinschaft und Management) ist die Form der Führung einer Online Community. Das Community Management fungiert als Bindeglied zwischen dem Seitenbetreiber und den Benutzern. Die Aufgaben sind hierbei vielschichtig und gehen von der Moderation eines Forums bis hin zu Maßnahmen zur Vergrößerung oder Aktivierung der Gemeinschaft. Das Community Management ist Bestandteil des Community Engineerings, das nicht nur die Fragen des laufenden Betriebs, sondern auch des Aufbaus virtueller Communitys umfasst. (Wikipedia: https://de.wikipedia.org/wiki/Community_Management, 30.10.2018)

Creative Workspace: Arbeitsplatz oder Office-Bereich, der durch die architektonische Ausgestaltung Kollaboration und Kreativität fördert.

Cross-divisional: bereichsübergreifend.

Cyber-physische Systeme: Ein cyber-physisches System, engl. »cyber-physical system« (CPS), bezeichnet den Verbund informatischer, softwaretechnischer Komponenten mit mechanischen und elektronischen Teilen, die über eine Dateninfrastruktur, wie z. B. das Internet, kommunizieren. Ein cyber-physisches System ist durch seinen hohen Grad an Komplexität gekennzeichnet. Die Ausbildung von cyber-physischen Systemen entsteht aus der Vernetzung eingebetteter Systeme durch drahtgebundene oder drahtlose Kommunikationsnetze. (Wikipedia: https://de.wikipedia.org/wiki/Cyber-physisches_System, 30.10.2018)

D

Datenkompetenz (Data Literacy): Fähigkeit, sachgerecht mit Daten umzugehen und Zusammenstellungen von Daten zu interpretieren.

Design Thinking: Design Thinking ist ein Ansatz, der zum Lösen von Problemen und zur Entwicklung neuer Ideen führen soll. Ziel ist dabei, Lösungen zu finden, die aus Anwendersicht (Nutzersicht) überzeugend sind. Im Gegensatz zu anderen Innovationsmethoden kann bzw. wird Design Thinking teilweise nicht als Methode oder Prozess, sondern als Ansatz beschrieben, der auf den drei gleichwertigen Grundprinzipien Team, Raum und Prozess besteht. (Wikipedia: https://de.wikipedia.org/wiki/Design_Thinking, 30.10.2018)

Digitalkompetenz (Digital Literacy): Fähigkeit, über Computer dargestellte Informationen unterschiedlicher Formate verstehen und anwenden zu können.

Digital Natives: Als digital native (deutsch: »digitaler Eingeborener«; Plural: digital natives) wird eine Person der gesellschaftlichen Generation bezeichnet, die in der digitalen Welt aufgewachsen ist. Als Antonym existiert der Begriff des digital immigrant (deutsch: »digitaler Einwanderer« oder »digitaler Immigrant«) für jemanden, der diese Welt erst im Erwachsenenalter kennengelernt hat.
(Wikipedia: https://de.wikipedia.org/wiki/Digital_Native, 30.10.2018)

Disruptive Technologie: Disruptive Technologien (oft auch »Disruptive Innovationen«; englisch: to disrupt »unterbrechen« bzw. »stören«) sind Innovationen, die die Erfolgsserie einer bereits bestehenden Technologie, eines bestehenden Produkts oder einer bestehenden Dienstleistung ersetzen oder diese vollständig vom Markt verdrängen. Disruption beschreibt den Prozess eines ressourcenarmen Unternehmens, große und etablierte Firmen herauszufordern.
(Wikipedia: https://de.wikipedia.org/wiki/Disruptive_Technologie, 30.10.2018)

3D-Druck: Der 3D-Druck (auch 3-D-Druck), auch bekannt unter den Bezeichnungen Additive Fertigung, Additive Manufacturing (AM), Generative Fertigung oder Rapid Technologien, ist eine umfassende Bezeichnung für alle Fertigungsverfahren, bei dem Material Schicht für Schicht aufgetragen und so dreidimensionale Gegenstände (Werkstücke) erzeugt werden. Dabei erfolgt der schichtweise Aufbau computergesteuert aus einem oder mehreren flüssigen oder festen Werkstoffen nach vorgegebenen Maßen und Formen (siehe CAD). Beim Aufbau finden physikalische oder chemische Härtungs- oder Schmelzprozesse statt. 3D-Drucker werden in der Industrie, im Modellbau und der Forschung eingesetzt zur schnellen und kostengünstigen Fertigung von Modellen, Mustern, Prototypen, Werkzeugen und Endprodukten. Daneben gibt es Anwendungen im Heim- und Unterhaltungsbereich sowie in der Kunst.
(Wikipedia: https://de.wikipedia.org/wiki/3D-Druck, 11.12.2018)

Dunbar's Number: Unter der Dunbar-Zahl (englisch Dunbar's number) versteht man die theoretische kognitive Grenze der Anzahl an Menschen, mit denen eine Einzelperson soziale Beziehungen unterhalten kann. Das Konzept wurde vom Psychologen Robin Dunbar entwickelt. Die Dunbar-Zahl beschreibt die Anzahl der Personen, von denen jemand die Namen und die wesentlichen Beziehungen untereinander kennen kann. Dunbar sieht die Anzahl als Eigenschaft bzw. Funktion des Neocortex. Im Allgemeinen betrage die Dunbar-Zahl 150, wobei die Anzahl der Freunde individuell zwischen 100 und 250 schwanken könne. Ob sie auch für sogenannte virtuelle soziale Netzwerke gilt, ist Gegenstand wissenschaftlicher Diskussionen. Erste Studien dazu bestätigen die Gültigkeit auch für diesen Bereich.
(Wikipedia: https://de.wikipedia.org/wiki/Dunbar-Zahl, 30.10.2018)

E

Emotionale Intelligenz: Emotionale Intelligenz beschreibt die Fähigkeit, eigene und fremde Gefühle (korrekt) wahrzunehmen, zu verstehen und zu beeinflussen.

Empowerment: Mit Empowerment (von englisch empowerment »Ermächtigung, Übertragung von Verantwortung«) bezeichnet man Strategien und Maßnahmen, die den Grad an Autonomie und Selbstbestimmung im Leben von Menschen oder Gemeinschaften erhöhen sollen und es ihnen ermöglichen, ihre Interessen (wieder) eigenmächtig, selbstverantwortlich und selbstbestimmt zu vertreten. Empowerment bezeichnet dabei sowohl den Prozess der Selbstbemächtigung als auch die professionelle Unterstützung der Menschen, ihr Gefühl der Macht- und Einflusslosigkeit (powerlessness) zu überwinden und ihre Gestaltungsspielräume und Ressourcen wahrzunehmen und zu nutzen. Voraussetzungen für Empowerment innerhalb einer Organisation sind eine Vertrauenskultur und die Bereitschaft zur Delegation von Verantwortung auf allen Hierarchieebenen, eine entsprechende Qualifizierung und passende Kommunikationssysteme.

Entrepreneur: Der Begriff Entrepreneur setzt sich aus dem französischen Wortpaar »entre« (= unter) und »prendre« (= nehmen) zusammen, heißt also wörtlich übersetzt »unternehmen«. Jeder Entrepreneur ist ein Unternehmer, doch nicht jeder Unternehmer ist ein Entrepreneur. Der Unterschied liegt in der Geisteshaltung. Ein Entrepreneur ist willensstark, verantwortungsbewusst und handelt stets eigenständig. (www.onpulson.de/lexikon/entrepreneur, 30.10.2018)

F

Female Shift: s. Gender Shift

G

Gamechanger: a newly introduced element or factor that changes an existing situation or activity in a significant way (Merriam-Webster, 30.10.2018) [Freie Übersetzung der Autorin: ein neu hinzukommendes Element oder hinzukommender Faktor, das bzw. der die vorhandene Situation oder Aktivität signifikant verändert].

Gender Shift: Der Megatrend Gender Shift veränderter Rollenmuster und aufbrechender Geschlechterstereotype sorgt für einen radikalen Wandel in Wirtschaft und Gesellschaft. Innovation schlägt Tradition, das Geschlecht verliert das Schicksalhafte, die Zielgruppe an Verbindlichkeit. Noch nie hat die Tatsache, ob jemand als Mann oder Frau geboren wird und aufwächst, weniger darüber ausgesagt, wie Biografien verlaufen werden. (www.zukunftsinstitut.de)

H

HRD: Human Resources Development, deutsch: Personalentwicklung.

I

Informationskompetenz: Unter Informationskompetenz (englisch: information literacy) versteht man die Fähigkeit, mit beliebigen Informationen selbstbestimmt, souverän, verantwortlich und zielgerichtet umzugehen.

Intermediär: lat. »dazwischenliegend«

Internet der Dinge: Das Internet der Dinge (IdD) (auch: »Allesnetz«; englisch: Internet of Things, Kurzform: IoT) ist ein Sammelbegriff für Technologien einer globalen Infrastruktur der Informationsgesellschaften, die es ermöglicht, physische und virtuelle Gegenstände miteinander zu vernetzen und sie durch Informations- und Kommunikationstechniken zusammenarbeiten zu lassen.
(Wikipedia: https://de.wikipedia.org/wiki/Internet_der_Dinge, 30.10.2018)

Internetkompetenz **(Internet Literacy):** Fähigkeit, das Internet nutzen zu können und seine grundlegenden Konzepte und Funktionsweisen zu kennen.

K

Kollaborationsplattform: Kollaboration (lateinisch co- ›mit-‹, laborare ›arbeiten‹) ist die Mitarbeit bzw. Zusammenarbeit zwischen Personen oder Gruppen von Personen. (Wikipedia: https://de.wikipedia.org/wiki/Kollaboration, 30.10.2018) Eine Kollaborationsplattform unterstützt ein Team bei der effizienten Zusammenarbeit. Projekte können dadurch zeit- und ortsunabhängig realisiert werden, Informationen werden sicher und schnell geteilt. Der Zugriff auf die Plattform erfolgt über einen Browser. (In Anlehnung an www.cxit.de)

Kommunikationskompetenz: Fähigkeit, situations- und aussagenadäquate Kommunikationen auszugeben und zu empfangen.

Konnektivität: Konnektivität ist die Vernetzungsfähigkeit von elektronischen Produkten bzw. die elektronische Vernetzung von Personen, Unternehmen und Staaten. Um das Ergebnis der allgemeinen Verkabelung – die vernetzte Welt – zu bezeichnen, greifen einige angelsächsische Autoren auf das ältere Wort Connexity zurück. (www.onpulson.de/lexikon/konnektivitaet, 30.10.2018)

Künstliche Intelligenz: Künstliche Intelligenz (KI, auch Artifizielle Intelligenz [AI bzw. A. I.], englisch: **artificial intelligence**, AI) ist ein Teilgebiet der Informatik, welches sich mit der Automatisierung intelligenten Verhaltens und dem Maschinellen Lernen befasst. Der Begriff ist insofern nicht eindeutig abgrenzbar, als es bereits an einer genauen Definition von »Intelligenz« mangelt. Dennoch wird er in Forschung und Entwicklung verwendet. Hinsichtlich der bereits existierenden und der als Potenziale sich abzeichnenden Anwendungsbereiche gehört Künstliche Intelligenz zu den weg-

weisenden Antriebskräften der Digitalen Revolution.
(Wikipedia: https://de.wikipedia.org/wiki/K%C3%BCnstliche_Intelligenz, 11.12.2018)

L

Lean Management: Der Begriff Lean Management (in deutschen Übersetzungen auch Schlankes Management) bezeichnet die Gesamtheit der Denkprinzipien, Methoden und Verfahrensweisen zur effizienten Gestaltung der gesamten Wertschöpfungskette industrieller Güter.
(Wikipedia: https://de.wikipedia.org/wiki/Lean_Management, 11.12.2018)

Liquide Organisation: Die Verflüssigung eines Unternehmens bedeutet, die industriezeitgetriebenen Annahmen zu durchbrechen, auf denen starre Strukturen entworfen werden, und sich weiterzuentwickeln, um es adaptiv, dynamisch und unzerbrechlich zu machen. Basierend auf Lean Management und Open-Collaboration-Prinzipien ist das Liquid Organisationsmodell flach, leistungsorientiert und wertorientiert, was selbstorganisiertes Verhalten und »organische« Effektivität ermöglicht.
(Stelio Verzera, www.managementexchange.com, 18.12.2013)

M

Massive Open Online Courses (MOOC): Massive Open Online Course (deutsch offener Massen-Online-Kurs), kurz MOOC, bezeichnet überwiegend in der Hochschul- und Erwachsenenbildung verwendete Onlinekurse, die mangels Zugangs- und Zulassungsbeschränkungen in der Regel große Teilnehmerzahlen aufweisen. MOOC kombinieren traditionelle Formen der Wissensvermittlung wie Videos, Lesematerial und Problemstellungen mit Foren, in denen Lehrende und Lernende interagieren und in virtuellen Lerngruppen zusammenarbeiten. Allgemein lassen sich MOOC dadurch charakterisieren, dass sie keine Gebühren, keine Voraussetzungen außer Internet-Zugang und Interesse seitens des Nutzers verlangen.
(Wikipedia: https://de.wikipedia.org/wiki/Massive_Open_Online_Course, 30.10.2018)

Medienkompetenz bezeichnet die Fähigkeit, Medien und ihre Inhalte den eigenen Zielen und Bedürfnissen entsprechend sachkundig zu nutzen.

Micro-enterprise: A micro-enterprise (or microenterprise) is generally defined as a small business employing nine people or fewer, and having a balance sheet or turnover less than a certain amount (e.g. €2 million or PhP 3 million). The terms microenterprise and microbusiness have the same meaning, though traditionally when referring to a small business financed by microcredit the term microenterprise is often used. … Internationally, most microenterprises are family businesses employing one or two persons. Most microenterprise owners are primarily interested in earning a living to support themselves and their families.
(Wikipedia: https://en.wikipedia.org/wiki/Micro-enterprise, 30.10.2018)

[Freie Übersetzung der Autorin: Ein Klein-Unternehmen (oder Kleinstunternehmen) ist allgemein definiert als ein kleines Unternehmen, das neun Personen oder weniger beschäftigt und eine Bilanz- oder Umsatz-Summe kleiner als einen bestimmten Betrag (z. B. € 2 Millionen oder PhP 3 Millionen) vorweist. Die Begriffe Klein-Unternehmen und Micro Enterprise haben die gleiche Bedeutung, obwohl der Begriff Micro Enterprise häufig benutzt wird, wenn das Kleinstunternehmen durch Mikrokredite finanziert ist. International sind die meisten Kleinstunternehmen Familienunternehmen, die eine oder zwei Personen beschäftigen. Die meisten Microenterprise Besitzer sind hauptsächlich daran interessiert, ihren Lebensunterhalt für sich und ihre Familien zu verdienen.]

Mindset steht für den englischen Begriff für das deutsche Wort Mentalität, der auch im deutschen Sprachraum verwendet wird.
(Wikipedia: https://de.wikipedia.org/wiki/Mindset, 11.12.2018)

N

New Work: *Frithjof H. Bergmann* (* 24. Dezember 1930 in Sachsen) ist ein österreichisch-US-amerikanischer Philosoph und Begründer der »New Work«-Bewegung. In den Jahren 1976 bis 1979 unternahm er Reisen in die damaligen Ostblockländer. Dort begann durch die Erkenntnis, dass der Kommunismus keine Zukunft mehr hat, seine Auseinandersetzung mit dem Kapitalismus und die Idee, ein Gegenmodell zu entwickeln, der Bewegung der »Neuen Arbeit« (englisch New Work). Den Begriff der Freiheit kritisierend versteht Bergmann darunter nicht nur Entscheidungsfreiheit zwischen Alternativen, sondern Handlungsfreiheit. Da das »Job-System« an seinem Ende sei, habe die Menschheit die Chance, sich von der Knechtschaft der Lohnarbeit zu befreien. Zentrale Werte der »Neuen Arbeit« seien Selbstständigkeit, Freiheit und Teilhabe an Gemeinschaft. Diese solle aus drei etwa gleichen Teilen bestehen: Erwerbsarbeit, »smart consumption« und »High-Tech-Self-Providing« (Selbstversorgung auf höchstem technischem Niveau) sowie »Arbeit, die man wirklich, wirklich will«.
(Wikipedia: https://de.wikipedia.org/wiki/Frithjof_Bergmann#New_Work, 30.10.2018)

O

Objectives and Key Results (OKR): Objectives and Key Results ist ein Rahmenwerk für modernes Management, das die einzelnen Aufgaben von Teams und Mitarbeitern mit Unternehmensstrategie, -plänen, und -vision verknüpft. Objectives und Key Results sind von objektivem Charakter und können vom gesamten Unternehmen eingesehen werden. (Wikipedia: https://de.wikipedia.org/wiki/OKR, 30.10.2018)

P

»Practice what you preach«: englisch: »Tue, was du predigst«
(Wikipedia: https://de.wikipedia.org/wiki/Practice_What_You_Preach, 30.10.2018)

Peer-to-Peer-Feedback: Kollegiales Feedback

Persona: Als Persona wird in der Psychologie die nach außen hin gezeigte Einstellung eines Menschen bezeichnet, die seiner sozialen Anpassung dient und manchmal auch mit seinem Selbstbild identisch ist. (Wikipedia: https://de.wikipedia.org/wiki/Persona, 30.10.2018) Eine Persona (lat. Maske) ist zudem ein Modell aus dem Bereich der Mensch-Computer-Interaktion (MCI). Die Persona stellt einen Prototyp für eine Gruppe von Nutzern dar, mit konkret ausgeprägten Eigenschaften und einem konkreten Nutzungsverhalten. Personas werden im Anforderungsmanagement von Computeranwendungen verwendet. Für eine geplante Computeranwendung wird analysiert, welcher Nutzerkreis diese Anwendung später nutzen wird. Dazu werden, anhand von Beobachtungen an realen Menschen, einige fiktive Personen geschaffen, die stellvertretend für den größten Teil der späteren tatsächlichen Anwender stehen sollen. Die Anwendung wird dann entworfen, indem das Designer- und Entwicklerteam die Bedürfnisse dieser fiktiven Personen aufgreift und dementsprechend unterschiedliche Bedienungsszenarien durchspielt. (Wikipedia, 11.12.2018)

Potenzialentfaltungsgemeinschaft nach *Gerald Hüther* »Wir brauchen Gemeinschaften, deren Mitglieder einander einladen, ermutigen und inspirieren, über sich hinauszuwachsen.«

Public Good: Öffentliches Gut, für alle frei verfügbar, Kollektivgut

Q
Quality time: Unter Quality time (englisch für »Qualitätszeit«) versteht man im Englischen, besonders in den Vereinigten Staaten, die Zeit, in der man seiner Familie, seinem Partner oder seinen Freunden besondere Aufmerksamkeit widmet. (Wikipedia: https://de.wikipedia.org/wiki/Quality_time, 30.10.2018)

R
Resilienz: Resilienz (von lateinisch: *resilire* ›zurückspringen‹ ›abprallen‹) oder psychische Widerstandsfähigkeit ist die Fähigkeit, Krisen zu bewältigen und sie durch Rückgriff auf persönliche und sozial vermittelte Ressourcen als Anlass für Entwicklungen zu nutzen.

Retention: Die Mitarbeiterbindung bezieht sich auf die Fähigkeit eines Unternehmens, seine Mitarbeiter zu halten. Die Mitarbeiterbindung kann durch eine einfache Statistik dargestellt werden (z.B. zeigt eine Bindungsrate von 80 % in der Regel an, dass ein Unternehmen 80 % seiner Mitarbeiter in einem bestimmten Zeitraum gehalten hat). Viele betrachten die Mitarbeiterbindung jedoch als einen Teil der Anstrengungen, mit denen Arbeitgeber versuchen, die Mitarbeiter in ihrer Belegschaft zu halten. In diesem Sinne ist Retention eher die Strategie als das Ergebnis. (Wikipedia, 30.10.2018)

S

Sabbatical: Das Sabbatical oder das Sabbatjahr ist ein Arbeitszeitmodell für einen längeren Sonderurlaub. Im weiteren Sinne beschreibt Sabbatical/Sabbatjahr oder auch gap year einen Zeitraum der Teilzeitarbeit oder Auszeit.
(Wikipedia: https://de.wikipedia.org/wiki/Sabbatical, 30.10.2018)

Servant Leadership: Servant Leadership ist eine von Robert Greenleaf begründete Philosophie der Führung und ein etablierter Ansatz der Führungsforschung. Sie beschreibt das Wirken von Führenden als Dienst am Geführten, mithin als dienendes Führen im Gegensatz zum beherrschenden Führen.
(Wikipedia: https://de.wikipedia.org/wiki/Servant_Leadership, 30.10.2018)

Skill: Fähigkeit

Smart Data: Smart Data sind Datenbestände, die mittels Algorithmen nach bestimmten Strukturen aus größeren Datenmengen (vgl. Big Data) extrahiert wurden und sinnvolle Informationen erhalten. Diese Daten wurden bereits vorher gesammelt, geordnet und analysiert und für den Endverbraucher vorbereitet. Dabei müssen die Daten auch von dem Nutzer verstanden werden können, um ein sinnvolles Ergebnis erzielen zu können. (Wikipedia: https://de.wikipedia.org/wiki/Smart_Data, 30.10.2018)

Spinning Jenny: Spinning Jenny (oder einfach nur Jenny) ist der Name der ersten industriellen Spinnmaschine zum Verspinnen von Baumwollfasern zu Garn. Die Maschine ähnelte auf den ersten Blick einem Spinnrad mit allerdings bis zu 100 Spindeln; sie arbeitete im Gegensatz dazu ähnlich wie die Handspindel nach dem Absetzverfahren. Die Spinning Jenny gilt mit ihrem hohen Zuwachs an Produktivität gegenüber dem Spinnrad als ein Meilenstein der industriellen Revolution und der Technikgeschichte. (Wikipedia: https://de.wikipedia.org/wiki/Spinning_Jenny, 11.12.2018)

T

Talent Management: Talent Management bezeichnet die Gesamtheit personalpolitischer Maßnahmen in einer Organisation zur langfristigen Sicherstellung der Besetzung kritischer Rollen und Funktionen. Talentmanagement ist ein Segment des Human Resource Managements, das sich auf für den Unternehmenserfolg wichtige Zielgruppen richtet, für die es zugleich einen vergleichsweise hohen Personalbedarf im Unternehmen gibt.
(Wikipedia: https://de.wikipedia.org/wiki/Talentmanagement, 30.10.2018)

Telko-Industrie: Telekommunikations-Industrie

Total Quality Management: Total-Quality-Management (TQM), bisweilen auch umfassendes Qualitätsmanagement, bezeichnet die durchgängige, fortwährende und

alle Bereiche einer Organisation (Unternehmen, Institution etc.) erfassende, aufzeichnende, sichtende, organisierende und kontrollierende Tätigkeit, die dazu dient, Qualität als Systemziel einzuführen und dauerhaft zu garantieren. TQM wurde in der japanischen Automobilindustrie weiterentwickelt und schließlich zum Erfolgsmodell gemacht. TQM benötigt die volle Unterstützung aller Mitarbeiter, um zum Erfolg zu führen.
(Wikipedia: https://de.wikipedia.org/wiki/Total-Quality-Management, 11.12.2018)

Transdisziplinarität: Transdisziplinarität als Prinzip integrativer Forschung ist ein methodisches Vorgehen, das wissenschaftliches Wissen und praktisches Wissen verbindet.

Transformative Führung: Transformationale Führung ist ein Konzept für einen Führungsstil, bei dem durch das Transformieren (lat.: transformare – umformen, umgestalten) von Werten und Einstellungen der Geführten – hinweg von egoistischen, individuellen Zielen, in Richtung langfristiger, übergeordneter Ziele – eine Leistungssteigerung stattfinden soll. Transformationale Führungskräfte versuchen, ihre Mitarbeiter intrinsisch zu motivieren, indem sie beispielsweise attraktive Visionen vermitteln, den gemeinsamen Weg zur Zielerreichung kommunizieren, als Vorbild auftreten und die individuelle Entwicklung der Mitarbeiter unterstützen. (Wikipedia, 30.10.2018)

U

Upskilling: The process of learning new skills or of teaching workers new skills. (Cambridge dictionary, 30.10.2018) [Freie Übersetzung der Autorin: Der Prozess, neue Fähigkeiten zu lernen oder Arbeitnehmer*innen neue Fähigkeiten beizubringen.]

V

Volatile Märkte: Volatilität bezeichnet starke Kurs- und Zinsschwankungen ganzer Märkte oder erhebliche Schwankungen einzelner Aktien-, Devisenkurse oder Zinssätze. Ursachen für die beobachteten, stärkeren Schwankungen sind u. a. Änderungen der wirtschaftlichen Rahmenbedingungen (Übergang zu flexiblen Wechselkursen), die Globalisierung der Finanzmärkte, die Verwendung neuer Techniken der an den monetären Märkten Beteiligten (z. B. Charttechniken, computergestützter Handel) sowie die zunehmenden, grenzüberschreitenden monetären Transaktionen, die losgelöst von den Leistungstransaktionen erfolgen können. (Wirtschaftslexikon24. com, 30.10.2018)

VUCA ist ein Akronym für die englischen Begriffe volatility, uncertainty, complexity und ambiguity (deutsch Volatilität [Unbeständigkeit], Unsicherheit, Komplexität und Mehrdeutigkeit).

W

War for Talents: Der Kampf um die Besten, wie sich War for talents sinngemäß übersetzen lässt, verbildlicht drastisch die Konsequenzen der Tatsache, dass Talente oder sogenannte High Potentials im Informationszeitalter die wichtigste und gleichzeitig knappste Ressource des Unternehmenserfolges darstellen.
(www.4managers.de, 30.10.2018)

Womanomics: The term «Womenomics› applies to a concept Claire Shipman and Katty Kay have termed for what they see as an upcoming paradigm shift in the way individuals and companies approach work, due to an increase in value of women in the workforce and changing attitudes of women towards priorities of balancing work and personal life. (Wikipedia, 30.10.2018) [Freie Übersetzung der Autorin: Der Begriff Womenomics bzw Womanomics bezieht sich auf ein Konzept von Claire Shipman und Katty Kay, das einen zukünftigen Paradigma-Wechsel in Bezug auf die Einstellung von Individuen und Unternehmen zur Arbeit beschreibt. Hintergrund ist die zunehmende Bedeutung von Frauen in der Belegschaft und die veränderte Einstellung von Frauen in Bezug auf die Prioritäten von Beruf- und Privatleben.]

Work-Life-Blending: Verschmelzung/Vermischung von Berufs- und Privatleben.

Danksagung

Das erste Buch zu schreiben, zudem über ein Thema, das bisher kaum beschrieben ist, ist wie eine Expedition in ein fremdes Land, eine Terra Incognita. Ich hatte weder Landkarte noch Reiseführer, einzig einige Erfahrungsberichte von anderen Reisenden (Autor*innen) sowie die hilfreiche Unterstützung von Anne Rathgeber und Christiane Haas, den Produktmanagerinnen vom Haufe Verlag.

Alles andere ist entsprechend der Effectuation-Idee im Laufen entstanden, auf der Basis dessen, was ich bin, was ich kann und wen ich kenne. Dazu gehörte auch mit jedem Schritt Neues zu lernen und mich selbst besser kennenzulernen. Darauf zu vertrauen, dass alles Notwendige da ist, um diesen unbekannten Ort zu erkunden und erfolgreich ans Ziel zu kommen, war dabei immer wieder eine Herausforderung und ich bin dankbar für die Gelegenheit, daran zu wachsen.

In diesem Sinne danke ich allen, die an mich geglaubt und mich auf die eine oder andere Weise auf meinem Weg unterstützt haben. Ich danke allen, die sich mir für ein Interview zur Verfügung gestellt haben und mich dabei durch ihre Ausführungen inspiriert haben. Ich danke *Nadine* und *Torsten* für ihre spannenden Beiträge und den großartigen Austausch, *Antje*, *Frederike*, *Sabine* und *Jörg* für ihr wertvolles Feedback und ganz besonders *Susan*, die mir immer wieder Zuversicht gegeben hat, wenn ich einmal im Zweifel war.